GAIKUANG GAILUN

采矿概论

张钦礼　王新民　邓义芳　编著

化学工业出版社

·北京·

图书在版编目（CIP）数据

采矿概论/张钦礼，王新民，邓义芳编著．—北京：化学
工业出版社，2008.1（2015.10 重印）
ISBN 978-7-122-01497-9

Ⅰ．采…　Ⅱ．①张…②王…③邓…　Ⅲ．矿山开采-概论
Ⅳ．TD8

中国版本图书馆 CIP 数据核字（2007）第 178005 号

责任编辑：丁尚林　　　　　文字编辑：颜克俭
责任校对：郑　捷　　　　　装帧设计：韩　飞

出版发行：化学工业出版社（北京市东城区青年湖南街 13 号　邮政编码 100011）
印　　装：北京科印技术咨询服务有限公司数码印刷分部
850mm×1168mm　1/32　印张 10¾　字数 265 千字
2015 年 10 月北京第 1 版第 10 次印刷

购书咨询：010-64518888　　　　　　售后服务：010-64518899
网　　址：http://www.cip.com.cn
凡购买本书，如有缺损质量问题，本社销售中心负责调换。

定　　价：25.00 元　　　　　　　　　　版权所有　违者必究

前　言

　　矿产资源是国民经济重要的原材料之一，任何国家的经济发展都高度依赖矿产资源，正处于工业化快速发展时期的中国对矿产资源的依赖更为突出。可以预见，在未来相当长的一个时期，矿产资源仍将是我国国民经济持续发展的重要条件之一。但矿产资源的不可再生性、储量耗竭性和供给稀缺性与人类对矿产资源需求的无限性形成一对尖锐的矛盾，从而造成矿产品价格持续攀升，越来越多的国有、个体、合资企业纷纷涉足矿产资源开发领域，促进了矿产资源开发行业的大发展。矿业大发展对采矿专业技术人员的需求越来越大，仅靠有限的几十所高校培养采矿专业人才已远远不能满足社会的需要，必须加大在职人员的专业培训。为满足社会对矿产资源开发技术越来越迫切的需求和在职人员采矿技术培训的需要，作者在参考国内外采矿技术研究成果、总结国内外采矿经验的基础上，结合自己的教学和科研成果，编写了本书，以期能够为实现我国矿产资源正规化、合理化、可持续化开发做出应有的贡献。

全书共分 6 篇，第 1 篇介绍矿产资源开发概况及基本概念，含第 1～2 章；第 2 篇介绍矿山地质，含第 3～4 章；第 3 篇介绍固体非煤矿床地下开采技术，含第 5～9 章；第 4 篇介绍固体非煤矿床露天开采技术，含第 10～13 章；第 5 篇介绍特殊采矿方法和矿山安全与环境保护知识，含第 14～15 章；第 6 篇介绍有关的矿山法律法规，含第 16 章。

　　本书可以作为普通高校采矿专业新生专业概况教育教材、非采矿专业矿业学科的选修课教材、国情教育教材和矿山企业在职人员培训教材，也可供其他有关人员参考。

　　由于编写时间仓促，加之作者水平有限，书中难免会有疏漏和不足之处，恳请同行及读者批评指正。

编著者

2008 年 1 月于中南大学

目　录

绪　　论

　　现代文明有三大支柱，即能源、材料和信息，而矿产资源则构成了能源和材料两大支柱的主体。矿产资源的勘探、开发和利用是国民经济重要基础产业之一。据统计，我国 92％以上的一次能源、80％的工业原材料、70％以上的农业生产资料都来自于矿产资源。

　　我国矿产资源开发工业经过 50 多年的发展，已经形成了较完整的工业体系，奠定了雄厚的物质基础，相关的学科得到很大的发展。我国已成为矿产资源生产和消费主要国家之一，年矿产开采量近 50 亿吨，占世界的 1/10。自 2002 年起，我国十种有色金属产量突破 1000 万吨，成为世界有色金属第一生产大国；主要有色金属的消耗在世界上名列前茅，如 2002 年，中国铜、锌、锡消耗量分别为 268 万吨、168 万吨和 47 万吨，以 18％、19％和 17％的占有率居世界第一位；铅金属消耗量 92 万吨，仅次于美国居世界第二位（占世界总消耗量的 13％）；煤炭的储藏量、产量和消费量均位居世界第一位。矿业为我国创造年产值达 3880 亿元，为 1400 多万人提供了就业机会，矿产品出口年创汇 200 亿美元以上。矿产资源还为我国提供和创造出大量延伸、附加的就业机会和社会财富，矿产资源已是我国社会经济发展和居民生存的重要组成部分。

　　工业化是一个国家、地区经济社会发展水平的综合体现，也是社会文明进步的重要标志。18 世纪末的工业革命使人类开始步入工业文明，也揭开了人类大规模开发、利用矿产资源的新纪元。工业革命以来短短二百年的时间，科学技术的飞速进步、生产力的大幅提高和人类财富的快速积累，均是以矿产资源的大规模开采和创造性利用为代价的。国民经济的发展和人类生活水平的提高与矿产资源的开发和利用有着密切的正比关系，人均矿产品消耗水平已成为衡量一个国家发达程度及其居民生活水平的重要指标。发达国家经济发展的历程表明，工业化初期一般要消耗大量能源和各种矿物原料。这是由工业化初期阶段对矿产品的大量需求同经济结构的转换有关：一是国民经济由农业为主转向以工业生产为主，即由以农业生产和以农产品原料加工制造为主转向以工业为主和以矿物原料的加工制造为主；二是在工业结构中一般以冶金、采矿等重要工业为主，这些部门都要消耗大量的能源和矿物原料，要求矿业有较快的发展以支持经济的持续增长。

一般而言，矿产资源对经济发展具有重要的推动作用，其消费强度和消费特征取决于一个国家所处的工业化阶段和社会经济发展水平。根据矿产资源消费生命周期理论，在工业化初期（人均 GDP 小于 1000 美元），矿产资源消耗强度快速增长；在工业化全面发展时期（人均 GDP 在 1000～2000 美元），矿产资源的消费强度继续增长，进入矿产资源的高消费阶段；在后工业化时期（人均 GDP 大于 2000 美元），矿产资源消耗强度呈下降趋势。这种由增长到成熟再到衰落的过程形成了矿产资源消费生命周期的倒"U"字形曲线。

根据我国长远发展规划目标，在 21 世纪中叶将达到中等发达国家的水平。根据矿产资源消耗生命周期理论，在未来的 50 年中，我国社会与经济发展对矿产资源的消耗强度将是各个发展时期中最高的，而且在达到消耗强度高峰后，降到较低的水平是一个相对漫长的过程。因此，矿产资源仍然是我国重要的工业原料之一。保证矿产资源的充足供给，在未来相当长的一个时期是国民经济持续发展的重要条件之一。

与其他自然资源不同，矿产资源的生成需要上百万年、千万年甚至上亿年的时间，相对于短暂的人类历史，矿产资源是不可再生的；换言之，矿产资源不可能无限供应。矿产资源的不可再生性、储量耗竭性、供给稀缺性与人类对矿产资源需求的无限性二者之间的矛盾，造成矿产品价格持续攀升，越来越多的国有、个体、合资企业纷纷涉足矿产资源开发领域，促进了矿产资源开发行业的大发展。

（1）采矿学解决的问题

矿产资源埋藏在地下，要转化为国民经济所需要的原料产品，必须通过一定的技术和手段，将其开发出来。自地表或地壳内开采矿产资源的过程则称为采矿（ore mining），而有关采矿的技术和科学则称为采矿学。采矿一般指金属或非金属矿床的开采，广义的采矿还包括煤和石油的开采及选矿。其实质是一种物料的选择性采集和搬运过程。采矿工业是一种重要的原料采掘工业，如金属矿石是冶金工业的主要原料，非金属矿石是化工原料和建筑材料，煤和石油是重要的能源。多数矿石需经选矿富集，方能作为工业原料。

采矿科学技术的基础是岩石破碎、松散物料运移、流体输送、矿山岩石力学和矿业系统工程等理论。需要运用数学、物理、力学、化学、地质学、系统科学、电子计算机等学科的最新成果。采矿工业在已基本达到的高度机械化基础上，通过改进综采设备的设计、造型、材质、制造工艺、检验方法和维修制度等，将进一步提高其生产能力和设备利用率。同时，矿井在提升、运输、排水、通风、瓦斯监控等许多环节将实现自动化和遥控。地下矿和露天矿都将实现计算机集中管理监控。有的国家已将机器人试用于井下回采工作面，以开采对人员损害较大的矿种。另一方面，随着人类对地下矿产的不断开采，开采品位由高到低，造成资源紧缺，被迫使用低品位矿产；因此，选择适当的采矿和选矿方法，进行综合采选、综合利用，提高矿产资源的利用率和回采率，降低矿石的损失率和贫化率就显得非常重要。采矿和选矿过程中生成的有毒气体、废水、废石和粉尘等物质以及噪声和振动等因素，对环境、土地、大气和水质等造成危害，一直是人们关心的课题。各国的研究人员在研究环保问题时，进一步提出了资源的长期利用问题，特别着眼于废渣、废石、废液的重复使用、破坏后土地复用等。各个国家制定强有力的法律，采取有效措施确保矿山环境。

综上所述，采矿学要解决的问题包括：

① 矿石和岩石破碎的理论和方法；

② 采矿工艺和设计；

③ 为采矿创造基本条件的矿山开拓方法；

④ 提升、运输、排水、通风、充填、供（压）风等主要生产工艺和设计方法；

⑤ 矿山安全技术；

⑥ 矿山环境再造技术；

⑦ 其他与采矿有关的理论和技术。

（2）采矿发展简史

中国采矿历史悠久，原始人类已能采集石料、打磨成生产工具、采集陶土供制陶，上述活动就是最早采矿的萌芽。从湖北大冶铜绿山古铜矿遗址出土的文物有用于采掘、装载、提升、排水、照明等的铜、铁、木、竹、石制的多种生产工具及陶器、铜锭、铜兵器等物，证明春秋时期已经使用了立井、斜井、平巷联合开拓，初步形成了地下开采系统。至西汉时期，开采系统已相当完善。此时，在河北、山东、湖北等地的铁、铜、煤、沙金等矿都已开始开采。战国末期，秦国蜀太守李冰在今四川省双流县境内开凿盐井，汲卤煮盐。明代以前主要有铁、铜、锡、铅、银、金、汞、锌的生产。17世纪初，欧洲人将自中国传入的黑火药用于采矿，用凿岩爆破落矿代替人工挖掘，这是采矿技术发展的一个里程碑。19世纪末至20世纪初，人类相继发明了矿用炸药、雷管、导爆索和凿岩设备，形成了近代爆破技术；电动机械铲、电机车和电力提升、通信、排水等设备的使用，形成了近代装运技术。20世纪上半叶开始，采矿技术迅速发展，出现了硝酸铵炸药，使用了地下深孔爆破技术；各种矿山设备不断完善和大型化，逐步形成了可适用于不同矿床条件的机械化采矿工艺；人们提出了矿山设计、矿床评价和矿山计划管理的科学方法，使采矿从技艺向工程科学发展。20世纪50年代后，由于使用了潜孔钻机、牙轮钻机、自行凿岩台车等新型设备，采掘设备实现大型化、运输提升设备自动化，出现了无人驾驶机车。电子计算机技术用于矿山生产管理、规划设计和科学计算，开始用系统科学研究采矿问题，诞生了系统采矿工程学。矿山生产开始建立自动控制系统，利用现代试验设备、测试技术和电子计算机，预测和解算某些实际问题。

第1篇 矿产资源开发概况及基本概念

第1章 矿产资源开发基本概念

1.1 矿产资源定义与分类

1.1.1 定义

矿产资源是指经过地质成矿作用，埋藏于地下或出露于地表，并具有开发利用价值的矿物或有用元素的集合体。它们以元素或化合物的集合体形式产出，绝大多数为固态，少数为液态或气态，习惯上称为矿产。

根据美国地质调查局（U. S. Geological Survey）1976 年的定义，矿产资源（mineral resources）是指天然赋存于地球表面或地壳中，由地质作用所形成，呈固态（如各种金属矿物）、液态（如石油）或气态（如天然气）的具有当时经济价值或潜在经济价值的富集物。从地质研究程度来说，矿产资源不仅包括已发现的经工程控制的矿产，还包括目前虽然未发现、但经预测（或推断）是可能存在的矿产；从技术经济条件来说，矿产资源不仅包括在当前经济技术条件下可以利用的矿物质，还包括根据技术进步和经济发展，在可预见的将来能够利用的矿物质。

矿产资源定义中，应注意区分以下几个概念。

（1）矿物

矿物是天然的无机物质，有一定的化学成分，在通常情况下，因各种矿物内部分子构造不同，形成各种不同的几何外形，并具有不同的物理化学性质。矿物有单体者，如金刚石、石墨、自然金等，但大部分矿物都是两种或两种以上元素组成，如石英、黄铁矿、方铅矿、闪锌矿、辉铜矿等。

（2）矿石、矿体与矿床

凡是地壳中的矿物集合体，在当前技术经济水平条件下，能以工业规模从中提取国民经济所必需的金属或矿物产品的，称为矿石。矿石的聚集体叫矿体，而矿床是矿体的总称。对某一矿床而言，它可由一个矿体或若干个矿体组成。

（3）围岩

矿体周围的岩石称围岩。根据围岩与矿体的相对位置，有上盘与下盘围岩和顶板与底板围岩之分。凡位于倾斜至急倾斜矿体上方和下方的围岩，分别称之为上盘围岩和下盘围岩；凡位于水平或缓倾斜矿体顶部和底部的围岩，分别称之为顶板围岩和底板围岩。矿体周围的岩石，以及夹在矿体中的岩石（称之为夹石），不含有用成分或有用成分含量过少、当前不具备开采条件的，统称为废石。

1.1.2 分类

按照矿产资源的可利用成分及其用途分类，矿产资源可分为金属、非金属和能源三大类。

（1）金属矿产资源

金属矿产是国民经济、国民日常生活及国防工业、尖端技术和高科技产业必不可缺少的基础材料和重要的战略物资。钢铁和有色金属的产量往往被认为是一个国家国力的体现，我国金属工业经过50多年的发展，已经形成了较完整的工业体系，奠定了雄厚的物质基础，已成为金属资源生产和消费主要国家之一。

根据金属元素特性和稀缺程度，金属矿产资源又可分为：

① 黑色金属，如铁、锰、铬、钒、钛等；

② 有色金属，如铜、铅、锌、铝土、镍、钨、镁、钴、锡、铋、钼、汞、锑等；

③ 贵重金属，如金、银、铂、钯、铱、铑、钌、锇等；

④ 稀有金属，如铌、钽、铍、锆、锶、铷、锂、铯等；

⑤ 稀土金属，如钪、轻稀土（镧、铈、镨、钕、钜、钐、铕）等；

⑥ 重稀土金属，如钆、铽、镝、钬、铒、铥、镱、镥、钇等；

⑦ 分散元素金属，如锗、镓、铟、铊、铪、铼、镉、硒、碲等；

⑧ 放射性金属，如铀、钍（也可归于能源类）等。

（2）非金属矿产资源

非金属矿产资源系指那些除燃料矿产、金属矿产外，在当前技术经济条件下，可供工业提取非金属化学元素、化合物或可直接利用的岩石与矿物。此类矿产中少数是利用化学元素、化合物，多数则是以其特有的物化技术性能利用整体矿物或岩石。由此，世界一些国家又称非金属矿产资源为"工业矿物与岩石"。

目前，世界已工业利用的非金属矿产资源约 250 余种；年开采非金属矿产资源量在 250 亿吨以上；非金属矿物原料年总产值已达 2000 亿美元，大大超过金属矿产值，非金属矿产资源的开发利用水平已成为衡量一个国家经济综合发展水平的重要标志之一。中国是世界上已知非金属矿产资源品种比较齐全、资源比较丰富、质量比较优良的少数国家之一。迄今，中国已发现非金属矿产品 102 种，其中已探明有储量的矿产 88 种。非金属矿产品与制品如水泥、萤石、重晶石、滑石、菱镁矿、石墨等的产量多年来居世界首位。

（3）能源类矿产资源

能源类矿产资源主要包括煤、石油、天然气、泥炭和油页岩等由地球历史上的有机物堆积转化而成的"化石燃料"。能源类矿产资源是国民经济和人民生活水平的重要保障，能源安全直接关系到一个国家的生存和发展。

1.2 矿产资源基本特征

矿产资源种类众多。我国通过大量地质勘察工作，已发现矿产171种，有探明储量的155种，其中金属矿产54种，非金属矿产90种，能源及水气矿产11种。虽然不同矿种其化学组成、开采技术条件、用途等各不相同，但都具有以下共同特性。

（1）有效性

矿产资源具有使用价值，能够产生社会效益和经济效益。

（2）有限性、非再生性

矿产资源是在地球的几十亿年漫长历史过程中，经过各种地质作用后富集起来的，一旦被开采后，在相对短暂的人类历史中，绝大多数不可再生。换言之，矿产资源只能越用越少，特别是那些优质、易探、易采的矿床，其保有量已日渐减少。为保证矿业可持续发展，必须"开源"与"节流"并重，把节约放在首位，走资源节约型的可持续发展之路。"开源"即扩大矿物原料来源，包括加大深部、边远靶区的勘探力度；提高资源开发技术水平，回收低品位的矿量；寻找替代资源等。"节流"即千方百计地改善和利用矿产资源的技术水平，使有限的矿产资源得到最大限度的、充分合理的利用。包括改进、改革采矿方法，提高选矿、冶炼的工艺技术水平。努力探索综合回收、综合利用的新方法、新工艺、新技术，搞好尾矿的综合利用，通过变废为宝、物尽其用等各种途径，将矿产资源非正常、人为损失减少至最低限度，以适应现代化建设对矿产品日益增长的需求。

（3）时空分布不均匀性

矿产资源分布的不均衡性是地质成矿规律造成的。某一地区可能富产某一种或某几种矿产，但其他矿种相对缺乏，甚至缺失。例如，29种金属矿产中，有19种矿产的75％储量集中在5个国家；石油主要集中在海湾地区；煤炭储量大国主要是中国、美国和前苏联地区；中国的钨、锑储量占世界总储量的一半以上，而稀土资源占世界总储量的90％以上。

（4）投资高风险性

矿产资源赋存隐蔽，成分复杂多变。在自然界中，绝无雷同的矿床，因而矿产勘探过程中，必然伴随着不断地探索、研究，并总有不同程度的投资风险存在。勘探难度大、成本高、效果差，投资的风险高，是一般工业企业不可比拟的。矿产资源的开发需要一个较长的周期，从矿山设计、基建、达产至达到设计能力，一般都需要几年的时间。在此过程中，矿产品价格的变化，可能使原先预测的投资回报率受到影响。

（5）矿产资源开发的环境破坏性

矿产资源是地球自然环境系统中的组成部分，矿产资源的开发必然导致对环境的破坏，造成影响范围内的地表下沉、地下水位下降、土地资源破坏、森林资源锐减、生物资源减少。而矿产资源开发过程中排出的废水、废气、废料，也会造成不同程度的环境污染。因此，矿产资源评估过程中，应充分考虑到这一因素。

（6）资源储量的动态性

矿产资源储量是一个动态变化的经济和技术概念。从技术层面而言，勘探力度的加强、勘探技术的提高、综合利用水平的进步，会使资源储量增加，而资源开发利用会消耗储量；从经济层面而言，开采成本的降低和矿产品价格的升高，会使原来被认为无开采价值的资源储量，逐渐成为可供人类以工业规模开发利用的资源储量。

（7）多组分共生性

由于不少成矿元素地球化学性质的近似性和地壳构造运动与成矿活动的复杂多期性，自然界中单一组分的矿床很少，绝大多数矿床具有多种可利用组分共生和伴生在一起的特点。例如，我国最大的镍铜矿山——金川有色金属集团公司，除主产金属镍和铜外，还伴生钴、硫以及金、银、铂、钯、锇、铱、钌、铑等多种有用元素。

（8）质量差异性

同一矿种不同矿山，甚至同一矿山不同矿体之间，矿石品位高低不一，资源质量差异巨大。影响资源质量的因素众多，主要包括以下几种。

① 地质因素　包括矿床地质特征、成矿环境、矿体空间形态、产状、厚度及结构特征等。

② 地质工作程度　尤其是生产勘探程度、矿石取样研究程度等。

③ 开采技术因素　主要指矿床开采方式、采矿方法、机械化水平、管理水平等。

④ 矿石加工因素　主要指矿石进入选厂后的破碎和选矿工艺流程的技术水平。

1.3　固体矿床工业性质

对某一具体矿床进行评估时，首先应了解该矿床的工业性质，以对该矿床的开发利用难易程度做出科学的判断。固体矿床的主要工业性质包括以下一些内容。

1.3.1　物化、力学性质

（1）硬度

硬度，即矿岩的坚硬程度，也就是抵抗工具侵入的能力；其值大小主要取决于矿岩的组成，如颗粒硬度、形状、大小、晶体结构以及颗粒间的胶结物性质等。硬度愈大，凿岩愈困难。矿岩的硬度，不仅影响矿岩的破碎方法和凿岩设备的选择，而且会影响开采成本等经济指标。

（2）坚固性

坚固性也是一种抵抗外力的能力，但它所指的外力是机械破碎、爆破等综合作用下的一种合成力。坚固性的大小一般用相当于普氏硬度系数的矿岩坚固系数（f）表示，该系数实际表示矿岩极限抗压强度、凿岩速度、炸药消耗量等值的平均值，但由于各参数量纲的不同，因此求其平均值的难度较大，一般采用式（1-1）来简化求取：

$$f = \frac{R}{100} \tag{1-1}$$

式中　R——矿岩极限抗压强度，kg/cm^2。

（3）稳固性

稳固性，即矿岩允许暴露面积的大小和暴露时间的长短。影响矿岩稳固性的因素十分复杂，不仅与矿岩本身地质条件（包括工程地质和水文地质）有关，而且与开采工艺和工程布置关系密切。稳固性是影响开采技术经济指标和作业安全性的重要因素。矿床按稳固程度一般分为以下几种。

① 极不稳固的　不允许有任何暴露面积，矿床一经揭露，即行垮落。

② 不稳固的　允许有较小的不支护暴露面积，一般在 $50m^2$ 以内。

③ 中等稳固的　允许不支护暴露面积为 $50 \sim 200m^2$。

④ 稳固的　不支护暴露面积为 $200 \sim 800m^2$。

⑤ 极稳固的　不支护暴露面积 $800m^2$ 以上。

由于矿岩稳固性不仅取决于暴露面积，而且与暴露空间形状、暴露时间有关；因此，上述分类中允许不支护暴露面积仅是一个参考值。

（4）结块性

高硫矿石、黏土类矿石崩落后，在遇水和受压并经过一段时间，可能会重新黏结在一起，这一性质称为结块性。矿石的结块性，会对采下矿石的放矿、运输和提升造成困难。

（5）氧化性

硫化矿石在水和空气的作用下，发生氧化反应转变为氧化矿石的性质，称为氧化性。矿石氧化会降低选矿回收指标。

（6）自燃性

煤、硫化矿石、含碳矸石等在适当的环境中，与空气接触发生氧化而产生热，当产生的热量大于向周围介质散发的热量时，该物质的温度自行升高。升高的温度反过来又加快了氧化的速度，如此循环，当物质的温度达到其燃点后，就引起着火自燃。矿石自燃不仅造成了资源的浪费，而且恶化了工作面环境。

（7）含水性

矿岩吸收和保持水分的性能称含水性。含水性会影响矿石的放矿、运输和提升作业。

（8）碎胀性

矿岩破碎后，碎块之间的大量孔隙使其体积增大的现象，称为碎胀性。矿岩破碎后其体积与原矿岩体积之比，称为碎胀系数（或松散系数）。

1.3.2 埋藏要素

矿床埋藏要素是指矿床在地壳中的走向长度、埋藏深度、延伸深度、形状、倾角、厚度等几何因素。

（1）埋藏深度和延伸深度

矿体的埋藏深度是指从地表至矿体上部边界的垂直距离，而延伸深度是指矿体上、下边界之间的垂直距离（图 1-1）。

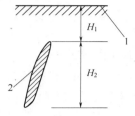

图 1-1　矿体的埋藏深度
和延伸深度

1—地表；2—矿体；H_1—埋藏
深度；H_2—延伸深度

（2）矿体形状

由于成矿环境和成矿作用的不同，矿体形状千差万别，主要有层状、脉状、块状、透镜状、网状、巢状等（图 1-2）。

（3）矿体倾角

根据矿体倾角，矿体可分为以下几类。

① 水平和微倾斜矿体　矿体倾角在 $5°$ 以下。

② 缓倾斜矿体　矿体倾角为 $5°\sim30°$。

③ 倾斜矿体　矿体倾角为 $30°\sim55°$。

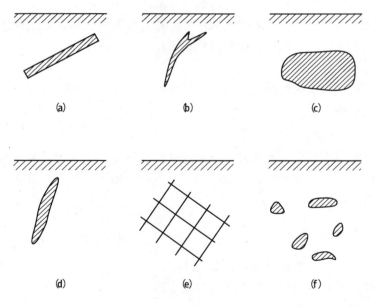

图 1-2　矿体形状

（a）层状矿床；（b）脉状矿床；（c）块状矿床；

（d）透镜状矿床；（e）网状矿床；（f）巢状矿床

④ 急倾斜矿体　矿体倾角大于 55°。

（4）矿体厚度

矿体厚度是指矿体上、下盘之间的垂直距离或水平距离，前者称为垂直厚度或真厚度，后者称为水平厚度。除急倾斜矿体常用水平厚度来表示外，其他矿体多用垂直厚度。由于矿体形状不规则，因此厚度又有最大厚度、最小厚度和平均

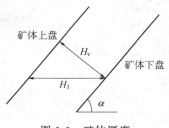

图 1-3　矿体厚度

厚度之分。垂直厚度与水平厚度和矿体倾角有如下关系（图 1-3）：

$$H_v = H_1 \sin\alpha \tag{1-2}$$

式中　H_v——矿体垂直厚度；

　　　H_1——矿体水平厚度；

　　　α——矿体倾角。

矿体按厚度可分为以下 5 类。

① 极薄矿体　矿体平均厚度小于 0.8m。

② 薄矿体　矿体厚度为 0.8～2.0m。

③ 中厚矿体　矿体厚度为 2.0～5.0m。

④ 厚矿体　矿体厚度为 5.0～20.0m。

⑤ 极厚矿体　矿体厚度大于 20.0m。

1.4　矿产资源储量及矿床工业指标

1.4.1　资源储量

矿产资源领域有两个非常重要的概念，即资源与储量。由于矿产资源/储量分类是定量评价矿产资源的基本准则，它既是矿产资源/储量估算、资源预测和国家资源统计、交易与管理的统一标准，又是国家制定经济和资源政策及建设计划、设计、生产的依据，因

此各国都对矿产资源/储量分类给予了高度重视。

虽然各国都是基于地质可靠性和经济可能性对资源与储量进行定义和区分，但具体分类标准各不相同。我国于1999年12月1日起实施的《固体矿产资源/储量分类》国家标准（GB/T 177766—1999）是我国固体矿产第一个可与国际接轨的真正统一的分类。

（1）分类依据

① 根据地质可靠程度将固体矿产资源/储量分为探明的、控制的、推断的和预测的，分别对应于勘探、详查、普查和预查四个勘探阶段。

a. 探明的。矿床的地质特征、赋存规律（矿体的形态、产状、规模、矿石质量、品位及开采技术条件）、矿体连续性依照勘探精度要求已经确定，可信度高。

b. 控制的。矿床的地质特征、赋存规律（矿体的形态、产状、规模、矿石质量、品位及开采技术条件）、矿体连续性依照详探精度要求已基本确定，可信度较高。

c. 推断的。对普查区按照普查的精度，大致查明了矿产的地质特征以及矿体（点）的展布特征、品位、质量，也包括那些由地质可靠程度较高的基础储量或资源量外推部分，矿体（点）的连续性是推断的，可信度低。

d. 预测的。对具有矿化潜力较大地区经过预查得出的结果，可信度最低。

② 根据可行性评价分为概略研究、预可行性研究和可行性研究三个阶段。

③ 根据经济意义将固体矿产资源/储量分为经济的（数量和质量是依据符合市场价格的生产指标计算的）、边际经济的（接近盈亏边界）、次边际经济的（当前是不经济的，但随技术进步、矿产品价格提高、生产成本降低，可变为经济的）、内蕴经济的（无法区分是经济的、边际经济的还是次边际经济的）、经济意义未定的

（仅指预查后预测的资源量，属于潜在矿产资源）。

（2）分类及编码

依据矿产勘察阶段和可行性评价及其结果、地质可靠程度和经济意义，并参考美国等西方国家及联合国分类标准，中国将矿产资源分为 3 大类（储量、基础储量、资源量）及 16 种类型。

① 储量　指基础储量中的经济可采部分，用扣除了设计、采矿损失的实际开采数量表述。

② 基础储量　查明矿产资源的一部分，是经详查、勘探所控制的、探明的并通过可行性研究、预可行性研究认为属于经济的、边际经济的部分，用未扣除设计、采矿损失的数量表达。

③ 资源量　指查明矿产资源的一部分和潜在矿产资源，包括经可行性研究或预可行性研究证实为次边际经济的矿产资源，经过勘察而未进行可行性研究或预可行性研究的、内蕴经济的矿产资源以及经过预查后预测的矿产资源。

现将资源/储量 16 种类型、编码及其含义列入表 1-1。

1.4.2　矿床工业指标

用以衡量某种地质体是否可以作为矿床、矿体或矿石的指标，或用以划分矿石类型及品级的指标，均称为矿床工业指标。常用的矿床工业指标包括以下几项。

（1）矿石品位

金属和大部分非金属矿石品级（industrial ore sorting），一般用矿石品位来表征。品位是指矿石中有用成分的含量，一般用质量百分数（％）表示，贵重金属则用 g/t 或 ppm 表示。

有开采利用价值的矿产资源，其品位必须高于边界品位（圈定矿体时对单个样品有用组分含量的最低要求）和最低工业品位（在当前技术经济条件下，矿物原来的采收价值等于全部成本，即采矿利润率为零时的品位），而且有害成分含量必须低于有害杂质最大

表 1-1　中国固体矿产资源分类与编码

大类	类　　型	编码	含　　义
储 量	可采储量	111	探明的、经可行性研究的、经济的基础储量的可采部分
	预可采储量	121	探明的、经预可行性研究的、经济的基础储量的可采部分
	预可采储量	122	控制的、经预可行性研究的、经济的基础储量的可采部分
基 础 储 量	探明的(可研)经济基础储量	111b	探明的、经可行性研究的、经济的基础储量
	探明的(预可研)经济基础储量	121b	探明的、经预可行性研究的、经济的基础储量
	控制的经济基础储量	122b	控制的、经预可行性研究的、经济的基础储量
	探明的(可研)边际经济基础储量	2M11	探明的、经可行性研究的、边际经济的基础储量
	探明的(预可研)边际经济基础储量	2M21	探明的、经预可行性研究的、边际经济的基础储量
	控制的边际经济基础储量	2M22	控制的、经预可行性研究的、边际经济的基础储量
资 源 量	探明的(可研)次边际经济资源量	2S11	探明的、经可行性研究的、次边际经济的资源量
	探明的(预可研)次边际经济资源量	2S21	探明的、经预可行性研究的、次边际经济的资源量
	控制的次边际经济资源量	2S22	控制的、经预可行性研究的、次边际经济的资源量
	探明的内蕴经济资源量	331	探明的、经概略(可行性)研究的、内蕴经济的资源量
	控制的内蕴经济资源量	332	控制的、经概略(可行性)研究的、内蕴经济的资源量
	推断的内蕴经济资源量	333	推断的、经概略(可行性)研究的、内蕴经济的资源量
	预测资源量	334?	潜在矿产资源

注：表中编码，第 1 位表示经济意义，即 1＝经济的，2M＝边际经济的，2S＝次边际经济的，3＝内蕴经济的；第 2 位表示可行性评价阶段，即 1＝可行性研究，2＝预可行性研究，3＝概略研究；第 3 位表示地质可靠程度，即 1＝探明的，2＝控制的，3＝推断的，4＝预测的；其他符号：?＝经济意义未定的，b＝未扣除设计、采矿损失的可采储量。

允许含量（对产品质量和加工过程起不良影响的组分允许的最大平均含量）。

（2）最小可采厚度

最小可采厚度是在技术可行和经济合理的前提下，为最大限度利用矿产资源，根据矿区内矿体赋存条件和采矿工艺的技术水平而决定的一项工业指标；亦称可采厚度或最小可采厚度，用真厚度衡量。

（3）夹石剔除厚度

夹石剔除厚度亦称最大允许夹石厚度，是开采时难以剔除、圈定矿体时允许夹在矿体中间合并开采的非工业矿石（夹石）的最大真厚度或应予剔除的最小厚度。厚度大于或等于夹石剔除厚度的夹石，应予剔除；反之，则合并于矿体中连续采样估算储量。

（4）最低工业米百分值

对一些厚度小于最低可采厚度但品位较富的矿体或块段，可采用最低工业品位与最低可采厚度的乘积，即以最低工业米百分值（或米克/吨值）作为衡量矿体在单工程及其所代表地段是否具有工业开采价值的指标。最低工业米百分值，简称米百分值或米百分率，也表作米克/吨值。高于这个指标的单层矿体，其储量仍列为目前能利用（表内）储量。最低工业米百分值指标实际上是以矿体开采时高贫化率为代价，换取资源的回收利用。

1.5 矿山生产能力、矿石损失率与贫化率

（1）矿山生产能力及矿山服务年限

生产能力是指矿山企业在正常生产情况下，在一定时间内所能开采或处理矿石的能力，一般用 10^4 t/a 或 t/a 来表示。矿山生产能力是矿床开发的重要技术经济指标之一，决定着矿山企业的基建工程、基建投资、主要设备类型和数量、技术建筑物和其他建筑物的规模与类型、辅助车间和选冶车间的规模、人员数量和配置等。

矿山生产能力的确定主要取决于国民经济需要、矿床储量、资源前景、矿床地质与开采技术条件、矿床勘探程度、矿山服务年限、基建投资和产品成本等因素。

矿山服务年限是矿山维持正常生产状态的时间，在矿山生产能力、矿床储量、采矿损失率和回收率等因素确定后，也即相应确定。

矿山生产能力和服务年限是密切相关的，为在保证矿山合理的经济效益的同时，保持可持续发展，矿山企业必须具有一定的服务年限。因此，矿山生产能力既不能过小，也不能无限扩大，应与矿山合适的服务年限相适应。

（2）矿石损失率

矿床开采过程中，由于各种因素（如地质构造、开采技术条件、采矿方法及生产管理等）的综合影响难免会造成部分工业矿石的丢失。采矿过程中损失的矿石量与计算范围内工业矿石量的百分比称为矿石损失率，而实际采出并进入选矿流程的矿石量与计算范围内工业矿石量的百分比则称为矿石回收率。很明显，矿石回收率＝1－矿石损失率。

（3）矿石贫化率

由于在采矿、运输过程中，围岩和夹石的混入或富矿的丢失，使采出矿石品位低于计算范围内工业矿石品位的现象称为矿石贫化；工业矿石品位降低的百分数称为矿石贫化率。

第 2 章　中国矿产资源概况

2.1　金属矿产资源

2.1.1　黑色金属

（1）铁矿

中国铁矿主要集中在辽宁、四川、河北三省，保有铁矿石储量占全国总保有铁矿石储量的近 50%。已经形成的主要原料基地包括：

① 长江中、下游铁矿原料基地；

② 鞍山-本溪和抚顺铁矿原料基地；

③ 冀东-北京铁矿原料基地；

④ 攀枝花-西昌铁矿原料基地；

⑤ 包头-白云鄂博铁矿区；

⑥ 五台-岚县铁矿区；

⑦ 鲁中铁矿区；

⑧ 河北宣化-赤城铁矿区；

⑨ 太行山铁矿区；

⑩ 酒泉镜铁山铁矿区；

⑪ 吉林通化铁矿区；

⑫ 江西新余-萍乡、吉安-永新铁矿区；

⑬ 湘东、田湖铁矿区。

除此之外，还有滇中、闽南、水城等 12 个规模比较小的铁矿区，为地方钢铁企业提供铁矿原料。

铁矿成因类型以分布于东北、华北地区的变质-沉积磁铁矿为最重要。该类型铁矿含铁量虽低（35％左右），但储量大，约占全国总储量的50％，且可选性能良好，经选矿后可以获得含铁65％以上的精矿。从成矿时代看，自元古宙至新生代均有铁矿形成，但以元古宙力量重要。

（2）锰矿

湖南和广西是我国重要的锰矿原料基地，产量占全国锰矿总产量的近50％，其次为辽宁、广东、云南、四川、贵州等省。我国锰矿储量比较集中的地区有以下8个：

① 桂西南地区；

② 湘、黔、川三角地区；

③ 贵州遵义地区；

④ 辽宁朝阳地区；

⑤ 滇东南地区；

⑥ 湘中地区；

⑦ 湖南永州-道县地区；

⑧ 陕西汉中-大巴山地区。

以上8个地区保有锰矿储量占全国总保有储量的80％以上。

矿床成因类型以沉积型锰矿为主，如广西下雷锰矿、贵州遵义锰矿、湖南湘潭锰矿、辽宁瓦房子锰矿、江西乐平锰矿等；其次为火山-沉积矿床，如新疆莫托沙拉铁锰矿床；受变质矿床，如四川虎牙锰矿等；热液改造锰矿床，如湖南玛璃山锰矿；表生锰矿床，如广西钦州锰矿。

形成时代为元古宙至第四纪，其中以震旦纪和泥盆组为最重要。

（3）铬矿

铬铁矿主要分布在西藏，其次为内蒙古、新疆和甘肃，四川（自治区）保有储量占全国铬铁矿总保有储量的85％左右。

中国铬矿床是典型的与超基性岩有关的岩浆型矿床，绝大多数属蛇绿岩型，矿床赋存于蛇绿岩带中。

铬铁矿的形成时代以中、新生代为主。

（4）钛矿

我国探明的钛资源分布在 21 个省（自治区、直辖市）。主要产区为四川，次要产区有河北、海南、广东、湖北、广西、云南、陕西、山西等省（自治区）。

钛矿矿床类型主要为岩浆型钒钛磁铁矿，其次为砂矿。

原生钛矿的形成时代主要为古生代，砂钛矿则主要形成于新生代。

（5）钒矿

中国钒矿资源较多，总保有储量位居世界前列。钒矿分布较广，在 19 个省（自治区）有探明储量，四川钒储量居全国之首，占总储量的 49%；湖南、安徽、广西、湖北、甘肃等省（自治区）次之。

钒矿主要产于岩浆岩型钒钛磁铁矿床之中，作为伴生矿产出。钒钛磁铁矿主要分布于四川攀枝花-西昌地区，黑色页岩型钒矿主要分布于湘、鄂、皖、赣一带。

钒矿的形成时代主要为古生代，其他地质时代也有少量钒矿产出。

2.1.2　有色金属

（1）铜矿

在我国分布广泛，除北京、天津、重庆、台湾、香港、澳门外，其他省、市、自治区均有铜矿床发现，其中，云南、内蒙古、安徽、山西、甘肃、江西等地的铜矿分布最为集中。目前，我国已形成了以矿山为主体的七大铜业生产基地：江西铜基地、云南铜基地、白银铜基地、东北铜基地、铜陵铜基地、大冶铜基地和中条山铜基地。

矿床类型以斑岩型铜矿最为重要，如江西德兴特大型斑岩铜矿和西藏玉龙大型斑岩铜矿；其次为铜镍硫化物矿床（如甘肃白家嘴子铜镍矿）、夕卡岩型铜矿（如湖北铜绿山铜矿、安徽铜官山铜矿）、火山岩型铜矿（如甘肃白银厂铜矿等）、沉积岩中层状铜矿（如山西中条山铜矿、云南东川式铜矿）、陆相砂岩型铜矿以及少量热液脉状铜矿等。

铜矿的形成时代跨越太古宙至第三纪，但主要集中在中生代和元古宙。

（2）铅锌矿

全国 27 个省、自治区、市发现并勘察了铅锌资源的储量，但从富集程度和保有储量来看，主要集中于 6 个省（自治区），即云南、内蒙古、甘肃、广东、湖南和广西，6 省（自治区）占全国铅锌合计储量的 65％左右。

矿床类型主要包括：

① 与花岗岩有关的花岗岩型（广东连平）、夕卡岩型（湖南水口山）、斑岩型（云南姚安）矿床；

② 与海相火山有关的矿床（青海锡铁山）；

③ 产于陆相火山岩中的矿床（江西冷水坑和浙江五部铅锌矿）；

④ 产于海相碳酸盐（广东凡口）、泥岩-碎屑岩系中的铅锌矿（甘肃西成铅锌矿）；

⑤ 产于海相或陆相砂岩和砾岩中的铅锌矿（云南金顶）等。

铅锌矿成矿时代以古生代为主。

（3）铝土矿

中国铝土矿主要分布在山西、贵州、河南和广西 4 个省（自治区），其储量合计占全国总储量的 90％以上。

铝土矿的矿床类型主要为古风化壳型矿床和红土型铝土矿床，以前者为最重要。

铝土矿成矿时代主要集中在石炭纪和二叠纪。

（4）镍矿

我国镍矿主要分布在西北、西南和东北地区，甘肃储量最多；其次是新疆、云南、吉林、湖北和四川。

镍矿矿床类型主要为岩浆熔离矿床和风化壳硅酸盐镍矿床两个大类。

镍矿的成矿时代比较分散，从前寒武纪到新生代皆有镍矿产出。

（5）钴矿

全国24个省（自治区）均有钴矿资源，但以甘肃、山东、云南、河北、青海、山西等省的资源最为丰富，以上六省储量之和占全国总储量的70%；其余30%的储量分布在新疆、四川、湖北、西藏、海南、安徽等省（自治区）。

矿床类型有岩浆型、热液型、沉积型、风化壳型等4类。以岩浆型硫化铜镍钴矿和夕卡岩铁铜钴矿为主，占总量65%以上；其次为火山沉积与火山碎屑沉积型钴矿，约占总储量17%。

钴矿成矿时代以元古宙和中生代为主，古生代和新生代次之。

（6）钨矿

在全国已探明钨矿储量的21个省、自治区、直辖市中，以湖南和江西最为丰富，其次为河南、广西、福建、广东、云南，7省（自治区）合计占全国钨保有储量的90%以上。主要钨矿区有湖南柿竹园钨矿，江西西华山、大吉山、盘古山、归美山、漂塘等钨矿，以及广东莲花山钨矿、福建行洛坑钨矿、甘肃塔儿沟钨矿、河南三道庄钼钨矿等。

钨矿床类型以层控叠加矿床和壳源改造花岗岩型矿床为最重要；壳幔源同熔花岗（闪长）岩型矿床、层控再造型矿床和表生型钨矿床次之。

钨矿成矿时代，最早为早古生代，晚古生代较少；中生代形成钨矿最多，新生代钨矿则属罕见。

（7）锡矿

主要集中在云南、广西、湖南、广东、内蒙古、江西6省（自治区），其合计保有储量占全国总保有储量的98%左右。

锡矿矿床类型主要包括与花岗岩类有关的矿床，与中、酸性火山-潜火山岩有关的矿床，与沉积再造变质作用有关的矿床和沉积-热液再造型矿床；其中以花岗岩矿床最为重要，云南个旧和广西大厂等世界级超大型锡矿皆属此类。这两个锡矿储量占全国锡总储量的33%。

锡矿成矿时代比较广泛，以中生代锡矿最为重要，前寒武纪次之。

（8）钼矿

资源据前3名的省份依次为河南（占全国钼矿总储量的30%左右）、陕西和吉林，3省的合计保有储量占全国总保有储量的50%以上。另外，储量较多的省（自治区）还有：山东、河北、江西、辽宁和内蒙古。陕西金堆城、辽宁杨家杖子、河南栾川是我国三个重要的钼业基地。

矿床类型以斑岩型钼矿和斑岩-夕卡岩型钼矿为主。

除少数钼矿形成于晚古生代和新生代之外，绝大多数钼矿床均形成于中生代，为燕山期构造岩浆活动的产物。

（9）汞矿

贵州储量最多，占全国汞储量的近40%；其次为陕西和四川；3省的合计保有储量占全国的75%左右；广东、湖南、青海、甘肃和云南也有一定的汞矿资源分布。著名汞矿有贵州万山汞矿、务川汞矿、丹寨汞矿、铜仁汞矿以及湖南的新晃汞矿等。

汞矿矿床类型分为碳酸盐岩型、碎屑岩型和岩浆型3种，其中碳酸盐岩型占主要地位，拥有汞储量90%以上。

大多数汞矿床产于中、下寒武纪地层之中。

（10）锑矿

储量以广西为最多；其次为湖南、云南、贵州和甘肃；5省

（自治区）合计储量占全国锑矿总储量的 85％左右。

锑矿矿床类型有碳酸盐岩型、碎屑岩型、浅变质岩型、海相火山岩型、陆相火山岩型、岩浆期后型和外生堆积型 7 类，以碳酸盐岩型锑矿为最重要。世界著名的湖南锡矿山锑矿和广西大厂锡、锑多金属矿皆属此类型。

锑矿改造成矿的时代主要集中在中生代的燕山期。

2.1.3　其他金属

（1）铂族矿床

铂矿和钯矿主要分布在甘肃，分别占全国铂矿与钯矿的 90％以上，其次是河北；铂、钯矿主要在云南（占全国的 65％），其次是四川（占全国的 26％）；其他几种铂族金属（如铑、铱、锇、钌）的分布也主要在甘肃、云南和黑龙江。

铂族金属矿产矿床类型主要为岩浆熔离铜镍铂钯矿床、热液再造铂矿床和砂铂矿床。

铂族矿床的成矿时代主要为古元古代和古生代。

（2）金矿

我国金矿分布广泛，山东、河南、陕西、河北四省保有储量约占全国岩金储量的 46％以上，山东省岩金储量接近全国岩金总储量的 25％，居全国第 1 位，其他储量超过百吨的省份还有辽宁、吉林、湖北、贵州和云南；沙金主要分布于黑龙江，其次为四川，两省合计几乎占全国砂金保有储量的 50％。

金矿成矿时代的跨度很大，从太古宙到第四纪都有金矿形成；但主要是前寒武纪，其次为中生代和新生代。

（3）银矿

保有储量最多的是江西，其次是云南、广东、内蒙古、广西、湖北、甘肃，以上 7 个省（自治区）储量合计占全国总保有储量的 60％以上。单独的银矿很少，大多数与铜、铅、锌等有色金属矿产共生或伴生在一起。我国重要的银矿区有江西贵溪冷水坑、广东凡口、湖北竹山、辽宁凤城、吉林四平、陕西柞水、甘肃白银、河南桐柏银矿等。

矿床类型有火山-沉积型、沉积型、变质型、侵入岩型、沉积改造型等几种，以火山-沉积型和变质型为最重要。

银矿成矿时代较分散，但以中生代形成的银矿最多。

（4）锂矿

主要分布在4个省（自治区），即四川、江西、湖南和新疆，4省（自治区）合计占98%以上，其中青海盐湖锂储量占80%以上。

锂矿成矿时代以中生代和晚古生代为主。

（5）铍矿

分布在14个省（自治区）。新疆、内蒙古、四川、云南，该4省（自治区）合计占全国总储量的90%左右；其次为江西、甘肃、湖南、广东、河南、福建、浙江、广西、黑龙江、河北等10个省（自治区），合计占10%左右。绿柱石矿物储量，主要分布在新疆和四川，两省（自治区）合计占90%以上，其次为甘肃、云南、陕西和福建。

铍矿成矿时代以中生代和晚古生代为主。

（6）铌矿

分布在15个省（自治区）。内蒙古、湖北，2省（自治区）合计占95%以上；其次为广东、江西、陕西、四川、湖南、广西、福建，以及新疆、云南、河南、甘肃、山东、浙江等。砂矿储量，广东占99%以上；其次是江苏、湖南。褐钇铌矿储量主要分布在湖南、广西、广东和云南。

铌矿成矿时代以中生代和晚古生代为主。

（7）钽矿

分布在13个省（自治区）。江西、内蒙古、广东，3省（自治区）合计占70%以上；其次为湖南、广西、四川、福建、湖北、新疆、河南、辽宁、黑龙江、山东等。

钽矿成矿时代以中生代和晚古生代为主。

（8）锶矿

青海省储量最多，占全国总保有储量的近50％；其次是陕西、湖北、云南、四川和江苏。

矿床类型主要有沉积型、沉积改造型和火山热液型。

锶矿成矿时代以新生代为主，中生代次之。

（9）稀土

我国稀土矿产资源分布广泛，目前已探明有储量的矿区分布于17个省（自治区）。其中，内蒙古占全国稀土总储量的95％以上，其次，贵州、湖北、江西和广东也有一定储量。

（10）锗矿

分布在11个省（自治区），其中广东、云南、吉林、山西、四川、广西和贵州等省（自治区）的储量占全国锗总储量的96％。

（11）镓矿

分布21个省（自治区），主要集中在山西、吉林、河南、贵州、广西和江西等省（自治区）。

（12）铟矿

分布15个省（自治区），主要集中在云南、广西、内蒙古、青海和广东。

（13）铊矿

分布在云南、广东、甘肃、湖北、广西、辽宁、湖南等7个省（自治区），其中云南占全国铊总储量的94％左右。

（14）硒矿

分布在18个省（自治区），主要集中在甘肃，其次为黑龙江、广东、青海、湖北和四川等省（自治区）。

（15）碲矿

分布于15个省（自治区），储量主要集中在江西（占全国碲总储量的 40%）、广东（占 40%）和甘肃（占 10%）。

（16）铼矿

分布于 9 个省，储量主要集中在陕西（占全国铼总储量的近
45%）、黑龙江和河南。

（17）镉矿

分布于 24 个省（自治区），储量主要集中在云南（占全国镉总
储量的 45%以上）、广西、四川和广东。

2.2 非金属矿产资源

（1）菱镁矿

中国是世界上菱镁矿资源最为丰富的国家。探明储量的矿区
27 处，分布于 9 个省（自治区），以辽宁的菱镁矿储量最为丰富，
占全国的 85.6%；山东、西藏、新疆、甘肃次之。

矿床类型以沉积变质-热液交代型为最重要，如辽宁海城、营
口等地菱镁矿产地、山东掖县菱镁矿产地等。

中国菱镁矿主要形成于前震旦纪和震旦纪，少数矿床形成于古
生代和中新生代。

（2）萤石

已探明储量的矿区有 230 处，分布于全国 25 个省（自治区）。
以湖南萤石最多，占全国总储量 38.9%；内蒙古、浙江次之，分
别占 16.7%和 16.6%。我国主要萤石矿区有浙江武义，湖南柿竹
园、河北江安、江西德安、内蒙古苏莫查干敖包、贵州大厂等。

矿床类型以热液充填型、沉积改造型为主。

萤石矿主要形成于古生代和中生代，以中生代燕山期为最
重要。

（3）耐火黏土

已探明储量的矿区有 327 处，分布于全国各地。以山西耐火黏
土矿最多，占全国总储量的 27.9%；其次为河南、河北、内蒙古、

湖北、吉林等省（自治区）。

按成因矿床可分沉积型（如山西太湖石、河北赵各庄、河南巩县、山东淄博耐火黏土矿等）和风化残余型（如广东飞天燕耐火黏土矿）两大类型，以沉积型为主，储量占95％以上。

耐火黏土主要成矿期为古生代，中生代、新生代次之。

（4）硫矿

主要为硫铁矿，其次为其他矿产中的伴生硫铁矿和自然硫。已探明储量的矿区有760多处。硫铁矿以四川省为最丰富。伴生硫储量江西（德兴铜矿和永平铜矿等）第一。自然硫主要产于山东泰安地区。广东云浮硫铁矿、内蒙古炭窑口、安徽新桥、山西阳泉、甘肃白银厂等矿区均为重要的硫铁矿区。

矿床类型有沉积型、沉积变质型、火山岩型、夕卡岩型和热液型几种。以沉积型（占全国总储量41％）和沉积变质型（占全国总储量19％）为主。

硫矿成矿时代主要为古生代，其次为前寒武纪和中生代，新生代也有大型自然硫矿床形成。

（5）重晶石

贵州的重晶石保有储量占全国的34％；湖南、广西、甘肃、陕西等省（自治区）次之。以上5省（自治区）储量占全国的80％。

矿床类型以沉积型为主（如贵州天柱、湖南贡溪、广西板必、湖北柳林重晶石矿等），占总储量的60％。此外，还有火山-沉积型（如甘肃镜铁山伴生重晶石矿）、热液型（广西象州县潘村）和残积型（广东水岭矿）。

重晶石成矿时代以古生代为主，震旦纪及中一新生代也有重晶石矿形成。

（6）盐矿

中国盐矿资源相当丰富，除海水中盐资源外，矿盐资源在全国

17 个省（自治区）都有产出，但以青海为最多，占全国的 80%；四川（成都盆地、南充盆地等）、云南、湖北（应城盐矿）、江西（樟树盐矿、周田盐矿）等省次之。

盐矿可分岩盐、现代湖盐和地下卤水盐 3 种类型，以现代湖盐为主，如柴达木盆地的现代盐湖。

盐矿成矿时代主要为中、新生代。

（7）钾盐

中国是钾盐矿产资源贫乏的国家。仅在六个省（自治区）有少量钾盐产出。探明储量的矿区有 28 处。我国钾盐主要产于青海察尔汗盐湖，其储量占全国的 97%；云南勐野井也有产出。

钾盐矿床类型以现代盐湖钾盐为主，中生代沉积型钾盐矿和含钾卤水不占重要地位。

（8）磷矿

中国磷矿资源比较丰富。全国 26 个省（自治区）有磷矿产出，以湖北、云南为多，分别占 22% 和 21%，贵州、湖南次之。以上 4 省合计占全国储量的 71%。我国重要磷矿床有云南昆阳磷矿、贵州开阳磷矿、湖北王集磷矿、湖南浏阳磷矿、四川金河磷矿、江苏锦屏磷矿等。

磷矿矿床类型以沉积磷块岩型为主，储量约占 80%；内主磷灰石矿床、沉积变质型磷矿床次之；鸟粪型磷矿探明储量极少。

成矿时代主要为震旦纪和早寒武世，前震旦纪、古生代也有磷矿产出。

（9）金刚石

中国金刚石矿资源比较贫乏。全国只有 4 个省产有金刚石矿，其中辽宁储量约占全国的 52%，山东蒙阴金刚石矿田次之，占 44.5%。

我国金刚石矿以原生矿为主，砂矿（湖南沅江流域、山东沂沭河流域等地砂矿）次之。

金刚石矿成矿时代以古生代和中生代燕山期为主，第四纪砂矿亦具一定的工业意义。

（10）石墨

中国石墨矿资源相当丰富。全国20个省（自治区）有石墨矿产出，其中黑龙江省最多，储量占全国的64.1%，四川和山东石墨矿也较丰富。

石墨矿床类型有区域变质型（黑龙江柳毛、内蒙古黄土窑、山东南墅、四川攀枝花扎壁石墨矿等）、接触变质型（如湖南鲁塘、广东连平石墨矿等）和岩浆热液型（新疆奇台苏吉泉矿等）3种，以区域变质型最为重要，不仅矿床规模大、储量多，而且质量好。

石墨矿成矿时代有太古宙、元古宙、古生代和中生代，以元古宙石墨矿为最重要。

（11）滑石

中国滑石矿资源比较丰富。全国15个省（自治区）有滑石矿产出，其中以江西滑石矿最多，占全国的30%；辽宁、山东、青海、广西等省（自治区）次之。

滑石矿床类型主要有碳酸盐岩型，如辽宁海域、山东掖县等产地和岩浆热液交代型，如江西于都、山东海阳等产地，以碳酸盐岩型为最重要，占全国储量的55%。

滑石成矿时代主要为前寒武纪，古生代、中生代次之。

（12）石棉

青海石棉矿最多，储量占全国的64.3%；四川、陕西次之。主要石棉矿产地有四川石棉、青海茫崖和陕西宁强等石棉矿区。

我国石棉矿床的成因类型主要有超基性岩型和碳酸盐岩型两类，前者规模较大，储量占全国的93%。

石棉矿成矿时代有前寒武纪、古生代和中生代，以古生代成矿最为重要。

（13）云母

中国云母矿资源丰富。新疆块云母最多，储量占全国的 64%；四川、内蒙古、青海、西藏等地也有较多的云母产出。主要云母矿区有新疆阿勒泰、四川丹巴、内蒙古土贯乌拉云母矿等。

云母矿的矿床类型主要有花岗伟晶岩型、镁夕卡岩型和接触交代型 3 种。以花岗伟晶岩型为最重要，其储量占全国的 95% 以上。

云母矿主要形成于太古宙、元古宙和古生代，中生代以后形成较少。

（14）石膏

山东石膏矿储量占全国的 65%；内蒙古、青海、湖南次之。主要石膏矿区有内蒙古鄂托克旗、湖北应城、吉林浑江、江苏南京、山东大汶口、广西钦州、山西太原、宁夏中卫石膏矿等。

石膏矿以沉积型矿床为主，储量占全国 90% 以上。

石膏矿在各地质时代均有产出，以早白垩纪和第三纪沉积型石膏矿为最重要。

（15）高岭土

中国高岭土矿资源丰富，在全国 21 个省（自治区）的 208 个矿区探明有高岭土矿，广东、陕西储量分别占全国储量的 30.8%和 26.7%；福建、广西、江西探明储量也较多；香港特别行政区亦有高岭土矿产地。我国主要高岭土矿区有广东茂名、福建龙岩、江西贵溪、江苏吴县和湖南醴陵等。

矿床类型有风化壳型、热液蚀变型和沉积型 3 种，以风化壳型矿床为最重要，如广东、福建的高岭土矿区。

高岭土成矿时代主要为新生代和中生代后期，晚古生代也有矿床形成。

（16）膨润土

广西、新疆、内蒙古为主要产区，储量分别占全国的 26.1%、13.9%和 8.5%。主要膨润土矿区有河北宣化、浙江余杭、河北隆化、辽宁黑山、辽宁建平、浙江临安、甘肃金昌、新疆布克塞尔。

矿床类型可分沉积型、热液型和残积型 3 种，以沉积（含火山沉积）型为最重要，储量占全国储量的 70％以上。

膨润土成矿时代主要为中、新生代。在晚古生代也有少量矿床形成。

2.3 能源类矿产资源

（1）石油

中国石油虽有一定的资源量和储量，但远远不能满足国民经济发展的需要，中国目前已成为重要的石油输入国。中国陆上石油主要分布在松辽、渤海湾、塔里木、准格尔和鄂尔多斯等地，储量占全国陆上石油总储量的 87％以上；海上石油以渤海为主，占全国海上石油储量的近 50％。

我国含油气盆地主要为陆相沉积，储层物性以中低渗透为主（低渗透往往伴随着低产能与低丰度）。

中国石油资源生成时代分布特点是时代愈新资源量愈大，如新生代石油资源量占一半以上，其次为中生代、晚古生代、早古生代及前寒武纪。

（2）天然气

中国天然气资源主要分布在鄂尔多斯、四川、塔里木、东海、莺歌海等地，其储量占全国的 60％以上。

天然气资源主要是油型气，其次为煤成气资源。生化气主要分布于柴达木盆地，其次为南方的一些小盆地。

天然气资源生成时代主要是在第三纪、石炭纪和奥陶纪，其他各时代中的资源量大体呈均等的势态。

（3）煤炭

中国是煤炭资源大国，在全国 33 个省级行政区划中，除上海市、香港特别行政区外，都有不同质量和数量的煤炭资源赋存；全国 63％的县级行政区划里都分布有煤炭资源。煤炭保有储量超过千亿吨的有：山西、内蒙古和陕西；超百亿吨的有：新疆、贵州、宁夏、安徽、云南、河南、山东、黑龙江、河北、甘肃。以上 13个省（自治区）煤炭保有储量占全国的 96％。

我国具有工业价值的煤炭资源主要赋存在晚古生代的早石炭世到新生代的第三纪。

（4）油页岩

我国油页岩的分布比较广泛，但勘探程度较低，探明储量较多的省份是吉林、辽宁和广东；内蒙古、山东、山西、吉林和黑龙江等省（自治区）则有较高的预测储量。

油页岩的成矿时代较新，从老至新为石炭纪、二叠纪、三叠纪、侏罗纪、白垩纪及第三纪。

（5）铀矿

中国铀矿资源比较缺乏，在世界储量上排位比较靠后。江西、湖南、广东、广西 4 省（自治区）资源占探明工业储量的 74％。

已探明的铀矿床，以花岗岩型、火山岩型、砂岩型、碳硅泥岩型为主。矿石以中低品位为主，0.05％～0.3％品位的矿石量占总资源量的绝大部分。矿石组分相对简单，主要为单铀型矿石。

中国铀矿成矿时代以中新生代为主，并主要集中在 45～87Ma。

2.4　中国矿产资源特点

与世界金属矿产资源相比，中国金属矿产资源有以下几个明显的特点。

（1）大宗矿产数量相对不足，用量小的稀有、稀土金属矿产资源丰富

我国大宗矿产，如铁、锰、铝土矿、铬、铜等，储量相对较少，在世界上的排名比较靠后；而稀有金属、稀土金属资源丰富，在世界上占有绝对的优势。如，钨矿保有储量是国外钨矿总储量的3 倍左右，锑矿保有储量占世界锑矿储量的 40％以上，稀土金属资

源更是丰富，仅内蒙古白云鄂博一个矿床的储量就相当于国外稀土总储量的 4 倍。

（2）富矿少，贫矿多

我国铁矿石保有储量中，贫铁矿石占了 97.5%，含铁平均品位在 55% 左右能直接入炉的富铁矿储量只占 2.5%，而形成一定开采规模、能单独开采的富铁矿就更少了。锰矿储量中，富锰矿（氧化锰矿含锰大于 30%，碳酸锰矿含锰大于 25%）储量只占 6.4%。中国铜矿平均品位只有 0.87%，品位大于 1% 的铜矿储量约占全国铜矿储量的 36%。我国铝土矿的质量也比较差，加工困难、耗能大的一水硬铝石型矿石占全国总储量的 98% 以上。全国钼矿石平均含钼量大于 0.2% 的钼矿储量仅占总储量的 3%。金矿出矿品位更是远低于世界平均水平。

（3）多金属矿多，单一金属矿少

我国独特的地质环境导致形成大量多组分的综合性矿床。例如，具伴共生有益组分的铁矿石储量，约占全国储量的 1/3，伴共生有益组分有：钒、钛、铜、铅、锌、锡、钨、钼、钴、镍、锑、金、银、镉、镓、铀、钍、硼、锗、硫、铬、稀土、铌、萤石、石膏、石灰石和煤等 30 余种。铅锌矿床大多数普遍共伴生有铜、铁、硫、银、金、锡、锑、钼、钨、汞、钴、镉、铟、镓、锗、硒、碲、铊等元素，尤其是银，许多矿床成了铅锌银矿或银铅锌矿，其储量占全国银储量的 60% 以上。73% 的铜矿床为多金属矿。金矿总储量中，伴生金储量占了 28%。钒储量 92% 以上赋存于共生矿和伴生矿中，其产量几乎全部来自于钒钛磁铁矿和石煤伴生钒。钼作为单一矿产的矿床，其储量只占全国总储量的 14%，作为主矿产还伴生有其他有用组分的矿床，其储量占全国总储量的 64%，与铜、钨、锡等金属共伴生的钼储量占全国总储量的 22%。

（4）大型、超大型矿床少，中小型矿床多

虽然我国有一些世界有名的大型和超大型矿床，如内蒙古白云鄂博稀土-铁-铌矿是世界上最大的稀土矿，湖南柿竹园多金属矿是世界上最大的钨-锑矿，广西大厂锡矿是世界上最大的锡矿，辽宁海成锑矿是世界上最大的单一锑矿。但总体来讲，世界水平的大型、超大型矿床还是比较缺乏，众多的是储量和生产能力有限的中、小型矿床。

（5）储量向大型矿床集中

虽然我国大型矿床比例不大，但其保有储量占全国总保有储量的比例较高，换言之，我国金属矿产储量向大型矿床集中，大、中型矿山在我国矿业开发中占有突出的地位。

（6）生成时代集中

（7）矿床分布有明显的地域性

我国的金属矿床具有明显的地域分布特性，形成了许多重要的金属成矿带和成矿区。这一地域性分布特点对于地质勘探非常重要。

2.5　中国金属矿山面临的形势和未来发展趋势

（1）金属矿山面临的形势

① 一大批金属矿山，经过长期大规模开发，已探明的浅部矿产逐渐枯竭，开采条件大大恶化。大型露天矿在逐年减少，不少矿山已开采到临界深度，面临关闭或转向地下开采；占矿山总数90％的地下矿山，有 2/5～3/5 正陆续向深部开采过渡。矿山是否进入深部开采，有专家提议以岩爆发生频率明显增加来界定，也有专家建议以岩石应力达到某一高度值来界定。但是，在实际工程中很难明确界定，因为"深部"是综合因素影响下的特殊开采环境。到目前为止，还没有一个能为大家所认同的界定"深部"的科学方法，普遍采用的还是经验认同的方法，约定开采深度大于 800～1000m 时才进入深部开采。红透山铜矿的开采深度达 900～1100m，冬瓜山铜矿开拓深度达 1100m，弓长岭铁矿开拓深度

1000m，湘西金矿开采深度超过 850m。此外，寿王坟铜矿、凡口铅锌矿、金川镍矿、乳山金矿、高峰锡矿等许多矿山，都正在步入深部开采期。

② 开采品位下降，采掘工程量急剧上升，废弃物处理量大幅度增加。以铜矿为例，1950 年我国铜矿石平均开采品位为 1.87%，而今已下降到 0.76%；每生产 1t 铜，平均要开采 130t 矿石，尾矿量成倍增加；生产 10kt 矿石，一般要掘进 350～400m 工程，掘进废石大量增加，严重影响经济效益和环境效益。

③ 机械化装备水平及配套程度不高，严重制约矿山生产规模和劳动生产率的提高。

④ 安全与环保压力增大，主要体现在回采过程中的顶板安全控制措施不足；大水矿山超前探水工作缺乏，存在突水隐患；尾矿库维护不当，隐患较大；大量采空区未进行处理；露天坑复垦力度较小等。

⑤ 资源综合利用率不高。我国大多数金属矿山除主产元素外，还伴生和共生许多有用元素，受选矿技术水平限制，不能得到充分回收。

（2）金属矿床开发趋势

① 大规模开发深部矿床和边远矿床、零星矿体、残留矿体。

② 引进大型无轨设备和智能化设备，提高企业装备水平和应对未来市场变化的能力。

③ 采用高效率、低成本的采矿方法。

④ 加大资源综合利用力度。

⑤ 加大安全投入。

⑥ 在设计、生产各个环节，注重环境保护压力，实现矿山清洁生产，创建绿色矿山。

第2篇 矿 山 地 质

第 3 章 地质作用与地质构造

3.1 地质作用

由于地球内部和太阳能量的作用，会使地表形态、地壳内部物质组成及结构构造等不断发生变化，如海枯石烂、沧海桑田、高山为谷、深谷为陵等。地质学把自然界引起种种变化的各种作用称为"地质作用"，根据地质作用动力来源的不同，可分为内动力地质作用和外动力地质作用。

（1）内动力地质作用

内动力地质作用是指主要由地球内部能量引起的地质作用。它一般起源和发生于地球内部，但常常可以影响到地球的表层，如可以表现为火山作用、构造运动及地震等。内动力地质作用包括以下一些内容。

① 岩浆作用 地下温度高达 1000℃ 的液态岩浆，沿薄弱带上移或喷溢到地表的作用过程称为岩浆作用。

② 沉积作用 沉积作用是指由水、风等各种地质营力搬运的物质，由于介质动能减小或条件发生改变以及在生物的作用下，在新的场所堆积下来的作用。

③ 变质作用 变质作用是指在地下特定的地质环境中，由于

物理和化学条件的改变，使原来的岩石基本上在固体状态下发生物质成分与结构构造的变化，从而形成新的岩石的作用过程。

（2）外动力地质作用

外动力地质作用是指大气、水和生物在太阳能、重力能的影响下产生的动力对地球表层所进行的各种作用。

① 风化作用　风化作用是指在地表或近地表的环境下，由于气温、大气、水及生物等因素作用，使地壳或岩石圈的岩石和矿物在原地遭到分解或破坏的过程。

② 剥蚀作用　剥蚀作用是指各种地质营力（如风、水、冰川等）在作用过程中对地表岩石产生破坏并将它们搬离原地的作用。

③ 搬运作用　搬运作用是指经过风化、剥蚀作用剥离下来的产物，经过介质从一个地方搬运到另一个地方的过程。

④ 沉积作用　沉积作用是指由水、风等各种营力搬运的物质，由于介质动能减小或条件发生改变以及在生物的作用下，在新的场所堆积下来的作用。

3.2　地质构造

地壳受地球内力作用，导致组成地壳的岩层倾斜、弯曲和断裂的状态，称为地质构造，包括褶皱构造和断裂构造两大类。

（1）褶皱构造

褶皱是由于岩石中原来近于平直的面受力而发生的弯曲变形，变成了曲面而表现出来的构造，如图 3-1 所示。

褶皱的形态虽然多种多样，但从单一褶皱面的弯曲看，基本形态有两种：背斜和向斜。背斜是指两侧褶皱面相背倾斜的上凸弯曲（图 3-2）；向斜是指两侧褶皱面相对倾斜的下凹弯曲（图 3-2）。从褶皱内地层时代而言，背斜核部地层较老，向翼部地层时代逐渐变新；向斜则恰好相反。

（2）断裂构造

图 3-1 褶皱构造

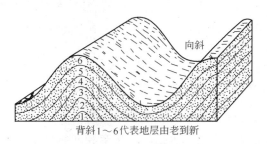

背斜1～6代表地层由老到新

图 3-2 背斜、向斜图

断裂构造是由于岩层受力发生脆性破裂而产生的构造。它与褶皱构造的不同在于：褶皱构造岩层仅发生弯曲变形，连续性未受到破坏；而断裂构造岩层岩层连续性受到破坏，岩层块沿破裂面发生位移（图 3-3）。根据相邻岩块沿破裂面的位移量，又可分为节理和断层。

① 断层　是指岩体发生较明显位移的破裂带或破裂面。断层是地壳中广泛存在的地质构造，形态各异，规模不一。断层深度可达数千米，断层延伸最长可达数百甚至上千米。根据断层上、下盘

沿断层面相对移动的方向分为：正断层、逆断层和平移断层。

　　a. 正断层。指上盘沿断层面相对下降，下盘相对上升的断层。正断层一般是由于岩体受到水平张应力及重力作用，使上盘沿断层面向下错动而成，如图 3-4（a）所示。

　　b. 逆断层。上盘沿断层面相对上升，下盘相对下降的断层。逆断

图 3-3　断裂构造

层一般是由于岩体受到水平方向强烈挤压力的作用，使上盘沿断面向上错动而成，如图 3-4（b）所示。

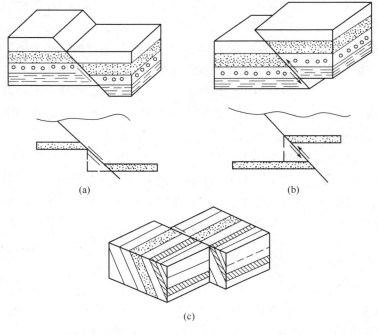

(a)　　　　　　　　　　　　　　(b)

(c)

图 3-4　断层
（a）正断层；（b）逆断层；（c）平移断层

c. 平移断层。由于岩体受水平扭应力作用，使两盘沿断层面发生相对水平位移的断层，如图 3-4（c）所示。

② 节理　节理是当岩层、岩体发生破裂，而破裂面两侧岩块没有发生显著位移时的断裂构造。它是野外常见的构造现象，一般成群、成族出现。

（3）岩层产状

① 走向　岩层面与水平面的交线方向。

② 倾向　岩层垂直于走向的倾斜方向，即向下延伸的方向。

③ 倾角　岩层面与水平面的夹角。

3.3　成矿作用

成矿作用是指在地球的演化过程中，使分散存在的有用物质（化学元素、矿物、化合物）在一定的地质环境中富集而形成矿床的各种地质作用。成矿作用复杂多样，通常按成矿的地质环境、能量来源和作用方式划分为内生成矿作用、外生成矿作用和变质成矿作用，并相应地划分为内生矿床、外生矿床和变质矿床等 3 种基本成因类型。研究成矿作用和矿床成因类型对认识矿床的地质特征和分布规律，指导矿产勘察和矿山开发有重要意义。

（1）内生成矿作用

内生成矿作用主要由于地球内部能量包括热能、动能、化学能等的作用，导致在地壳内部形成矿床的各种地质作用。按其含矿流体性质和物理化学条件不同，可分为以下几种。

① 岩浆成矿作用　在岩浆的分异和结晶过程中，有用组分聚集成矿，形成岩浆矿床。

② 伟晶成矿作用　富含挥发组分的熔浆，经过结晶分异和气液交代，使有用组分聚集形成伟晶岩矿床。

③ 接触交代成矿作用　在火成岩体与围岩接触带上，由于气液的交代作用而形成接触交代矿床。

④ 热液成矿作用　在含矿热液活动过程中，使有用组分在一定的构造、岩石环境中富集，形成热液矿床。

（2）外生成矿作用

外生成矿作用在地壳表层，主要在太阳能影响下，在岩石、水、大气和生物的相互作用过程中，使成矿物质聚集的各种地质作用。外生成矿作用可分为风化成矿作用（形成风化矿床）和沉积成矿作用（形成沉积矿床）。

（3）变质成矿作用

变质成矿作用指在区域变质过程中发生的成矿作用或使原有矿床发生变质改造的作用，其所形成的矿床为变质矿床。就本质看，变质成矿作用是内生作用的一种，其特点是成矿物质的迁移、富集或改造基本上是在原有含矿岩系中进行的。

第 4 章　矿山工程地质工作

矿山地质工作是指从矿山基建、生产，直至开采结束过程中所开展的一系列地质工作。这些工作是在找矿评价、地质勘探工作基础上进行的，是矿床开采中的基础工作之一。其主要职能是：服务生产、管理生产、监督生产和延长矿山服务年限。

4.1　找矿

生产矿山找矿勘探的主要目的是在其深部、外部和外围寻找并探明新矿体或新矿床以及新矿种，增加新储量，为矿山制定长远规划，延长矿山服务年限或扩大生产能力提供接替资源。其主要任务是：以综合地质研究为基础，运用各种找矿方法进行成矿预测，确定成矿最有利地段；布置工程，验证成矿预测目标，进行初步评价；对已知矿体的深部、边部和新发现的矿体进行生产时期的地质勘探。

生产矿山找矿方法包括物探法和化探法。

（1）物探法

当矿体和围岩的物理性质在磁性、弹性、放射性、电性和密度等 5 个方面至少有一个方面存在差异，并且这个差异能被仪器测到时，可分别选用相应的磁性测量、地震测量、放射性测量、电法测量、重力测量等物探方法进行找矿。

（2）化探法

化探法种类很多，不同的方法适用范围和作用各不相同。生产矿山常用的化探方法包括原生晕法、气体测量法等。

① 原生晕法　通过采集新鲜岩石样品，了解原生晕分布特征，

常用于 Cu、Pb、Zn、Mo、Hg、Cr、Ni、Au、Ag、U、Sn、W
等矿种的找矿。

② 气体测量法　又称气晕法。通过对土壤中气体和空气系统
取样，了解微量元素或化合物的气晕分布特征。Hg 蒸气晕法常用
于 Au、Ag、Sb、Mo、Cu、W、U 等矿种的找矿；SO_2 和 H_2S 可
寻找各种硫化矿物；惰性气体（如 Rn 气）可寻找 U、Ra、Cu、K
等矿种。

生产矿山化探方法找矿的具体步骤见如下描述。

① 选择合适的指标元素　通过对生产矿山已揭露的矿体和围
岩的系统取样化验，分析各种成矿元素和伴生元素的含量与变化规
律及其同成矿之间的关系，选择可提供找矿线索的指标元素。

② 确定背景值与异常下限值　背景值不是一个下限值，而是
一个范围，通常都是用几何平均值或众数值或中位值来作为背景值
的估计值；异常下限值可根据实际情况确定为背景值的若干倍。

③ 查明分散晕特征以预测盲矿体的具体位置。

4.2　矿床勘探

4.2.1　矿床勘探与勘察基本概念

矿床勘探是在发现矿床之后，对被认为具有进一步工作价值的
对象通过应用各种勘探技术手段和加密各种勘探工程的进一步揭
露，对矿床可能的规模、形态、产状、质量以及开采的技术经济条
件做出评价，从而为矿山开采设计提供依据的工作。

矿床勘察是指对矿产普查（找矿）与勘探的总称。包括区域地
质调查、矿床普查、矿床详查、矿床勘探和开发勘探几个阶段。

地质勘探与前几个勘察阶段相比具有以下特点：

① 勘探工作范围较有限，勘察程度更高，工程与工作量更大；

② 所获储量与资料的可靠程度更高，内容更详细，更接近于

实际，投资风险较小；

③ 所需勘探投资额大，时间长。

4.2.2　矿床勘探技术

勘探技术是指为完成矿床勘探任务所采用的各种工程和技术方法的总称。钻探和坑探（包括探槽、浅井、平硐、斜井等）工程，两者合称探矿工程或勘探工程。矿床勘探技术方法有：地面地质工作，地面化探、地面物探及井中化探和钻井地球物理勘探等。

（1）地面地质工作

地面地质工作分为地质测量和重砂测量。

① 地质测量　地质测量是根据地质观察研究，将区域或矿区的各种地质现象客观地反映到相应的平面图或剖面图上的工作。其作用是了解成矿地质环境，为分析控矿因素和成矿规律及评价工作区不同地段的成矿远景提供最重要的基础地质资料。地质测量过程往往导致矿床的直接发现，是矿床勘探基本技术手段之一。

② 重砂测量　重砂测量是以各种疏松沉积物中的自然重砂为主要研究对象，以解决与有用重砂矿物有关的矿产及地质问题为主要研究内容，以重砂取样为主要手段，以追寻砂矿和原生矿为主要目的的一种地质找矿方法。适用于重砂找矿的矿产有以下几类。

a. 金属矿产：Pt、Cr、W、Sn、Bi、Hg、Au、Ti 及部分 Cu、Pb、Zn。

b. 稀有和分散元素矿产：Li、Be、Nb、Ta、Zr、Se、Y。

c. 非金属矿产：金刚石、黄玉、重晶石、萤石、刚玉等的原生矿和部分砂矿床。

（2）地面化探

地面化探方法有：岩石地球化学测量、土壤地球化学测量、河流底沉积物地球化学测量、水化学测量、生物地球化学测量、气体地理化学测量。近几年出现了一些新的勘察技术手段，如同位素地球化学找矿法、气液包体找矿法、径迹刻蚀找矿法、地电化学找矿法等。

（3）地面物探

地面物探方法主要有：磁法、电法、重力测量、放射性测量、地震勘探等。

（4）井中化探

在钻孔中同时进行岩石地球化学采样，已受到普遍的重视。它不仅是建立已知矿床原生晕模式、了解矿体蚀变带特征的基础，而且也是预测和评价深部盲矿体十分重要的依据。经验表明，它是矿区外围和深部盲矿预测找矿行之有效的一种重要勘察手段。

（5）钻井地球物理勘探

钻井地球物理勘探是 20 世纪 50 年代提出和发展起来的一种技术手段，在煤田和油田勘查中应用较为成熟。广义的井中物探可分成三大类。

① 测定钻孔之间或附近矿体在钻孔中所产生物理场的方法　主要有充电法、多频感应电磁法、自然电场法、激发极化法、磁法、电磁波法、压电法、声波法等。

② 测定井壁及其附近岩、矿石物理性质的方法　如磁化率测井、密度测井及电阻率测井等。

③ 测定钻孔所见矿体的矿物成分及大致含量的方法　如接触极化曲线法、核测井技术等；前者称作井中物探；后者称为地球物理测井。

4.3　生产勘探和地质管理

4.3.1　生产勘探

生产勘探是指在矿山投产后的生产时期，紧密结合矿山采矿生产的阶段开拓、矿块采准、切割与回采作业的程序，直接为采矿生产服务，并具有一定超前期的连续不断的勘探工作。生产勘探采用的主要技术手段有槽（井）探、钻探和坑探3大类。

槽探一般用于揭露埋深小于5m的矿体露头或剥离露天采场工作平盘上的人工堆积物；浅井一般用于揭露埋深大于5m的矿体，多用于勘探砂矿及风化堆积矿床。

钻探是采用各种地质钻机进行各种深埋矿体的勘探工作。

进行地下采矿时，坑探是重要的勘探手段，但单纯靠坑道勘探不能取得最佳效果，一般与坑内钻探相配合。

生产勘探工程总体布置应尽量与已形成的总体工程系统保持一致，并与采掘工程系统相结合，即坚持探采结合的原则。

4.3.2 地质管理

（1）矿产储量管理

储量管理的目的是通过经常总结、分析储量的增减与级别变动情况，确定生产勘探的方针与任务，为矿山的长远发展与采掘计划编制提供可靠的地质储量。具体内容包括：编制全面反映矿产资源数量、质量、开采技术条件和利用情况的矿产储量表；确定和检查矿产储量的保有程度；划分三级矿量（开拓矿量、采准矿量和备采矿量），检查三级矿量的保有指标。

（2）矿石质量管理

矿石质量管理属于矿山全面质量管理的重要组成部分，是为了充分合理地利用矿山宝贵的矿产资源，减少矿石损失并保证矿产品质量，满足使用部门对矿石质量的要求而开展的一项经常性工作。具体内容包括：按照矿石质量指标要求，编制完善的矿石质量计划，进行矿石质量预测；加强矿石损失与贫化指标的管理，做好矿石质量均衡工作（根据入选品位要求，合理配矿）；加强生产现场全过程的矿石质量检查与管理，以减少矿石质量的波动，保证矿山按计划持续、稳定、均衡地生产，提高矿山的总体效益。

4.4 地质调查

地质调查的目的是查明影响矿山工程建设和生产的地质条件，消除各种地质灾害，保证矿山生产安全。

4.4.1 水文地质调查

（1）矿山水文地质工作

矿产资源开发中，矿山水文地质工作具有相当重要的地位。这不仅是由于地下水直接或间接地威胁矿山采掘作业的安全，影响矿山经济效益；而且在矿山排水疏干期间，还会改变矿山环境地质条件，对附近城乡的工、农业生产与建设造成一定的影响。矿山开发阶段的水文地质工作因不同的开采方式和矿山水文地质条件的不同，其工作内容往往有很大的差异。但总的来说，水文地质条件一般的矿山，其工作内容是在原水文地质工作的基础上，设置必要的防治水措施，组织排水疏干和日常监测；对于水文地质条件复杂的矿山，往往由于原探矿工程量和工作深度的限制，所取得的水文地质资料，难以满足矿山开发的需要，故应结合矿山的实际，在建设前期到生产初期进行补充（或专门性）水文地质勘探与试验，必要时，还应建立专业防治水队伍，进行防排水工作的研究、设计与施工工作。

（2）水文地质调查内容

水文地质调查是在已有的矿床水文地质资料，结合矿山建设和生产过程中出现的实际问题，进行的与岩土稳定性有关的水文条件调查与分析。主要内容包括以下几种类型。

① 矿区内地下水的类型 包括按含水空隙条件的分类（孔隙水、裂隙水或岩溶水）和按埋藏条件的分类（上层滞水、潜水或承压水）。

② 矿区水文地质结构类型 按含水体和隔水体所呈现的空间

分布和组合形式以及含水体的水动力特征所划分的类型，可分为统一含水体结构、层状含水体结构、脉状含水体结构和管道含水体结构。

③ 不同水文地质结构中的水动力特征　包括不同水文地质结构的补给、径流、排泄条件及富水特征，相互之间或与地表水体有无水利联系等。

④ 含水层、隔水层、矿体之间的相互关系。

⑤ 水文地质钻孔的封堵质量。

⑥ 坑道、露天采场涌水量及其变化规律　包括季节性变化和随着开采的进展，涌水量和潜水位（或测压水位）的变化。

⑦ 排水疏干对地表沉降的影响程度。

⑧ 帷幕注浆堵水效果评价。

4.4.2　地质灾害调查

（1）地质灾害及其分类

① 地质灾害　地质灾害是诸多灾害中与地质环境或地质体的变化有关的一种灾害，主要是由于自然的和人为的地质作用，导致地质环境或地质体发生变化。当这种变化达到一定程度，其产生的后果给人类和社会造成危害的称之为地质灾害，如崩塌、滑坡、泥石流、地裂缝、地面沉降、地面塌陷、岩爆、坑道突水、突泥、突瓦斯、煤层自燃、黄土湿陷、岩土膨胀、砂土液化、土地冻融、水土流失、土地沙漠化及沼泽化、土壤盐碱化以及地震、火山、地热害等。

② 地质灾害分类

a. 按成因，分为由自然作用导致的自然地质灾害和由人为作用诱发的人为地质灾害。

b. 按地质环境或地质体变化的速度，分为突发性地质灾害与缓慢性地质灾害两大类。前者如崩塌、滑坡、泥石流等，即习惯意义上的狭义地质灾害；后者如水土流失、土地沙漠化等，又称为环境地质灾害。

c. 根据不同的地质作用引发的地质灾害，可分为地球内部动力作用引发内动力地质灾害（如地震、火山、地热害等）和地球外部动力作用引发外动力地质灾害（如崩塌、滑坡、泥石流等）。

d. 根据地质灾害发生区的地理或地貌特征，可分为山区地质灾害（如崩塌、滑坡、泥石流等）和平原地质灾害（如地面沉降等）。

（2）矿山地质灾害

由矿山资源开发导致的地质灾害主要包括滑坡、崩塌、泥石流、地面塌陷、地裂缝、流沙和采空区等。

滑坡是指斜坡上的岩体或土体，在重力的作用下，沿一定的滑动面整体下滑的现象。露天边坡和露天排土场是滑坡地质灾害的多发地点。

崩塌也叫崩落、垮塌或塌方，是陡坡上的岩体在重力作用下突然脱离母体，崩落、滚动、堆积在坡脚或沟谷的地质现象。地下采矿形成的采空区是造成矿山崩塌的主要因素之一。

泥石流是山区爆发的特殊洪流，它饱含泥沙、石块以至巨大的砾石，破坏力极强。山区矿山地下采矿形成的采空区、矿山尾矿库是重要的泥石流危险源。

矿山地面塌陷、地裂缝主要是由于矿山岩溶或地下采矿形成的采空区而引起的地表变形和破坏。由于地面塌陷、地裂缝发生具有突然性，因此对塌陷区人民的生命财产具有极强的破坏性。

在矿床开采或其他挖掘工作中，有时会遇到饱水的沙土，当其被工程揭露时，可产生流动，称为流沙。流沙可以是以突然溃决形式发生，也可以是缓慢地发生。流沙的存在会造成井巷施工困难；流沙的溃决会掩埋矿井，危及工人生命安全，甚至引起地面塌陷。

采空区是地下矿山最大的安全隐患之一。地下矿山采矿活动，不可避免地留下大量采空区，如果未进行及时处理，采空区规模越来越大，造成采空区顶板岩层突然垮落，产生强烈的冲击波，不仅危及井下作业安全，而且会导致地表塌陷、地裂缝等重大地质灾害。

（3）矿山地质灾害调查

地质灾害调查，应在充分收集、利用已有资料的基础上进行。收集资料内容包括区域地质、环境地质、第四纪地质、水文地质、工程地质、气象水文、植被。

① 崩塌地质调查 崩塌地质调查包括以下一些内容。

a. 查明地形、地貌特征；陡坡和陡崖是产生崩塌的必要条件之一，因此要结合现场踏勘在地形地质图上圈化出陡坡地段。

b. 查明不同岩性岩石的分布，尤其是抗风化能力强的坚硬岩石的分布。

c. 查明地质构造特征。

d. 调查本地区有无发生崩塌的历史。

e. 调查本地区气候变化特征，包括有无暴雨及积雪解冻季节等。

f. 调查本地区历史上地震的最大烈度和人工爆破的规模。

② 滑坡地质调查 滑坡地质调查包括以下一些内容。

a. 查明露天边坡、排土场倾角、平台宽度的几何要素。

b. 查明边坡不同岩性岩石的分布，尤其是易于风化成黏土的软弱岩层的分布。

c. 查明地质构造特征。

d. 调查边坡中潜水的补给、排泄条件等。

e. 调查本地区气候变化特征，包括有无暴雨及积雪解冻季节等。

f. 调查本地区历史上地震的最大烈度和人工爆破的规模。

③ 泥石流地质调查 泥石流地质调查包括以下一些内容。

a. 查明区域内的微地貌条件、汇水面积、沟谷发育情况及其纵横坡度和高度。

b. 查明基岩松散土层分布位置及其与崩塌、滑坡等自然地质现象的关系；植被发育程度、水土流失情况等，从而预测可能被冲刷松散土石数量和可能发生泥石流的规模。

c. 对泥石流流域进行大比例调查，查明松散碎屑岩石的风化、分布厚度、堆积速度以及湿度变化情况等；对泥石流流域斜坡和泥石流发源地的临界条件和岩土稳定性进行研究，从而推测泥石流可能发生的期限。

d. 调查大气降水资料，包括有无暴雨和有无大量冰雪急剧融化的可能，高山湖泊与水库有无可能突然溃决等。

e. 对尾矿库稳定性进行评价。

④ 地面塌陷、地裂缝、采空区地质调查　地面塌陷、地裂缝多是由于地下采空区引起的，地质调查包括以下一些内容。

a. 查明采空区规模和形状，包括采空区体积、空区范围投影面积、采空区形状、采空区连通情况（独立采空区或采空区群）、采空区高度及长度与宽度比。

b. 查明采空区充水情况。

c. 查明采空区周围矿石与岩石物理、力学性质，岩性的调查应特别注意岩石的脆性和可塑性。

d. 查明采空区存在年限。

e. 查明采空区规模变动情况，包括采空区处理方法和年处理量、年新增采空区数量及体积等。

f. 调查采空区冒落情况，包括逐渐冒落或阶段性大冒落、地表是否塌陷和下沉、历史地压事故分析等。

g. 采空区附近的抽水和排水情况及其对采空区稳定的影响。

第3篇　固体矿床地下开采

第5章　凿岩爆破

　　凿岩是用凿岩机具在岩石中凿成炮眼，而爆破则是利用在炮眼内装入的炸药瞬间释放出巨大能量破碎矿石和岩石。

　　人类应用凿岩爆破的方法开采矿石，已有几百年的历史。1627年在匈牙利西利基亚上保罗夫的水平坑道掘进时，开始使用黑火药来破碎岩石。随着科学技术的发展，虽然能采用如高频电磁波、高压水射流和工程机械等方法来破碎岩石；但是，凿岩爆破法由于其操作技术方便，能量输出巨大，生产成本低，仍然是固体矿床开采的传统的和最主要的手段。

5.1　凿岩

5.1.1　凿岩机械

　　凿岩机械是在矿岩上钻凿孔眼的主要工具。按照其动作原理和岩石破碎方式，可分为冲击式凿岩机、冲击-回转式凿岩机和回转冲击式凿岩机；按照其所使用动力的不同，可分为风动凿岩机（一般简称凿岩机或风钻）、液压凿岩机和电动凿岩机。现阶段的矿山企业主要使用风动式凿岩机和液压凿岩机。

　　风动凿岩机是以压缩空气为动力的凿岩机械。按其安设与推进方式，可分为手持式、气腿式、向上式、导轨式、潜孔式和牙轮式；按配气装置的特点，可分为有阀（活阀、控制阀）式和无阀式；按活塞冲击频率，可分为低频（冲击频率在 2000 次/min 以下）、中频（冲击频率为 2000～2500 次/min）和高频（冲击频率超过 2500 次/min）凿岩机，国产气腿式凿岩机一般都是中、低频凿岩机，目前只有 YTP-26 等少数型号的凿岩机属于高频凿岩机；按回转结构，风动凿岩机可分内回转式和外回转式。

气腿式凿岩机、向上式凿岩机、导轨式凿岩机属冲击-回转式凿岩机。气腿式凿岩机在工作过程中由气腿产生的分力支撑凿岩机本身质量和轴向推力，减轻了作业工人的体力消耗，在井巷掘进、采场回采和其他工程等得到广泛应用，如图 5-1 所示。

凿岩机与气腿整体连接在同一轴线上的，称为向上式凿岩机，

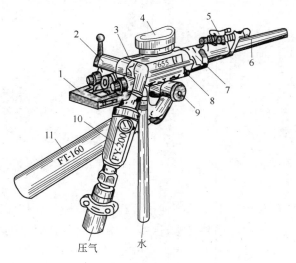

图 5-1　气腿式凿岩机

1—手柄；2—柄体；3—汽缸；4—消音罩；5—钎卡；6—钎杆；

7—机头；8—连接螺栓；9—气腿连接轴；

10—自动注油器；11—气腿

主要用于天井的掘进和采场回采，如图的 5-2 所示。

导轨式凿岩机是由轨架（或台车）支撑凿岩机，并配有自动推进装置，其质量比较大，一般在 35kg 以上，属于大功率凿岩机，能钻凿孔径 45mm 以上、孔深在 15m 左右的中深孔。依据其转钎方式的不同，可分为内回转和外回转两类。图 5-3 所示为导轨式凿岩机与凿岩支架安装示意图，安装在导轨上的凿岩机可在不同位置钻凿不同仰、俯角的中深孔。

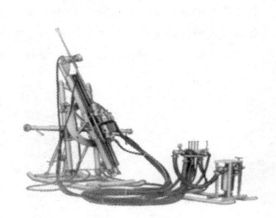

图 5-2　向上式凿岩　　　　　图 5-3　导轨式凿岩机
　　机（YSP45）

潜孔钻机是为了不使活塞冲击钎杆的能量随炮孔加深和钎杆的加长而损耗，研制的一种凿岩设备，即在凿岩作业时，钻机的冲击部分（冲击器）深入孔内，在钻机的推进机构的作用下，通过钻具给钻头施以一定的轴向压力，使钻头紧贴孔底岩石。常见的有井下潜孔钻和露天潜孔钻。近年来新出现的简易潜孔钻在露天土石方工程中得到了广泛的应用。

井下潜孔钻包括回转供风机构、推进调压机构、操纵机构和凿岩支柱（如图 5-4）等部分。回转机构是独立的外回转结构，其功能是使钻具不断转动。冲击器是深入孔内冲击岩石的动力源。钻头在轴向压力和连续旋转的同时作用下，间歇受到冲击器的冲击，对孔底岩石产生冲击-剪切破坏作用，产生的岩粉在经钻杆送至孔底的压缩

图 5-4　井下潜孔钻机

空气和高压水的作用下，沿钻杆与孔壁之间的环形空隙不断排出。运用潜孔钻机凿岩，其钻孔速度不随孔深的增加而减少，基本上保持不变。

5.1.2　凿岩方式

在矿岩开采中，根据采矿作业的要求，广泛采用浅眼凿岩、中深孔接杆式凿岩和深孔潜孔钻凿岩等方式。

（1）浅眼凿岩

浅眼凿岩是指钻凿直径在 34～42mm、孔深在 5m 以内的炮眼。钻凿这种炮眼，主要是采用气腿式凿岩机和上向式凿岩机。

气腿式凿岩机，以 7655、YT-24 型凿岩机最具代表性，可根据需要钻凿水平、上斜或下斜炮眼；向上式凿岩机，又叫伸缩式凿岩机，以 YSP-45 型使用最普遍，机体与气腿在纵向轴线上连成整体，由气腿支承并作向上推进凿岩，专门用于钻凿与地面成 60°～90°角的向上炮眼。

浅眼凿岩，主要用于巷道掘进、薄矿体回采落矿、天井掘进以及安装锚杆。其主要工具是钻杆和钎头。

钻杆，又称钎子，是凿岩机的破岩工具，负责向岩石传递凿岩机的冲击作用和回转运动，以破碎岩石。钻杆多用中空六角碳素合

金钢制作，有死头钎子和活头钎子（图 5-5）两种，前者钎头、钎杆铸为一体，后者则常用锥形连接。活头钎杆的钎头磨钝后，可随时更换，使用普遍。

图 5-5　钎头类型

（a）死头钎子；（b）活头钎子

钎头直接破碎岩石，其形状和材质对凿岩速度影响很大。通常，钎头体采用优质碳素工具钢、合金钢制作，刃部镶焊片状或柱状硬质合金，以提高使用寿命（图 5-6）。

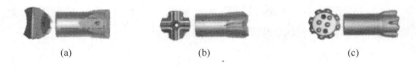

图 5-6　钎头类型

（a）一字型钎头；（b）十字型钎头；（c）柱齿型钎头

（2）中深孔凿岩

中深孔是指孔径为 45～50mm 以上、孔深 15m 左右的炮孔。在地下开采中，为避免在井下开凿较大的凿岩硐室，满足换钎的需要，在有些采矿方法（如无底柱分段崩落法等）中，多采用接杆式凿岩法，即使用数根钎杆，随着凿岩加深且不断接长，直到达到设计的钻孔深度。

接杆式凿岩所用的钻头、钎杆、钎尾等都分开制作。每根钎杆长 1.0m 左右，两端车有内螺纹或外螺纹，用作接杆连接。

接杆式钻凿中深孔，多使用导轨式凿岩机。图 5-3 所示为 YG-

40 型导轨式凿岩机与凿岩支架在工作面安装示意图。安装在导轨上的凿岩机可在不同位置钻凿不同仰、俯角的中深孔。

（3）深孔凿岩

深孔是指孔径为 45～50mm 以上、孔深 15m 以上的炮孔。现阶段，井下深孔凿岩设备主要为潜孔钻机，是中硬以上岩石中钻凿大直径深孔的有效方法，除广泛用于钻凿地下采矿的落矿深孔、掘进天井和通风井的吊罐穿绳孔外，还用于露天矿穿孔。

地下深孔潜孔凿岩以 QZJ-100B、YQ-100A 型潜孔钻机使用较为广泛。为适应大孔径深孔崩矿的需要，我国已正式批量生产大直径、高风压地下潜孔钻机，其深孔偏斜率在 1% 以内。

5.2　爆破

5.2.1　炸药爆炸的基本理论

在瞬间物质发生急剧物理或化学变化、放出大量的能量，伴随着声、光、热等现象的产生，称为爆炸。一般将在爆炸前后物质的化学成分不发生改变、仅发生物态变化的爆炸现象称物理爆炸，如车胎爆炸、锅炉爆炸等。将在爆炸前后不仅发生物态的变化，而且物质的化学成分也发生改变的爆炸现象称为化学爆炸，如烟花爆炸、炸药爆炸等；反应过程必须高速进行，必须放出大量的热，必须生成大量的气体是发生化学爆炸的必备条件。某些物质的原子核发生裂变或聚变反应，在瞬间放出巨大的能量的爆炸现象称为核爆炸。

（1）炸药的化学反应形式

炸药是一种能在外部能量的作用下发生高速化学反应，生成大量的气体并放出大量的热的物质，是一种能将自身所储存的能量在瞬间释放的物质；其成分中包括了爆炸反应所需的元素或基团，主要是碳、氢、氧、氮及其组成的基团。

根据化学爆炸反应的速度与传播性质，炸药的化学反应分为4种基本形式。

① 热分解　在一定温度下炸药能自行分解，其分解速度与温度有关（如硝铵炸药）。随着温度的升高反应速度加快，当温度升高到一定值时，热分解就会转化为燃烧，甚至转化为爆炸。不同的炸药，其产生热分解的温度、速度也各不相同。

② 燃烧　在火焰或其他热源的作用下，炸药可以缓慢燃烧（每秒数毫米，最大不超过每秒数百厘米）。其特点是：在压力和温度一定时，燃烧稳定，反应速度慢；当压力和温度超过一定值时，可以转化为爆炸。

③ 爆炸　在足够的外部能量作用下，炸药以每秒数百米至数千米的速度进行化学反应，能产生较大的压力，并伴随有光、声音等现象产生。其特点是：不具有稳定性；爆炸反应的能量足够补充维持最高、稳定的反应速度，则转化为爆轰；能量不够补充，则衰减为燃烧。

④ 爆轰　炸药以最大的反应速度稳定地进行传播。其特点是具有稳定性，特定炸药在特定条件下其爆轰速度为常数。

（2）炸药的起爆机理

炸药在一定外能的作用下发生爆炸，称为起爆。能够起爆炸药的外部能量有以下几种。

① 热能　利用加热使炸药起爆，火焰、火星、电热都能使炸药起爆。

② 机械能　利用机械能起爆炸药，机械能有撞击、摩擦、针刺等机械作用。

③ 爆炸冲能　利用炸药爆炸产生的爆炸能、高温高压气体产物流的动能。

活化能理论认为，活化分子具有比一般分子更高的能量，炸药的爆炸反应只有在具有活化能量的活化分子相互碰撞时才能发生。

炸药起爆与否，取决于起爆能的大小与集中程度。

① 热能起爆机理　炸药在热能作用下产生热分解，随着热能的积累和温度压力上升，当温度和压力上升到一定程度，炸药热分解所释放出的热量大于热散失的热量，炸药就会发生爆炸。

② 热点起爆机理　在机械能的作用下，炸药内部某点产生的热来不及均匀分到全部炸药分子中，而是集中在炸药个别小点上。当这些小点上的温度达到炸药的爆发点时，炸药首先从这些地方发生爆炸，然后再扩展。在炸药中起聚热作用的物质有微小气泡、玻璃微球、塑料微球、微石英砂等。炸药中微小气泡等的绝热作用、炸药颗粒间的强烈摩擦、高黏性液体炸药的流动生热是热点的形成原因；足够的温度（$300 \sim 600℃$）、足够的颗粒半径（$10^{-5} \sim 10^{-3}$ cm）、足够的作用时间（大于 10^{-7} s）、足够的热量（大于 $4.18 \times 10^{-10} \sim 4.18 \times 10^{-8}$ J）是热点扩展发展为爆炸的条件。

（3）炸药的爆轰理论

爆轰波是由于炸药爆炸而产生的一种特殊形式的冲击波。冲击波是指在介质中以超声速传播并能引介质状态参数（如压力、温度、密度）发生突然跃升的一种特殊形式的压缩波（介质的状态参数增加，反之为稀疏波）；如雷击、强力火花放电、冲击、活塞在充满气体的长管中迅速运动、飞机在空中超音速飞行、炸药爆炸等。

图 5-7 为爆轰波结构示意图。在正常条件下，在外界冲击波的作用下，炸药中首先与冲击波接触的部位受到冲击波的压缩作用而形成一个压缩区（$0 \sim 1$ 区）。在该区域内压力、密度、温度都呈突然跃升状态，从而使区内炸药分子获得高能量而活化；随着炸药分子的活化，由于分子间的碰撞作用加强而发生化学反应，即原来的压缩区（$0 \sim 1$ 区）成为化学反应区（$1 \sim 2$ 区）；化学反应区内炸药分子或离子（等离子）相互碰撞发生激烈的化学爆炸，生成大量的气体，释放出大量的能量；随着化学反应的完成，原来的化学反应

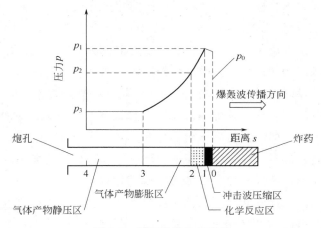

图 5-7　爆轰波结构示意图

区成为反应产物的膨胀区（2～3区）；化学反应区所释放出的能量，一部分补充冲击波在传播过程中的能量损耗，一部分在膨胀区消耗掉。在炸药中传播的冲击波能够在获得化学反应区的能量补充，使之能够以稳定的速度传播。

爆轰波在炸药中传播时，在达到稳定爆轰之前，有一个不稳定的爆炸区。该区的长短取决于所施加的冲击波的波速与炸药特征爆速间的差值，差值愈大，该区愈长。在特定条件下，每一种炸药都有一个特征的、不变的爆速，它与起爆能的大小没有关系；每一种炸药都存在一个最小的临界爆速，当波速低于此值，冲击波将衰减成声波而导致爆轰熄灭。

化学反应生成的高温高压气体产物会自反应区侧面向外扩散，在扩散的强大气流中，不仅有反应完全的爆轰气体产物，而且还有来不及反应或反应不完全的炸药颗粒、其他中间产物。由于这些炸药颗粒的逸失，造成化学反应的能量损失，称为侧向扩散作用。侧向扩散现象愈严重，炸药爆轰所释放的能量愈少，甚至导致爆轰中断。因此，炸药稳定爆轰的条件是炸药颗粒发生化学反应的时间要小于其被爆轰波驱散的时间；通过改变炸药的约束条件、药包直径等可以控制炸药的侧向扩散作用。

炸药起爆后能以最高爆速稳定传播，称为理想爆轰。在一定条件下炸药起爆后能以稳定的爆速传播，称为稳定爆轰，也称为非理想爆轰。

研究表明：随着药包直径的减小，炸药的爆速也相应地减小；当药包的直径持续减小到一定值时，炸药的爆轰完全中断，此时的药包直径称为临界直径。随着药包直径的增大，炸药的爆速也相应地增大，当药包的直径增大到一定值后，虽然药包的直径继续增大但炸药的爆速趋于一定值而不再增大，此时的药包直径称为极限直径。药包直径与炸药爆速的关系，如图5-8所示。

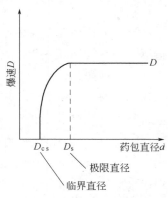

图 5-8　炸药的爆速与药包直径

单质炸药的爆速随装药密度的增大而增大，呈直线关系。混合炸药的爆速随装药密度的增大而增大，当密度增大到某一值时，随着密度的增加爆速反而下降，直到出现熄爆。炸药颗粒愈细，愈有利于稳定爆轰。

5.2.2　炸药的爆炸性能

（1）敏感度

炸药在外部能量的作用下发生爆炸的难易程度称为敏感度，简称感度。炸药起爆所需的外部能量越小则炸药的感度越高；反之亦然。炸药在热能、冲击能和摩擦能的作用下发生爆炸的难易程度分别称为热感度、撞击感度和摩擦感度。

炸药爆炸所产生的爆轰波引起另一炸药发生爆炸的难易程度，

叫爆轰感度。工程爆破中，用雷管、导爆索、起爆药包起爆炸药，就是利用爆轰波使炸药爆炸。

炸药的感度受炸药颗粒的物理状态与晶体形态、颗粒的大小、装药密度、温度、惰性杂质的掺入等因素的影响，其对炸药的加工、制造、储存、运输和使用极为重要。感度过高，安全性差；感度过低，则需要很大的起爆能，给爆破作业带来不便。

（2）爆速

爆轰波的传播速度叫爆速。炸药的爆速，是衡量炸药质量的重要指标，一般为 $2000\sim8000m/s$。

（3）氧平衡

炸药爆炸，实质上是炸药中的碳、氢等可燃元素分别与氧元素发生剧烈的氧化还原反应。爆炸反应所需氧，依赖炸药自身提供（若由外界提供，则供给速度不够），故将 1g 炸药爆炸生成碳、氢氧化物时所剩余的氧量，定义为炸药的氧平衡。炸药的氧平衡有零氧平衡（炸药中的氧含量恰够将碳、氢完全氧化）、正氧平衡（炸药中的氧含量足够将碳、氢完全氧化且有多余）和负氧平衡（炸药中的氧含量不足以将碳、氢完全氧化）3 种。只有当炸药中的碳、氢完全被氧化生成 CO_2 和 H_2O 时，其放出的热量才能达到最大值。炸药的氧平衡，是生产混合炸药确定配方的理论依据，也是确定炸药使用范围的重要原则。

炸药爆炸时产生的有毒有害气体主要有 CO、CO_2、NO、NO_2、N_2O_5、SO_2、H_2S。产生上述有害气体的主要原因有两种：一是炸药的正（负）氧平衡值较大，多余的氧原子在高温高压环境中同氮原子结合生成氮氧化物，而氧量不足时 CO_2 容易被还原成 CO；二是炸药的爆轰反应往往是不完全的（颗粒细反应较完全），使得有毒、有害气体含量增加。

（4）殉爆

一个药包爆炸时可引起与之相隔一定距离的另一药包爆炸的现

象叫殉爆（图 5-9）。炸药的殉爆，反映了炸药对爆轰波的敏感程度，其大小用殉爆距离（L）来表示。殉爆距离大，爆轰感度高。

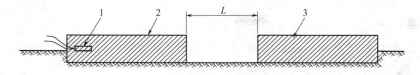

图 5-9　炸药殉爆示意图
1—雷管；2—主爆药包；3—从爆药包

（5）爆力和猛度

爆力是炸药爆炸时做功的能力；爆力越大，破坏的介质量越多。一般来说，炸药的爆热、爆温高，生成的气体量多，其爆力就大。

炸药的猛度，是指炸药爆炸时击碎与其接触介质的能力。炸药的猛度越大，介质的破碎就越细，爆速高的炸药其猛度也大。

5.2.3　工业炸药

工业炸药，按照炸药的组成成分，可分为单质炸药和混合炸药。组成单质炸药的各元素是以一定的化学结构存在于同一分子内，且分子中含有某些具有爆炸性质的基团，这些基团的化学键很容易在外界能量的作用下发生破裂而激发爆炸反应；混合炸药由两种以上的分子组成。工业炸药一般是混合炸药。

（1）工业炸药的原材料

炸药的爆炸反应，其本质是一种反应速度极高，能释放大量能量的氧化还原反应。所以工业混合炸药至少就包括一种氧化剂和一种还原剂。炸药的氧化剂和还原剂大多是非爆炸性的或爆炸性较低的物质，因此其混合物对外界的能量作用反应比较迟钝。为了保证使用的可靠性和使用范围的广泛性，在混合物中还加入适当的敏化剂和其他添加剂。因此，工业炸药的原料可以分为：氧化剂、还原剂、敏化剂和添加剂等。

① 氧化剂　爆炸反应中能够提供有效氧的物质即为氧化剂。能够提供有效氧，表明反应产物中含氧键的键能要大于原氧化剂中的含氧键的键能。工业炸药对氧化剂的要求是有效含氧量高、来源广泛、加工方便、安定性能好、感度适当，爆炸反应时放出的热量多、气体产物多。用于炸药中的氧化剂有：硝酸盐类，如硝酸铵、硝酸钠、硝酸钾、硝酸钙、硝酸铜、硝酸镁等；氯酸盐类，如氯酸钾、氯酸钠等；高氯酸盐类，如高氯酸钾、高氯酸铵、高氯酸钠、高氯酸钡等；金属氧化物类，如氧化铁、氧化铜等；液体氧化剂类，如硝酸、四硝基甲烷等。

a. 硝酸铵。硝酸铵在常温、常压下为白色无结晶水晶体。工业硝酸铵由于含有少量的铁的氧化物而略显淡黄色，极易溶于水，其水溶液略显酸性。工业炸药中常用粉状、粒状和多孔粒状的硝酸铵。一般粉状硝酸铵的密度为 $0.8\sim0.95g/cm^3$；多孔粒状为 $0.75\sim0.85g/cm^3$，熔点 $169.6℃$，吸湿性、结块性很强。硝酸铵与铅、镍、锌、铜、镉等容易发生化学反应，与铝、锡等不易反应，黏附于纸片、布、麻袋等纤维制品可以引起自燃。能与亚硝酸盐、氯酸盐、强酸发生反应，铬酸盐、重铬酸盐、氯化物、硫化物能促进其分解，在 $200℃$ 以下的低温状态下其分解有自行加速的特征。硝酸铵为钝感弱爆炸性物质，在密度为 $0.75\sim1.1g/cm^3$ 时爆速为 $1100\sim2700m/s$，临界直径 $100mm$（钢管），没有雷管感度，火焰感度很低，摩擦感度、撞击感度、枪击感度均为零。温度、水分含量、密度、晶形等对其爆炸性能影响很大。

b. 硝酸钠。硝酸钠自身没有爆炸性能，有效含氧量高，能明显降低硝酸铵的析晶点，无色透明的菱形晶体，工业硝酸钠为白色或微带黄色，密度为 $2.26g/cm^3$，熔点 $308℃$，$380℃$ 时开始分解，主要用于乳化炸药中。

c. 硝酸钾。硝酸钾有两种晶体形式，密度为 $2.11g/cm^3$，熔点 333℃；硝酸钾在 400℃时开始分解，800℃时分解剧烈，吸湿性较硝酸铵和硝酸钠小。参与爆炸反应速度慢，生成气体量小，是制造黑火药的主要成分（70％～80％）。

d. 高氯酸盐。大多数的高氯酸盐都有爆炸性，且比硝酸盐强；但含高氯酸盐类炸药的安定性差，机械感度较高。高氯酸铵为白色晶体，通常有两种结晶形式，密度 $1.95g/cm^3$，熔点 333℃；高氯酸盐在 150℃时开始分解，350℃时分解剧烈，380℃时呈爆炸性分解，受硫、金属粉和某些有机物的催化，具有吸湿性，长期存放会结块。

e. 氯酸盐。大多数无机氯酸盐都具有爆炸性，且安定性差，机械感度和热感度高。

f. 金属氧化物。许多金属氧化物有多种氧化态。其在低氧化态时可以结合氧，呈还原性；在高氧化态时可以放出氧，呈氧化性。应用高氧化态的金属氧化物的氧化性来氧化炸药中还原剂。

② 还原剂 工业炸药中的还原剂，又称可燃剂，一般需要满足热值高、来源广泛、使用方便、安全性好，且对体系有明显的敏化作用。炸药中常用还原剂（可燃剂）有固体碳氢化合物、液体碳氢化合物、金属和合金等。

a. 固体碳氢化合物。固体碳氢化合物有木质素类，如木粉、树皮粉、谷糠粉等；碳素类，如煤粉、木炭粉等；淀粉类，如木薯粉、地瓜粉等；纤维素类，如棉纤维、亚麻纤维等。它们共同特点是碳氢含量高、负氧平衡值大、密度小、孔隙多。其中木粉最为常见，干燥木粉密度约为 $0.4～0.6g/cm^3$，堆积密度 $0.17～0.24g/cm^3$；其在 162℃碳化，275℃分解，600℃点燃。干燥木粉具有一定的吸湿能力。以松柏科木材的木粉为好，在炸药中为可燃剂、敏化剂、疏松剂。

b. 燃料油。燃料油包覆于硝酸铵颗粒表面，可改善硝酸铵的吸湿性和结块性，增大两者的接触面积和结合程度；在含水炸药中，燃料油借助表面活性剂的作用，均匀地分散在过饱和氧化剂水溶的微团表面，防止硝酸铵固体析晶，可提高体系的稳定性、均匀性和敏感程度。

对于以硝酸铵为主体的爆炸体系来说，燃料油的引入，足以使硝酸铵达到雷管起爆感度。

应用最多的燃料油有：柴油、石蜡、松香、沥青。

c. 铝粉。工业炸药中常用的铝粉一般是不同粒度的粒状和片状粉。铝与氧有较强的亲和性，可以直接发生强烈的放热反应；在室温下铝与水反应非常缓慢，超过 60℃ 后反应显著加剧；铝与碱性溶液、盐酸溶液反应迅速，放出大量的气体，但与硝酸溶液的反应较缓慢；在常温下，铝与硝酸铵水溶液反应缓慢，但在高温下反应剧烈，并发生爆炸。

铝粉加入炸药后，能提高炸药的爆炸性能，表现在提高炸药的感度、爆速和爆热。

③ 敏化剂　选用某些活性物质或能使体系活性增强的物质，降低爆炸所需的外界能量的添加剂称为敏化剂。爆炸性敏化剂（大部分的单质炸药）和非爆炸性敏化剂（如气泡、固体、黏性敏化剂），是常见的敏化剂。对于固体敏化剂选择，要比较其硬度。

（2）常见工业炸药

工业炸药几乎全部都是混合炸药。为了改善混合炸药的爆炸性能，在配方中经常加入一些单质猛炸药。

① 单质炸药

a. 梯恩梯（TNT）。学名为三硝基甲苯 $[C_6H_2(NO_2)_3CH_3]$，淡黄色晶体，吸湿性弱，不溶于水，热安定性好，在常温下不分解，180℃ 才显著分解。梯恩梯爆热 4229kJ/kg，爆速 6850m/s，爆力 285～300mL，猛度 19.9mm，机械感度较低。梯恩梯主要用做硝铵类炸药的敏化剂，单独使用是重要的军用炸药。

b. 黑索今（RDX）。该产品又译为黑索金，学名为环二亚甲基三硝胺（$(CH_2NNO_2)_3$），白色晶体，不吸湿，不溶于水。50℃以下长期储存不分解；机械感度比梯恩梯高，当密度为 $1.66g/cm^3$ 时，其爆力为 520mL、猛度 16mm、爆速 8300m/s。由于其爆力、猛度和爆速都很高，且感度适当，常用做导爆索的药芯和雷管中的加强药。

c. 特屈儿。学名为三硝基苯甲硝胺 $[C_6H_2(NO_2)_3·NCH_3NO_2]$，淡黄色晶体，难溶于水，易与硝酸铵强烈作用而释放热量导致自燃，热感度和机械感度均高，爆炸性能好，爆力 475mL，猛度 22mm。常作雷管的加强药。

d. 泰安（PETN）。学名为季戊四醇四硝酸酯 $[C(CH_2ONO_2)_4]$，无色晶体，不溶于水。当密度为 $1.74g/cm^3$ 时，爆热为 6225kJ/kg，爆炸威力高，爆速 8400m/s，爆力 500mL，猛度 15mm。

e. 雷汞。$Hg(CNO)_2$，白色或灰白色微细晶体，50℃以上自行分解，160～165℃发生爆炸，对撞击、摩擦、火花均极敏感，潮湿或压制后感度更低，易与铝发生化学反应。常作为雷管的起爆药（铜壳或纸壳）。

f. 氮化铅。$Pb(N_3)_2$，通常为白色针状晶体，热感度较雷汞低，但爆炸威力大，不因潮湿而失去爆炸能力，但易与铜发生化学反应生成极敏感的氮化铜。

g. 二硝基重氮酚（DDNP）。$C_6H_2(NO_2)N_2O$，黄色或黄褐色晶体，安定性好，长期储存于水中不降低其爆炸性能，干燥时在75℃开始分解，170～175℃时爆炸，撞击、摩擦感度比雷汞、氮化铅低，热感度介于两者之间。

② 硝铵炸药 硝铵类炸药是以硝酸铵为主要成分的混合炸药。硝酸铵的原料来源丰富、价格低廉、安全性好，所以多以它为主要原料制成混合炸药。

a. 铵梯炸药。铵梯炸药是我国目前广泛使用的工业炸药，它由硝酸铵、梯恩梯、木粉 3 种成分组成。硝酸铵是主要成分，在炸药中为氧化剂；梯恩梯为敏化剂，用以改善炸药的爆炸性能，增加炸药的起爆感度，还兼起可燃剂的作用；木粉在炸药中起疏松作用，使硝酸铵不易结成硬块，并平衡硝酸铵中多余的氧，起松散剂和可燃剂的作用。防水品种的铵梯炸药还需加入少量防水剂，如石蜡、沥青等。煤矿许用炸药需加入适量的食盐作为消焰剂，以吸收热量、降低爆温，防止引起瓦斯爆炸。

硝铵炸药分为煤矿、岩石、露天三类；前两类可用于井下，其特点是氧平衡值接近于零，有毒气体产生量受严格限制。煤矿硝铵炸药是供有瓦斯或煤尘爆炸危险的矿井使用的炸药；露天炸药以廉价为主，硝酸铵、木粉含量较高，梯恩梯含量较低；岩石硝铵炸药适用于井下无瓦斯、无煤尘爆炸危险的爆破作业；抗水型用于有水工作面。

b. 铵油炸药。铵油炸药的主要成分是硝酸铵，配以适量的柴油、木粉。由于该类炸药不含梯恩梯，因而加工简单方便，适合使用装药器装药，价格低廉。

粉状铵油炸药是按硝酸铵 92%、轻柴油 4%、木粉 4% 经轮辗机热混加工工艺制成，生产过程要求"干、细、匀"，炸药颗粒越细、含水率越低，其爆炸性能就越好。多孔粒状铵油炸药是由多孔粒状硝酸铵和柴油的混合物，硝酸铵约占 95%、柴油约占 5%，一般选用 10 号轻柴油。冷混粉状铵油炸药一般按硝酸铵 94.5%、柴油 5.5% 现场制备，多用于硐室爆破。为改善其爆轰性能，可添加一定量的木粉、松香以提高其爆轰感度；添加一定量的铝粉以提高威力；添加一定量的表面活性剂（如十一烷基磺酸钠）以利于其拌和均匀，从而提高爆轰的稳定性；加少许明矾和氯代十八烷胺以降低吸湿结块性。这类炸药的不足之处包括爆炸威力较低、比较钝感、易吸湿结块、储存期短。

③ 含水炸药　自 1956 年在加拿大诺布湖矿成功地进行了含水炸药爆破试验以后，各种含水炸药相继出现；浆状炸药、水胶炸

药、乳化炸药是 3 种主要的含水炸药。

a. 浆状炸药。浆状炸药是以氧化剂水溶液、敏化剂和胶凝剂为基本成分的混合炸药。由于其抗水性能强、密度高、爆炸威力大、成本低，在露天深孔爆破中有广泛的应用。

浆状炸药的氧化剂为硝酸铵和硝酸钠，有时加入小量的硝酸钾；氧化剂是以饱和水溶液的方式参与生产工艺，这样使得氧化剂同还原剂能均匀混合，炸药颗粒间接触更良好，增加炸药密度，改善炸药爆炸性能，增加炸药可塑性。但加水以后会使炸药感度降低，所以必须加入适量敏化剂；爆炸时水的汽化热的损失大，因此浆状炸药中水分含量以占炸药总量的 $10\% \sim 20\%$ 为宜。

用于浆状炸药敏化的敏化剂有：猛炸药敏化剂，如梯恩梯等；金属粉末敏化剂，如铝粉等；可燃物敏化剂，如柴油、煤粉、硫黄等；气泡敏化剂，如加入发泡剂亚硝酸钠，通过化学反应形成敏化气泡。

胶凝剂在浆状炸药中起增稠作用，它包括胶结剂和交联剂。胶结剂使炸药中的各组分胶结在一起形成一个均匀整体，使炸药保持必需的理化性质和流变特性，并使它具有良好的抗水性和爆炸性能。目前常使用的胶结剂有槐豆胶、田菁胶、皂角和聚丙烯酰胺等；交联剂的作用是促使胶结剂分子中的基团互相结合，进一步联结成为巨型结构，提高炸药胶结效果和稠化程度。常用的交联剂有硼砂、重铬酸钾等。

除上述主要组分外，浆状炸药还常加入少量如尿素等安定剂，以防止炸药变质；加入表面活性剂，如十二烷基磺酸钠、十二烷基苯磺酸钠等，以控制硝酸铵的晶粒发育，保持炸药的塑性；加入乙二醇以提高浆状炸药的耐冻能力。

浆状炸药的优点是：炸药密度高，具有较好的可塑性，可以装入孔底并填满炮孔；抗水性强；使用安全性好。缺点是感度过低，一般露天矿用浆状炸药不能直接用 8 号雷管起爆，需用猛炸药制作的药包来起爆。

b. 水胶炸药。水胶炸药是在浆状炸药基础上发展起来的，与浆状炸药不同之处在于使用不同的敏化剂。水胶炸药使用水溶性的甲基胺硝酸盐作敏化剂，使得水胶炸药中氧化剂、还原剂、敏化剂间的耦合状况大为改善，从而获得更好的爆炸性能。这类炸药的爆轰感度较高，具有雷管感度。

甲基胺硝酸盐（$CH_3NH_2 \cdot HNO_3$），简称 MANN，密度为 $1.42g/cm^3$，比硝酸铵更易溶于水，不含水时可直接用雷管起爆。当温度不大于 95℃时，浓度低于 86% 的甲基胺硝酸盐水溶液没有雷管感度。利用这种特性，可以采用低于 86% 的甲基胺硝酸盐水溶液来生产水胶炸药以保证安全。在水胶炸药中，甲基胺硝酸盐的含量为 25%～45%，含量愈高炸药的威力愈大。

水胶炸药的优点是：爆速和起爆感度高，有雷管感度（8 号），抗水性强，可塑性好，使用安全，炸药密度、爆炸性能可在较大范围内调节，适应性强。其缺点是价格较贵。

c. 乳化炸药。乳化炸药是继浆状炸药、水胶炸药之后发展起来的另一种含水炸药，广泛应用于露天和地下矿山的爆破工作。它由氧化剂水溶液、燃料油、乳化剂和敏化剂 4 种基本成分组成。氧化剂水溶液与燃料油在乳化剂的作用下经乳化而成的油包水型乳状体是具有爆炸性基质。

氧化剂的水溶液以硝酸铵（65%左右）为主，添加少量的硝酸钠（15%）做辅助氧化剂，水的含量在 8%～16% 之间。

燃料油一般采用柴油、石蜡、凡士林等的混合物，用量要满足包裹水相的最小需要量，但因它又是炸药中的可燃剂，所以还要受到氧平衡的限制，其含量以 2%～5% 为佳。

乳化剂是制造乳化炸药的关键组分，用它来降低水、油表面张力，形成油包水型的乳状体，并使氧化剂与可燃剂高度耦合，用量在 1%～2%。实践证明，采用 SP-80（失水山梨醇单油酸脂）做乳化剂，效果较为理想。

在乳化炸药中加入化学发泡剂（如亚硝酸钠）或多孔微球（空心玻璃微珠、塑料微球、膨胀珍珠岩等），都能形成敏化气泡。这些气泡在爆炸冲能的作用下形成热点，能提高炸药的爆轰感度，起到敏化剂的作用。

乳化炸药分为煤矿许用乳化炸药、岩石乳化炸药和露天乳化炸药3类。

乳化炸药的优点：密度可调，因而适用范围广；爆炸性能好，爆速达4000～5000m/s；猛度比2号岩石硝铵炸药高；具有雷管感度（8号），爆力略低于铵油炸药。

5.2.4 起爆器材与起爆方法

产生起爆能以引爆炸药、导爆索和继爆管的器材称为起爆器材。雷管是工程爆破的主要起爆器材，有火雷管、电雷管、导爆管雷管等。此外，导爆索、导爆管、导火索、继爆管和起爆药柱（起爆弹）也是常用的起爆器材。

根据使用的起爆器材的不同，炸药的起爆方法可分为火雷管起爆法、电雷管起爆法、导爆索起爆法和非电导爆管雷管起爆法。

（1）雷管

雷管是起爆器材中最重要的一种，包含管壳、加强帽、起爆药、加强药等基本组成部分。按点燃方式和起爆能源的不同，分为火雷管、电雷管、非电导爆管雷管；按管壳材料可将雷管分为铜壳、纸壳、铝壳雷管。

① 火雷管 火雷管是通过火焰来引爆雷管中的起爆药使其爆炸，是最简单的起爆器材，又是其他各种雷管的基本部分（雷管基本体）。如图5-10所示，火雷管由管壳、加强帽、起爆药、加强药组成，用导火索引爆。

a. 管壳。通常用金属材料（铜、铝、铁）、纸或硬塑料制成，

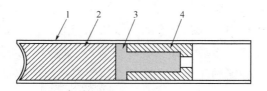

图 5-10　雷管基本体结构示意图

1—管壳；2—加强药；3—起爆药；4—加强帽

须有一定的强度以保护管内的起爆药和加强药。管壳的一端为开口供导火索等插入，另一端以圆锥形或半球面形凹穴封闭，此封闭凹穴称为聚能穴。

b. 起爆药和加强药。起爆药具有良好的火焰感度，能在火焰的作用下发生爆轰，且能急剧增长到稳定爆轰。目前我国主要采用二硝基重氮酚（DDNP）做起爆药。加强药对火焰不敏感，它需要吸收起爆药的起爆能才能爆炸。由于共爆炸威力大，用加强药来提高雷管的起爆能力。雷管的起爆能力与加强药的爆炸性能（主要是爆力和猛度）、装药直径、装药密度、装药量等相关。目前我国主要采用黑索金（RDX）、特屈儿或黑索金-梯恩梯做加强药。

c. 加强帽。加强帽是一个中心带小孔的金属罩，常用铜皮冲压而成。其作用是：封闭雷管内的装药，减少起爆药的暴露面积，防止起爆药受潮，增强雷管的安全性，提高雷管的起爆能力。

② 电雷管　电雷管是由电能转化成热能而引发爆炸的工业雷管，它是由雷管的基本体和电点火装置组成，分瞬发电雷管、毫秒电雷管、（秒、半秒、1/4秒）延期电雷管和煤矿许用电雷管。

a. 瞬发电雷管。瞬发电雷管是在电能的直接作用下，立即起爆的雷管，又称即发电雷管，是在雷管的基本体的基础上加上一个电点火装置组装而成（图 5-11）。

电点火装置由两根绝缘脚线、塑料或塑胶封口塞、桥丝、点火药组成。电雷管的起爆是由脚线通以恒定的直流或交流电，使桥丝

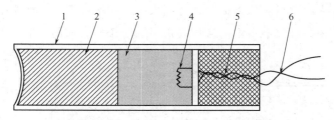

图 5-11　直插式瞬发电雷管基本体结构示意图
1—管壳；2—加强药；3—起爆药；4—点火头；5—塑料塞；6—脚线

灼热引燃点火药，点火药燃烧后在其火焰热能作用下，使雷管起爆。脚线用来给桥丝输送电流，有铜和铁两种导线，外皮用塑料绝缘，要求具有一定的绝缘性和抗拉伸、抗曲扰和抗折断能力。脚线长度可根据用户要求而定制，一般多用 2m 长的脚线为主。每一发雷管都是由两根颜色不同的脚线组成，颜色的区分主要为方便使用和炮孔连线；桥丝，即电阻丝，通电后桥丝发热点燃引点火药。常用的桥丝有康铜丝和镍铬合金丝；点火药一般是由可燃剂和氧化剂组成的混合物，它涂抹在桥丝的周围呈球状。通电后桥丝产生的热量引燃点火药，由点火药燃烧的火焰直接引爆雷管的起爆药；封口塞的作用是为了固定脚线和封住管口，封口后还能对雷管起到防潮作用。

瞬发电雷管适用于露天及井下采矿、筑路、兴修水利等爆破工程中，用来起爆炸药、导爆索、导爆管等；在有瓦斯和煤尘爆炸危险的场所，必须采用煤矿许用瞬发电雷管。

b. 毫秒延期电雷管。毫秒延期电雷管是段间隔为十几毫秒至数百毫秒的延期电雷管，是一种短延期电雷管。它是在电能直接作用下，引燃点火药，再引燃延期体，由延期体的火焰冲能而引发电雷管爆炸。

毫秒延期电雷管是在原瞬发电雷管的基础上加一个延期体作为延期时间装置，延期体装配在电引火装置和雷管起爆药之间；只要通电点火，它就可以根据延期时间来控制一组起爆雷管的起爆先后顺序，为各种爆破技术的应用提供了物质条件，如图 5-12 所示。

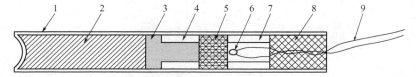

图 5-12　直插式毫秒延期电雷管基本体结构示意图

1—管壳；2—加强药；3—起爆药；4—加强帽；5—延期药；

6—点火头；7—长内管；8—塑料塞；9—脚线

使用范围：用于微差分段爆破作业，起爆各种炸药，采用毫秒微差爆破技术可以减轻地震波，减少二次爆破，根据爆炸设计顺序，先爆的炮孔为后爆的炮孔提供了自由面，直接提高了爆破效率。在有瓦斯和煤尘爆炸危险的地方，必须使用煤矿许用电雷管。

毫秒延期电雷管的脚线颜色，也是由两根不同颜色的导线组成，但毫秒延期电雷管中，1～10 段的脚线颜色分别代表着不同的段别，11～20 段则在每发雷管上贴上相应的段别标签（实际生产中 1～5 段由颜色区分段别，其他段别贴上相应的段别标签）。毫秒延期电雷管的段别标志如表 5-1、段别和秒量范围如表 5-2 所示。

c. 煤矿许用电雷管。煤矿许用电雷管又叫安全电雷管，它适用于有瓦斯、煤尘爆炸危险的井下使用。它的特点是起爆药部分加有一定的消焰剂，可避免因使用而造成瓦斯爆炸。煤矿许用电雷管也分为煤矿许用瞬发电雷管和煤矿许用毫秒延期电雷管。其他性质与瞬发电雷管和毫秒延期期电雷管相同，只是煤矿许用毫秒延期电雷管的延期时间不能超过 130ms。

表 5-1　毫秒延期电雷管的段别标志

段别	1	2	3	4	5	6	7	8	9	10
脚线颜色	灰红	灰黄	灰蓝	灰白	绿红	绿黄	绿白	黑红	黑黄	黑白

表 5-2　毫秒延期电雷管的段别及秒量

段 号	第 1 毫秒系列/ms	第 2 毫秒系列/ms	第 3 毫秒系列/ms	第 4 毫秒系列/ms
1	0	0	0	0
2	25	25	25	25
3	50	50	50	45
4	75	75	75	65
5	110	110	110	85
6	150		128	105
7	200		157	125
8	250		190	145
9	310		230	165
10	380		280	185
11	460		340	205
12	550		410	225
13	650		480	250
14	760		550	275
15	880		625	300
16	1020		700	330
17	1200		780	360
18	1400		860	395
19	1700		945	430
20	2000		1035	470

注：我国现阶段主要生产第一毫秒系列为主。

　　并非任意大小的电流和任意长短的通电时间都能引爆一发电雷管。如果通过的电流非常小，产生的热量就达不到点火药的发火点，这样即使再长的时间通入这个电流，雷管也不会爆炸。给电雷管通以恒定的直流电，在一定的时间内（5min）不会引爆雷管的电流最大值，的称为电雷管的最大安全电流，它是电雷管对于电流的一个最重要的安全指标。我国规定最大安全电流为 0.18A，就是说在 5min 内通 0.18A 以下的恒定直流电流，都不会引爆电雷管。

　　通过 0.18A 以下的恒定直流电流，电雷管是不会爆炸的，但随着电流逐渐增大，个别雷管就会率先引爆。当电流达到某一数值时，电雷管将 99.99% 点火，这个电流值称为电雷管的最低准爆电流。因此，最低准电流表示了电雷管对电流的敏感程度。我们国家规定最低准爆电流为 0.45A，就是说通 0.45A 以上的恒定直流电流，就一定会引爆雷管。

在实际使用中，雷管的连接方法多种多样，使用雷管的数目也多少不一。因此，实际爆破时，若使用交流电，则通过电流不应小于 2.5A，若使用直流电，遇通过电流不应小于 2A。大爆破使用的交流电不小于 4A，直流电不小于 2.5A。

电雷管是由电能作用而发生爆炸的一种雷管。与火雷管相比，它具有爆破作用的瞬间性和延时性。在爆破作业中，使用电雷管可远距离点火和一次起爆大量药包，使用安全、效率高，便于采用爆破新技术。

③ 导爆管雷管　导爆管雷管是导爆管的爆轰波冲能激发而引发爆炸的一种工业雷管。它是利用导爆管的管道效应来传递爆轰波，从而引爆雷管，实现非电起爆。导爆管雷管分为瞬发导爆管雷管和延期导爆管雷管。

瞬发导爆管雷管是由雷管的基本体、卡口塞、导爆管三部分组成。延期导爆管雷管与瞬发导爆管雷管相比，多一个用于延时的延期体。

导爆管雷管适用于露天及井下无瓦斯、矿尘爆炸危险的采矿、筑路、兴修水利等爆破工程。毫秒、半秒、秒延期导爆管雷管用于微差分段爆破作业，起爆各种炸药。

（2）其他起爆器材

① 导火索　导火索是一种延时传火、外形如索的产品，是以粉状或粒状黑火药为药芯，以棉线、塑料皮、纸条、沥青等材料被覆而成，属于索类起爆器材。外表为白色，外径为 5.2～5.8mm，内径为 2.2mm 左右。导火索按燃烧时间分为普通型和缓燃型两种，国产普通导火索的燃速为 100～125m/s，主要产品有塑料导火索和棉线导火索。塑料导火索指外表面涂覆层材质为塑料的导火索；棉线导火索指缠绕导火索的内外层线和外表面主体均为棉线的

导火索。

在爆破工程中它大量用于传导火焰、引爆雷管，进而引爆炸药，适用于无爆炸性可燃气体或粉尘的环境，广泛应用于矿山开发、兴修水利、电力及交通建设、农田改造等爆破工程。

② 导爆索　导爆索是以黑索金或泰安为药芯，以棉线、麻线或人造纤维等材料被覆而成，用以传递爆轰波或引爆炸药的一种爆破器材，属于索类起爆器材，外表为红色。产品类型有普通导爆索、安全导爆索、震源导爆索、油气井用导爆索。

普通导爆索是目前大量使用的爆破器材，适用于一般露天及无沼气、煤尘爆炸危险的场所，在爆破工程中起传爆和直接起爆炸药和塑料导爆管，包括棉线导爆索和塑料导爆索，具有一定的防水性能和耐热性能。装药密度为 $1.2g/cm^3$ 左右，药量 $12\sim14g/m$，外径 $5.7\sim6.2mm$，爆速不低于 $6500m/s$。

安全导爆索可以在有瓦斯或矿尘爆炸危险的环境下爆破作业，结构与普通导爆索相似，不同的是在药芯中或包缠层中加了适量的消焰剂，用量为 $2g/m$。安全导爆索的爆速不低于 $6000m/s$，黑索金（泰安）的药量为 $12\sim14g/m$。

震源导爆索指用于地震勘探的一种导爆索，包括棉线震源导爆索和塑料震源导爆索。油气井用导爆索指用在油气井中起引爆传爆作用的爆破器材。

③ 导爆管　塑料导爆管指内壁喷涂有猛炸药，以低速爆炸播冲击波的挠性塑料细管，主要有普通塑料导爆管、高强度塑料导爆管两种，传爆速度为 $(1650\pm50)ms$、$(1750\pm50)ms$、$(1850\pm50)ms$ 和 $(1950\pm50)ms$ 四种规格。

导爆管是用低密度聚乙烯树脂为管材，外径为 $3mm$，内径为 $1.5mm$。它的管内壁喷涂有一层高威力的黑索金粉或奥克托金粉（91%）、铝粉（9%）和少量附加物（0.25%～0.5%）的均匀混合物粉，药量为 $14\sim16mg/m$，管内能够传播爆炸冲击波，并通过管内传递的爆炸冲击波来引爆雷管。

塑料导爆管需用引爆（击发）元件来起爆，当引爆元件引爆导爆管时，管内激起的爆炸冲击波沿管内传播，管内炸药即发生化学反应，形成一种爆炸冲击波。爆炸反应释出的热量及时地补充到导爆管传播的爆炸冲击波，从而使得这爆炸冲击波能以恒定的速度稳定传播。塑料导爆管内的爆炸冲击波能量不大，不能直接起爆炸药，而只能起爆雷管，然后再由雷管来起爆炸药。

导爆管的传爆是依靠管内冲击波来传递能量的，若外界某种因素堵塞了软管中的空气通道，导爆管的稳定传爆便在此被中断；采用明火和撞击都不能引起导爆管爆炸，而在具有一定压力的空气强激波的作用下会引爆导爆管；导爆管在传爆过程中，携带的药量很少，不能直接起爆炸药，但能起爆雷管中的起爆药。

导爆管在储存期间，需将端头烧熔封口，防止受潮、进水和尘粒，以便长期保存。

（3）起爆方法

在工程爆破中，常用的起爆方法有：电力起爆法、导火索起爆法、导爆索起爆法、导爆管起爆法。

① 电力起爆法 电力起爆法是利用电能使雷管爆炸，进而起爆炸药的起爆方法。它所需的器材有：电雷管、导线和起爆电源。

进入电爆网路的电雷管事先需逐发检测电阻。测量电雷管的电阻，必须采用工作电流小于 30mA 的专用爆破电桥或爆破欧姆表，且电阻值应符合产品证书的规定。用于同一爆破网路的电雷管应为同厂、同批、同型号产品，康铜桥丝雷管的电阻值差不得超过 0.3Ω，镍铬桥丝雷管的电阻值差不得超过 0.8Ω。

电爆网路主线必须采用绝缘良好的导线专门敷设，不准利用铁轨、铁管、钢丝绳、水和大地作爆破线路。主线在联入网路前，各自两端应短路。起爆前，连接好整个爆破网路，待无关人员全部撤至安全地点之后，对总电阻进行最后导通检测，总电阻值应与实际计算值符合（允许误差±5％）。

电力起爆常用的起爆电源有干电池、蓄电池、起爆器、移动式发电机、照明电源和动力电源等。干电池和蓄电池只适用于炮孔数量不多的小规模爆破，采用串联起爆电路。起爆器可以一次起爆较多的炮孔，适宜串联网路，其起爆数量应依起爆器说明书设置，不可多于说明书规定的数量。

大爆破的电源，可用移动式发电机、照明电或动力电源。用动力电或照明电作为起爆电源时，起爆开关必须安放在上锁的专用起爆箱内。起爆开关箱的钥匙和起爆器的钥匙，在整个爆破作业时间内，必须由爆破工作领导人或由其指定的爆破员严加保管，不得交给其他人。

《爆破安全规程》规定，电爆网路必须确保流经每发雷管的电流：一般爆破，交流电不小于 2.5A，直流电不小于 2A；大爆破，交流电不小于 4A，直流电不小于 2.5A。

电爆网路中的导线一般采用绝缘良好的铜线或铝线。在爆破网路中，常按导线在电爆网路中位置和作用分为：端线、连接线、区域线和主线。端线，即雷管脚线的延长线，长度一般为 2m，当孔深较大时，脚线不够长，须将它加长才能引出孔口或药室外；连接线用来连接相邻炮孔或药室的导线，一般用 $1\sim4mm^2$ 的铜芯或铝芯塑料皮线或多股铜芯塑料皮软线；连接分区之间的导线称为区域线，当一爆破网路由几个分区组成时，连接各分区并与主线连接，多用铜芯或铝芯线，其断面积比连接线稍大；主线是连接区域线与电源的导线，通常采用断面为 $16\sim150mm^2$ 的铜芯或铝芯电缆，其断面大小根据通过电流大小确定。

电爆网路的连接形式，要根据爆破方法、爆破规模、工程的重要性、所选起爆电源及其起爆能力等进行选择，基本连接方式有：串联、并联、串并联和并串联等。

a. 串联网路。串联网路是将雷管的脚线或端线，依次连成一串，通电起爆时，电流连续流经网路中的每发雷管，这时网路的总电阻等于各部分导线电阻和全部雷管电阻之和，见图 5-13。

电爆网路总电阻：$\qquad R_{串} = R_{线} + nr \qquad$ (5-1)

电爆网路总电流：$\qquad I_{串} = V/R_{串} \qquad$ (5-2)

通过每发雷管的电流：$\qquad i = I_{串} \qquad$ (5-3)

式中 $R_{线}$——所有线路电阻欧姆，Ω；

$\qquad n$——串联雷管数，发；

$\qquad r$——每个雷管电阻欧姆，Ω；

$\qquad V$——起爆电源电压，V。

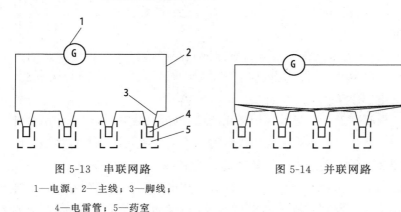

图 5-13 串联网路   图 5-14 并联网路

1—电源；2—主线；3—脚线；

4—电雷管；5—药室

串联电爆网路是最简单的连接方式，其操作简单，连线迅速，不易联错；用仪表检查方便，容易发现网路中的故障；整个网路所需的总电流小，在小规模爆破中，被广泛应用。但由于串联的雷管数受电源电压限制，不能串联较多雷管。这种连接网路最适用于起爆器起爆。

b. 并联网路。并联电爆网路是将所有雷管的两根脚线或端线分别连接到两根起爆主线上，见图 5-14。

并联电爆网路总电阻：$\qquad R_{并} = R_{线} + r/m \qquad$ (5-4)

并联电爆网路总电流：$\qquad I_{并} = V/R_{并} \qquad$ (5-5)

通过每发雷管的电流：　　　　　　$i=I_并/m$　　　　　　　（5-6）
式中　m——电爆网路中并联的数目，发。

　　并联电爆网路的优点是网路中每发雷管都能获得较大的电流，网路中敏感的雷管先爆炸后，其他雷管仍留在电路里，只要网路没有被拆断，其他未爆雷管一直有电流供给且电流逐渐增加，确保了网路电雷管的准爆性。并联网路所需的电流强度大，当雷管数量较多时，往往超过电源的容许能量，因此适宜选用容量大的照明电和动力电源，不宜用起爆器起爆并联网路。另外所选的导线电阻尽量小些，否则电源能量大部分消耗在爆破线路上。

　　c. 混合联电爆网路。混合联就是先串联后并联或先并联后串联这两种基本形式，如图 5-15 所示。

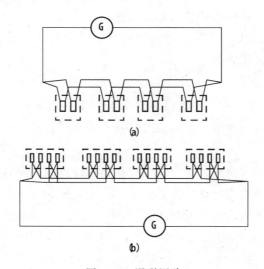

图 5-15　混联网路
（a）串并联网路；（a）并串联网路

并联电爆网路总电阻：　　　　$R=R_线+nr/m$　　　　　（5-7）

并联电爆网路总电流：　　　　$I=V/R$　　　　　　　　（5-8）

通过每发雷管的电流：　　　　$i=I/m$　　　　　　　　　（5-9）

式中 m——电爆网路中并联的支路数；

n——每支路串联的雷管数，发；

其他符号同前。

电力起爆法具有较安全、可靠、准确、高效等优点，在国内、外仍占有较大比重。在大、中型爆破中，主要仍是用电力起爆。特别是在有瓦斯、矿尘爆炸的环境中，电力起爆是主要的起爆方法。但电力起爆容易受各种电信号的干扰而发生早爆，因此在有杂散电、静电、雷电、射频电、高压感应电的环境中，不能使用普通电雷管。

② 导火索起爆法　导火索起爆法是利用导火索传递火焰点燃火雷管进而起爆炸药。这种起爆法所需的材料有：导火索、火雷管和点火材料。点火方法包括以下几种。

a. 单个点火法。用点火材料将加工好的导火索逐个点燃，它适用于起爆的雷管数量少（一人一次点导火索的根数小于 5 根）的小型爆破。

b. 集中点火法。将数根导火索集中于一处成为一组，点火时只要点燃一根导火索，即可把整组导火索点燃，其常用的点火方法有以下两种。

点火筒一次点火。点火筒由浸蜡的纸筒做成，其直径根据要装入的导火索数量而定，一般为 20～50mm，长为 40～50mm。一端开口放入导火索，另一端封闭，筒底粘有 2～3mm 厚的黑火药饼，如图 5-16 所示。为保证药饼燃烧时气体排出筒外，在药饼所处的筒壁部位开了 3～4 个排气孔。使用点火筒时，将每根导火索端部对齐，加入一段引火导火索段，全部插入筒中至药饼面后，用麻绳系紧。点火时只要点燃引火导火索即可。当炮孔较多需依次点燃时，各组间点燃

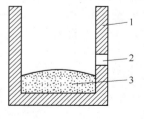

图 5-16　点火筒
1—纸筒；2—排气孔；3—药饼

顺序由引火段的长短控制，相邻两组点火索段长度差为 20～50mm。

也可采用铁皮三通一次点火。如图 5-17 所示。铁皮三通是用厚 0.3～0.5mm 薄铁皮制成，外形像一个圆筒，圆筒内径等于导火索外径，用于插入通至各炮孔的支导火索。圆筒的一端伸出两个小爪，用于与主导火索连接。主导火索的长短根据连接的支导火索数量而定。在主导火索上割出若干个"V"形切口，切口间距 100mm 左右，切割深度至导火索药芯；切好后将铁皮三通对准切口卡住，用钳子弯转小爪夹紧主导火索线；然后将各炮孔的支导火索切去端部 30～50mm 垂直面插入三通。为防止各炮孔导火索在炮响时被打断而发生拒爆，应考虑第一个炮孔爆炸时，最后一个炮孔的导火索已燃至孔内。

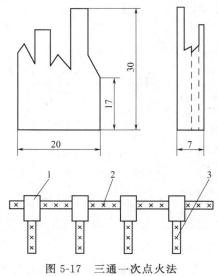

图 5-17　三通一次点火法
1—铁皮三通；2—主导火索；3—支导火索

导火索起爆法操作简单、灵活，使用方便，成本较低，广泛应用于小型爆破和掘进。由于导火索的速燃、缓燃等弊病，在爆破中事故所占比重最大。不能多处装药同时起爆；不能准确控制爆破时间，一次爆破规模小，爆区的有毒气体增加；在淋水工作面起爆不可靠，无法用仪器检查网路等。

③导爆索起爆法 用导爆索直接起爆炸药包的方法叫导爆索起爆法。先用雷管起爆导爆索，当导爆索的爆轰波传至炸药包时，将炸药引爆。在需要延时分段起爆的地方，将导爆索中接入继爆管，就能达到导爆索毫秒爆破的目的。

这种爆破法所需起爆材料有：雷管、导爆索和继爆管等。

导爆索起爆网路常用的有：串联、簇并联、单向分段并联和双向分段并联等。

a. 单并网路。将各炮孔的导爆索按同一方向连接到一根主导爆索上的起爆网路叫做导爆索单并网路（如图 5-18）。这种网路连接简单、方便，适用于小规模爆破。

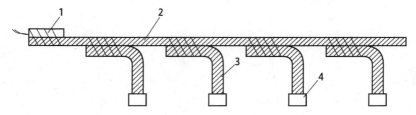

图 5-18　导爆索分段并联起爆网路
1—雷管；2—主导爆索；3—支导爆管；4—继爆管

b. 簇并联。将各炮孔的导爆索连成一束或几束，再将它们连接到主干导爆索上的连接网路，一般只用在炮孔较集中的场合。这种联接法，导爆索的消耗较大。

c. 单向分段并联。单向分段并联也叫侧向并联或开口并联网路，是将各炮孔的导爆索的导爆索按同一方向并联在支路导爆索上，再将各支路导爆索按同一方向并联在主干导爆索上的连接网路（图 5-19）。为实现毫秒爆破，可在网路上适当位置装上继爆管。这种网路连接简单，消耗导爆索也较少，且可实现大区微差爆破，

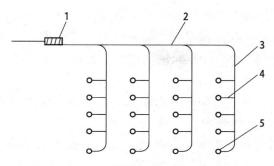

图 5-19　导爆索单向分段并联

1—火雷管；2—主导爆索；3—支导爆索；4—引爆索；5—炮孔

因此适用于中、小型爆破。

d. 双向分段并联网路。双向分段并联网路又叫环形网路，其特点是由各炮孔的导爆索可同时接受从主干索或支干索传来的爆轰波，引爆孔内导爆索（图 5-20）。这种网路起爆可靠性较高。若支干索或主干索有一段拒爆，爆轰波还能由另一方向传来。井下爆破时，为了克服冲击波破坏网路，往往采用这种连接方式。它的缺点是导爆索、继爆管消耗量增加，网路敷设、操作较复杂。

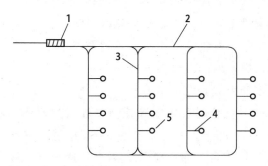

图 5-20　环形网路

1—火雷管；2—主导爆系；3—支导爆索；

4—引爆索；5—炮孔

④ 导爆管起爆法　导爆管起爆法是利用导爆管传递冲击波引

爆雷管进而起爆炸药的方法。导爆管起爆法从根本上减少了由于各种外来电的干扰造成早爆的爆破事故，起爆网路联接简单，不需复杂的电阻平衡和网路计算；但起爆网路的质量不能用仪表检查。

a. 起爆器材。导爆管起爆法所需材料有：击发元件、传爆元件、连接装置、雷管等。

ⓐ 击发元件。击发元件是用于击发导爆管的元件，其装置形式多种多样，击发枪、击发笔、高压电火花、电引火头、火雷管、电雷管、导爆索等都可作为导爆管的击发元件。

击发枪是靠冲击或弹簧压缩伸张的力量撞击火帽（或纸炮）产生激波击发导爆管。

击发笔是将击发器做成笔的形式，两个电极就如笔尖，起爆时把击发笔的笔尖插入导爆管孔内，充电后，一按起爆按钮使笔尖放电产生电火花，利用放电产生的激波击发导爆管。

高压电火花，其起爆原理与击发笔相同，它是靠电流充电、电容升压、两极间短距离放电来起爆导爆管。工程爆破常用容量较大、电压高（达 1800V 以上）的起爆器，通过电线进行远距离操作，实现起爆导爆管进而起爆整个导爆管网路。

电引火头是将电雷管的引火头塞进导爆管中心孔内，给电时，引火头发火，它产生的激波将导爆管击发。因引火头不好携带、易碎，防潮抗水能力差，故使用不多。

火雷管或电雷管起爆导爆管是靠雷管爆炸时产生的冲击波来起爆导爆管，一发雷管一次可起爆 20 根甚至上百根导爆管。捆绑时，把导爆管均匀分布在雷管圆周上，用胶布或细绳均可。若雷管为金属外壳时，先在雷管外壳上挠一层胶布再捆导爆管起爆更为可靠。

ⓑ 传爆元件。传爆元件就是导爆管，它一头与击发元件连接，一头与连接装置连接。

ⓒ 连接装置。连接装置形式多种多样，有连接块（图 5-21）、连接三通、四通（图 5-22），多通或集束式连通管等（图 5-23），它是用来固定传爆雷管或传爆导爆管的装置，起着把传爆元件传来的冲击波转传递给传爆雷管或导爆管直至起爆雷管的作用。

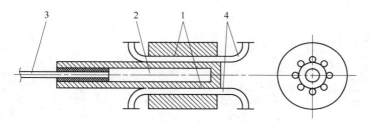

图 5-21　连接块及导爆管联通装配图

1—塑料连接块主体；2—传爆雷管；3—主爆导爆管；4—被爆导爆管

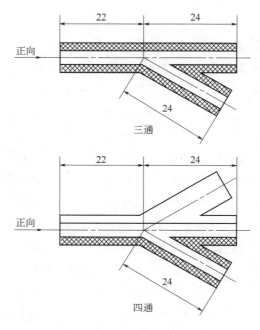

图 5-22　三通、四通

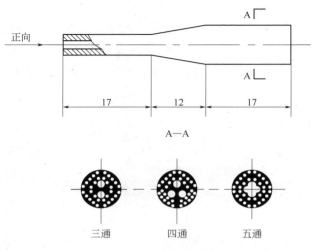

正向

17　　12　　17

A—A

三通　　四通　　五通

图 5-23　集束式连通管

ⓓ 雷管。起爆雷管一头与连接装置相连，另一头装入起爆药包内，用于起爆孔内药包。

b. 导爆管起爆网路。导爆管起爆网路有簇联、簇并联、簇串联等起爆网路。

ⓐ 簇联。将炮孔导爆管集成一束与连接装置相联接的网路称簇联网路，也可将整束导爆管与一个雷管捆扎在一起。为了可靠引爆，规定一发雷管只引爆 20 根导爆管。这种网路联接适用于炮孔集中的小型爆破。如果炮孔间隔较大时，消耗的导爆管较多。

ⓑ 簇并联。把两组或两组以上的簇联再并联到一个连接装置上的连接网路叫做簇并联网路，如图 5-24 所示，其连接方法与簇联差不多。这种网路适用于炮孔集中的较大型爆破。

ⓒ 簇串联。把几组簇联网路串联起来，即成为簇串联网路，如图 5-25 所示，其连接方法同前，只是将并联改为串联，也叫接力连接法，它适用于爆区长并能实现孔外多段微差起爆。这种接力式起爆，接力连接装置的传爆可靠性要求很高，因此，接力传爆装

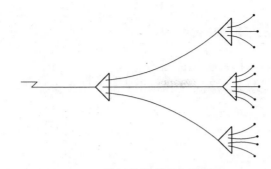

图 5-24　导爆管簇并联起爆网路

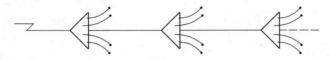

图 5-25　导爆管并串联起爆网路

置通常需采用复式连接来保证传爆的可靠性。

　　ⓓ 混合联。这种网路是把以上网路分别并联式串联起来，如图 5-26 所示。它适用于爆区又宽又长的大区爆破。

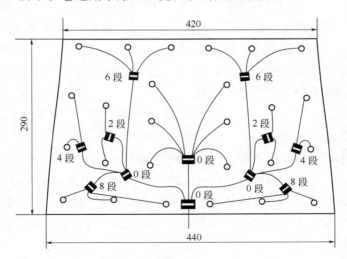

图 5-26　导爆管混合联接网路

5.2.5 矿岩的爆破破碎机理

（1）爆破的内部作用机理

爆破作用只发生在介质内部的现象称为爆破的内部作用。根据介质的破坏特征，单个药包破坏的内部作用可在爆源周围形成压碎区、破裂区和震动区（图 5-27）。

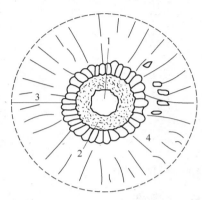

图 5-27 爆破内部作用示意图

1—装药空腔；2—压碎区；

3—破裂区；4—震动区

① 压碎区 药包爆炸时，直接与药包接触的矿岩，在极短的时间内，爆轰压力迅速上升到几万甚至几十万大气压，并在此瞬间急剧冲击药包周围的矿岩。对于大多数脆性的坚硬矿岩，则被压碎；对于可压缩性较大的岩石，则被压缩成压缩空洞，并在空洞表层形成坚实的压实层。因此，压碎区又叫压缩区。压碎区的半径很小，但由于介质遭到强烈粉碎，产生塑性变形或剪切破坏，消耗能量很大。因此，为了充分利用炸药能量，应尽量控制或减小压碎区的形成。

② 破裂区 压碎区形成后，冲击波通过压碎区，继续向外层岩石传播，冲击波衰减为应力波，其强度已低于矿岩的抗压强度，所以不再产生压碎破坏，但仍可使压缩区外层的岩石遭到强烈的径向压缩，使岩石的质点产生径向位移和径向扩张及切向拉伸应变。如果这种拉伸应变超过了岩石的动抗拉强度，外围的岩石层就会产生径向裂隙。当切向拉应力小到低于岩石的动抗拉强度时，裂隙便停止向前发展。

另外，在冲击波扩大至药室时，压力下降了的爆轰气体也同时作用在药室四周的岩石上，在药室四周的岩石中形成一个准静应力场。在应力波造成径向裂隙的期间或以后，爆轰气体开始膨胀并挤入这些裂隙中，导致径向裂隙向前延伸。只有当应力波和爆轰气体衰减到一定程度后才停止裂隙扩展；这样随着径向裂隙、环向裂隙和剪切裂隙的形成、扩展、贯通，纵横交错、内密外疏、内宽外细的裂隙网，将介质分割成大小不等的碎块，形成了破裂区，该区的半径比压碎区的半径大。

③ 震动区　在破裂区以外的岩体中，炸药爆炸后产生的能量已消耗很多，应力波引起的应力状态和爆轰气体压力建立起的准静应力场均不足以使岩石破坏，只能引起岩石质点作弹性振动，直到弹性振动波的能量被岩石完全吸收为止，这个区域叫弹性震动区或地震区。

（2）爆破漏斗

当单个药包在岩体中的埋置深度不大时，可以观察到自由面上出现了岩体开裂、鼓起或抛掷现象。这种情况下的爆破作用叫做爆破的外部作用，其特点是在自由面上形成了一个倒圆锥形爆坑，称为爆破漏斗，如图 5-28 所示。

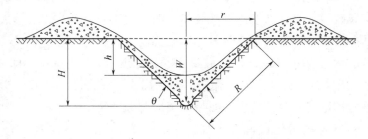

图 5-28　爆破漏斗

爆破漏斗的几何要素包括以下几项内容。

① 自由面　指被爆破的介质与空气接触的面，又叫临空面。

② 最小抵抗线　指药包中心到自由面的最小距离。爆破时，最小抵抗线方向的岩石最容易破坏的方向，即是爆破作用和岩石抛

掷的主导方向。如图 5-28 中的 W。

③ 爆破漏斗半径　指形成倒锥形爆破漏斗的底圆半径，如图 5-28 中的 r。

④ 爆破漏斗破裂半径　又叫破裂半径，是指从药包中心到爆破漏斗底圆圆周上任一点的距离，如图 5-28 中的 R。

⑤ 爆破漏斗深度　爆破漏斗顶点至自由面的最小距离，叫爆破漏斗深度，如图 5-28 中的 H。

⑥ 可见漏斗深度　爆破漏斗中碴堆表面最低点到自由面的最小距离，叫爆破漏斗可见深度，如图 5-28 中的 h。

⑦ 爆破漏斗张开角　即爆破漏斗的顶角，如图 5-28 中的 θ。

⑧ 爆破作用指数　爆破漏斗底圆半径与最小抵抗线的比值，称为爆破作用指数，用 n 表示，即：

$$n = r/W \tag{5-10}$$

爆破作用指数 n 在工程爆破中是一个极其重要的参数；其值的变化，直接影响到爆破漏斗的大小、岩石的破碎程度和抛掷效果。

根据爆破作用指数 n 值的不同，将爆破漏斗分为以下 4 种。

a. 标准抛掷爆破漏斗。如图 5-29(a) 所示，当 $r=W$，即 $n=1$ 时，爆破漏斗为标准抛掷爆破漏斗，漏斗的张开角 $\theta=90°$。形成标准抛掷爆破漏斗的药包，叫做标准抛掷爆破药包。

b. 加强抛掷爆破漏斗。如图 5-29(b) 所示，当 $r>W$，即 $n>1$ 时，爆破漏斗为加强抛掷爆破漏斗，漏斗的张开角 $\theta>90°$。形成加强抛掷爆破漏斗的药包，叫做加强抛掷爆破药包。

c. 减弱抛掷爆破漏斗。如图 5-29(c) 所示，当 $0.75<n<1$ 时，爆破漏斗为减弱抛掷爆破漏斗，漏斗的张开角 $\theta<90°$。形成减弱抛掷爆破漏斗的药包，叫做减弱抛掷爆破药包，减弱抛掷爆破漏斗又叫加强松动爆破漏斗。

d. 松动爆破漏斗。如图 5-29(d) 所示，当 $0<n<0.75$ 时，爆破漏斗为松动爆破漏斗，这时爆破漏斗内的岩石只产生破裂、破碎

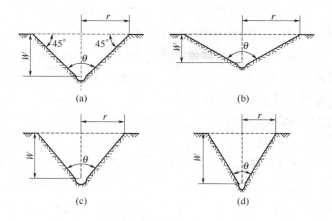

图 5-29　几种爆破漏斗形式

（a）标准抛掷爆破漏斗；（b）加强抛掷爆破漏斗；

（c）减弱抛掷爆破漏斗；（d）松动爆破漏斗

而没有向外抛掷的现象。从外表看，没有明显的可见漏斗出现。

（3）爆破破碎机理

爆破是当前破碎岩石的主要手段。对于岩石等脆性介质爆破破坏机理，有许多假设，按其基本观点，归纳起来有爆轰气体膨胀压力作用破坏论、应力波及反射拉伸破坏论、冲击波和爆轰气体膨胀压力共同作用破坏论三种。

① 爆轰气体膨胀压力作用破坏论　该理论认为炸药爆炸所引起脆性介质（岩石）的破坏，使其产生大量高温高压气体。它所产生的推力，作用在药包周围的岩壁上，引起岩石质点的径向位移，由于作用力的不等引起的径向位移，导致在岩石中形成剪切应力，当这种剪切应力超过岩石的极限抗剪强度时就会引起岩石破裂，当爆轰气体的膨胀推力足够大时，会引起自由面附近的岩石隆起，鼓开并沿径向推出。这种观点完全否认冲击波的动作用，因此是不太符合实际的。

② 应力波及反射拉伸破坏论　该理论认为药包爆炸时，强大

的冲击波冲击和压缩周围岩石，在岩石中激发成强烈的压缩应力波，当传到自由面反射变成拉伸应力波，其强度超过岩石的极限抗拉强度时，从自由面开始向爆源方向产生拉伸片裂破坏作用。这种理论只从爆轰的动力学观点出发，而忽视了爆生气体膨胀做功的静作用，因而也具有其片面性。

③ 冲击波和爆轰气体膨胀压力共同作用破坏论　该理论认为爆破时，岩石的破坏是冲击波和爆轰气体膨胀压力共同作用的结果。但在解释岩石破碎的原因是谁起主导作用时仍存在不同的观点，一种认为冲击波在破碎岩石时不起主要作用，它只是在形成初始径向裂隙时起了先锋作用，但在大量破碎岩石时则主要依靠爆轰气体膨胀压力的推力作用和尖劈作用；另一种观点则认为，爆破时岩石破碎谁起主要作用要取决于岩石的性质，即取决于岩石的波阻抗。对于高波阻抗的岩石，即致密坚韧的整体性岩石，它对爆炸应力波的传播性能好，波速大；对于低波阻抗、松软而具有塑性的岩石，爆炸应力波传播的性能较差，波速较低。爆破时岩石的破坏主要依靠爆轰气体的膨胀压力；对于中等波阻抗的中等坚硬岩石，应力波和爆轰气体膨胀压力同样起着重要作用。

5.2.6　爆破方法与爆破设计

（1）井巷掘进爆破

井巷掘进爆破，是在地下岩体掘进垂直、水平和倾斜巷道的一个主要工序；其特点是只有一个狭小的爆破自由面，四周岩体的夹制性很强，爆破条件差。井巷掘进爆破的具体内容将在第 6 章中介绍。

（2）井下采场爆破

① 浅眼爆破　采用浅眼爆破（炮眼直径 45mm 以下、炮孔深度 5.0m 以下），崩矿药量分布较均匀，一般破碎程度较好而不需要进行二次破碎。浅眼爆破炮孔分水平孔和垂直（含倾斜）孔两种

（图 5-30）。炮孔水平布置，顶板比较平整，有利于顶板维护，但受工作面限制，一次施工炮孔数目有限，爆破效率较低；炮孔垂直布置的优、缺点恰好与水平布置相反。因此，矿石比较稳固时可采用垂直布置，而矿石稳固性较差时，一般采用水平炮眼。

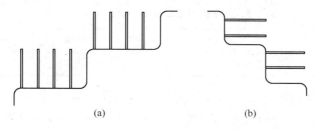

图 5-30　垂直炮孔与水平炮孔

（a）垂直上向炮孔；（b）水平炮孔

炮眼排列形式有平行排列和交错排列两类（图 5-31）

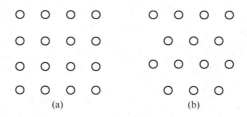

图 5-31　炮孔排列方式

（a）平行排列；（b）交错排列

浅眼爆破通常采用 32mm 直径的药卷，炮眼直径 d 取 $38\sim 42$mm。最小抵抗线 W 和炮眼间距 a 可由式(5-12) 求出：

$$W=(25\sim 30)d \tag{5-11}$$

$$a=(1.0\sim 1.5)W \tag{5-12}$$

一些金属矿山使用 $25\sim 28$mm 的小直径药卷进行爆破（炮眼直径 $30\sim 40$mm），在控制采幅宽度和降低贫化损失等方面取得了比较显著的效果。

井下浅眼爆破的单位炸药消耗量（爆破单位矿岩所需的炸药量）同矿石性质、炸药性能、炮眼直径、炮眼深度以及采幅宽度等因素有关。一般来说，采幅愈窄、眼深愈大，单位炸药消耗量愈大。单位炸药消耗量根据经验数据可取表 5-3 所示参考值。

表 5-3　井下炮眼崩矿单位炸药消耗量参考值

矿石坚固性系数	小于 8	8~10	10~15
单位炸药消耗量/(kg/m³)	0.26~1.0	1.0~1.6	1.6~2.6

② 中深孔爆破　炮眼直径 45mm 以上、炮孔深度大于 5.0m 的炮孔称为中深孔。中深孔布置方式可分为平行深孔和扇形深孔两类，如图 5-32 所示。按深孔的方向不同，它们又可分为上向孔、下向孔和水平孔三类。

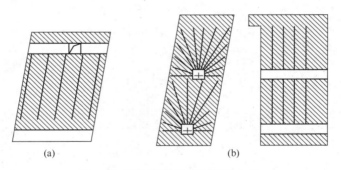

图 5-32　平行深孔和扇形深孔布置
(a) 平行炮孔；(b) 垂直扇形炮孔

扇形深孔具有凿岩巷道掘进工程量小、深孔布置较灵活且凿岩设备移动次数少等优点，应用很广。但是，由于扇形深孔呈放射状布置、孔口间距小而孔底间距大，崩落矿石块度没有平行深孔爆破均匀，深孔利用率也较低。所以在矿体形状规则和对矿石破碎程度有要求的场合，可采用平行深孔。

除此之外，还有一种由扇形孔发展演变的布孔形式——束状深孔。其特点是深孔在垂直面和水平面上的投影都呈扇形。束状深孔强化了扇形深孔的优缺点，通常只应用于矿柱回采和采空区处理工程。

深孔爆破参数包括孔径、最小抵抗线、孔间距和单位炸药消耗量等。

a. 孔径。中深孔直径 d 主要取决于凿岩设备、炸药性能及岩石性质等。采用接杆法凿岩时孔径多为 $55\sim65$mm，潜孔凿岩时孔径为 $90\sim110$mm，牙轮钻时为 $165\sim200$mm。

b. 最小抵抗线。可根据爆破一个中深孔崩碎范围需用的炸药量（单位体积炸药消耗量乘以该孔所负担的爆破方量）同该孔可能装入的药量相等的原则计算出最小抵抗线：

$$W = D \cdot \sqrt{\frac{7.85\Delta\tau}{mq}} \tag{5-13}$$

式中　D——炮孔直径，dm；

　　　Δ——装药密度，kg/dm^3；

　　　τ——深孔装药系数，一般取 $\tau=0.7\sim0.8$；

　　　m——炮孔密集系数，$m=a/W$，对于平行深孔取 $0.8\sim1.1$；对于扇形深孔，孔口取 $0.4\sim0.7$，孔底取 $1.1\sim1.5$；

　　　q——单位炸药消耗量，kg/m^3，主要由矿石性质、炸药性能和采幅宽度确定。

当单位炸药消耗量、炮孔密集系数、装药密度及装药系数等参数为定值时，最小抵抗线可根据孔径 d 由式(5-14)得出：

$$W = (25\sim35)d \tag{5-14}$$

c. 孔距。对于平行孔，孔距 a 是指同排相邻孔之间的距离；对于扇形孔，孔距可分为孔底垂距 a_1（较短的中深孔孔底到相邻孔的垂直距离）和药包顶端垂距 a_2（堵塞较长的中深孔装药端面至相邻中深孔的垂直距离）。

平行中深孔可按最小抵抗线 W 进行布孔，扇形深孔则应先由最小抵抗线定出排间距，然后逐排进行扇形分布设计。

③ 井下爆破应注意的安全问题　井下爆破应特别加以注意的安全问题有危险距离的确定、早爆和拒爆事故的防止与处理、爆后炮烟中毒的防止等。

危险距离可包括爆破震动距离、空气冲击波距离和飞石距离几项。在地下较大规模的生产爆破中，空气冲击波的危险距离较远。强烈的空气冲击波在一定距离内可以摧毁设备、管线、构筑物、巷道支架等，并引起采空区顶板的冒落，还可能造成人员伤亡。随着传播距离增大，空气冲击波强度减弱，很快降低到不会引起破坏的程度。根据实验，爆炸时的空气冲击波安全距离可由式(5-15) 给出：

$$W = K \sqrt{Q} \tag{5-15}$$

式中　Q——炸药用量，kg；

　　　K——影响系数，对于一般建筑物 $K=0.5\sim1$，对人员 $K=5\sim10$。

早爆事故发生的原因很多，如爆破器材质量不合格（导火索燃速不准），杂散电流、静电、雷电、射频电等的存在以及高温或高硫矿区的炸药自燃起爆，误操作等。为了杜绝早爆事故，在器材使用上应尽量选用非电雷管。杂散电流的产生主要来自架线式电机车牵引网路的漏电（直流）和动力电路和照明电路的漏电（交流）。所以采用电雷管起爆方式时必须事先对爆区进行杂散电流测定，以掌握杂散电流的变化和分布规律。然后采取措施预防和消除杂散电流危害，在无法消除较大的杂散电流时采用非电起爆方法。静电产生主要来自炸药微粒在干燥环境下高速运动，使输药管内产生静电积累。预防静电引起早爆事故的主要措施是采用半导体输药管，尽量减少静电产生并将可能产生的静电随时导入大地；采用抗静电雷管，用半导体塑料塞代替绝缘塞，裸露一根脚线使之与金属沟通，或采用纸壳或塑料壳。

拒爆事故的原因很多，应在周密分析发生拒爆的原因后，采取妥善措施排除盲炮。

5.2.7 矿山控制爆破

采用一般爆破方法破碎岩石，往往出现爆区内破碎不均、爆区外损伤严重的局面，如使围岩（边坡）原有裂隙扩展或产生新裂隙而降低围岩（边坡）的稳定性；大块率和粉矿率过高，或出现超挖、欠挖；随着爆破规模增大而带来的爆破地震效应破坏等。针对上述问题，采取一定的措施合理利用炸药的爆炸能，以达到既满足工程的具体要求，又能将爆破造成的各种损害控制到规定范围，这就是称作控制爆破的一门新技术。

（1）微差爆破

微差爆破又叫毫秒爆破，它是利用毫秒延时雷管实现几毫秒到几十毫秒间隔延期起爆的一种延期爆破。实施微差爆破可使爆破地震效应和空气冲击波以及飞石作用降低；增大一次爆破量而减少爆破次数；破碎块度均匀，大块率低；爆堆集中，有利于提高生产效率。

微差爆破的作用原理是：先起爆的炮孔相当于单孔漏斗爆破，漏斗形成后，漏斗体内生成很多贯通裂纹，漏斗体外也受应力场作用而有细小裂纹产生；当第二组微差间隔起爆后，已形成的漏斗及漏斗体外裂纹相当于新增加的自由面，所以后续炮孔的最小抵抗线和爆破作用方向发生变化，加强了入射波及反射拉伸波的破岩作用；前后相邻两组爆破应力波相互叠加也增加了应力波作用效果；破碎的岩块在抛掷过程中相互碰撞，利用动能产生补充破碎，并可使爆堆较为集中；由于相邻炮孔先后以毫秒间隔起爆，所产生的地震波能量在时间上和空间上比较分散，主震相位相互错开，减弱了地震效应。

微差间隔时间的确定可根据最小抵抗线（或底盘抵抗线）由经验公式给出：

$$\Delta t = KW \tag{5-16}$$

式中　Δt —— 微差间隔时间，ms；

K —— 经验系数，在露天台阶爆破条件下，$K = 2 \sim 5$。

一般矿山爆破工作中实际采用的微差间隔时间为 $15 \sim 75$ms，通常用 $15 \sim 30$ms。排间微差间隔可取长些，以保证破碎质量、改善爆堆挖掘条件以及减少飞石和后冲。

控制微差间隔时间的方法有毫秒电雷管电爆网路、导爆索和继爆管起爆网路、非电导爆管和微差雷管起爆网路等，为了增加起爆段数和控制起爆间隔有时也用微差起爆器实现孔外微差爆破。

（2）挤压爆破

挤压爆破就是在爆区自由面前方人为预留矿石（岩碴），以提高炸药能量利用率和改善破碎质量的控制爆破方法。

挤压爆破的原理在于爆区自由面前方松散矿石的波阻抗大于空气波阻抗，因而反射波能量减小而透射波能量增大。增大的透射波可形成对这些松散矿石的补充破碎；虽然反射波能量小了，但由于自由面前面的松散介质的阻挡作用延长了高压爆炸气体产物膨胀做功的时间，有利于裂隙的发展和充分利用爆炸能量。

地下深孔挤压爆破常用于中厚和厚矿体崩落采矿中。挤压爆破的第一排孔的最小抵抗线比正常排距大些（一般大 $20\% \sim 40\%$），以避开前次爆破后裂的影响，第一排孔的装药量也要相应增加 $25\% \sim 30\%$。一次爆破厚度可适当增加，对于中厚矿体取 $10 \sim 20$m 的爆破层厚度，厚矿体取 $15 \sim 30$m。多排微差挤压爆破的单位炸药消耗量比普通微差爆破要高，一般为 $0.4 \sim 0.5$kg/t，时间间隔也比普通爆破长 $30\% \sim 60\%$，以便使前排孔爆破的岩石产生位移形成良好的空隙槽，为后排创造补偿空间，发挥挤压作用。挤压爆破的空间补偿系数一般仅需 $10\% \sim 30\%$。

露天台阶挤压爆破，也称压碴爆破。其爆破参数取值除与地下挤压爆破存在类似趋势外，自由面前面堆积碎矿石的特性也是一个重要影响因素。压碴的密度直接关系着弹性波在爆堆（压碴）中的传播速度，而压碴密度又与爆破块度、堆积形状和时间以及有无积水有关。通常情况下，爆堆的松散系数大时挤压效果好，炸药能量利用率高。为了获得较好的爆破效果，可适当加大单位炸药消耗量。同样，爆堆的厚度和高度对爆破质量也有一定影响。一般取爆堆厚度为10～20m，若孔网参数小则压碴厚度取大值。爆堆厚度与台阶高度和铲装设备容积也有关系，在保证爆破效果的条件下应尽量减小压碴厚度。

　　（3）光面爆破

　　光面爆破是能保证开挖面平整光滑而不受明显破坏的爆破技术。采取光面爆破技术通常可在新形成的岩壁上残留清晰可见的孔迹，使超挖量减少到4％～6％，从而节省了装运、回填、支护等工程量和费用。光面爆破有效地保护了开挖面岩体的稳定性，由于爆破产生的裂隙很少，所以岩体承载能力不会下降。由光面爆破掘进的巷道通风阻力小，还可减少岩爆发生的危害。

　　光面爆破的机理是：在开挖工程的最终开挖面上布置密集的小直径炮眼，在这些孔中不耦合装药（药卷直径小于炮孔直径）或部分孔不装药，各孔同时起爆以使这些孔的连线破裂成平整的光面。当同时起爆光面孔时，由于不耦合装药，药包爆炸产生的压力经过空气间隙的缓冲后显著降低，已不足以在孔壁周围产生粉碎区，而仅在周边孔的连线方向形成贯通裂纹和需要崩落的岩石一侧产生破碎作用。周边孔之间贯通的裂纹即形成平整的破裂面（光面）。

　　为了获得良好的光面爆破效果，一般可选用低密度、低爆速、高体积威力的炸药，以减少炸药爆轰波的冲击作用而延长爆炸气体的膨胀作用时间。不同炸药产生的裂缝破坏范围不同，为了获得预期的光面爆破效果，应尽可能用小药卷炸药。药卷与炮孔之间的不耦合系数通常取 1.1～3.0，其中以 1.5～2.5 用得较多。光面爆破周边孔间距一般取孔径的 10～20 倍，节理裂隙发育的岩石取小值，整体性完好的岩石取大值。最小抵抗线一般取大于或等于孔距，炮孔密集系数 m 取 0.8～1.0，硬岩取大值，软岩取小值。线装药密度，即单位长度炮眼装药量，软岩中取 70～120g/m，中硬岩石取 100～150g/m，硬岩取 150～250g/m。光面爆破时周边眼应尽量考虑齐发起爆，以保证炮眼间裂隙的贯通和抑制其他方向的裂隙发育。周边眼的起爆间隔不宜超过 100ms。除采取周边眼齐发爆破（多打眼少装药）外，还可采取密集空孔爆破和缓冲爆破等方法实现光面爆破，前者利用间隔空孔导向作用实现定向成缝，后者则利用向孔中充填缓冲材料（细砂）保护孔壁减缓爆炸冲击作用。

（4）预裂爆破

预裂爆破是沿着预计开挖边界面人为制造一条裂缝，将需要保留的围岩与爆区分离开，有效地保护围岩降低爆破地震危害的控制爆破方法。

沿着开挖边界钻凿的密集平行炮孔称作预裂孔，在主爆区开挖之间首先起爆预裂孔，由于采用小药卷不耦合装药，在该孔连线方向形成平整的预裂缝，裂缝宽度可达 1～2cm。然后再起爆主爆炮孔组，就可降低主爆炮孔组的爆破地震效应，提高保留区岩石壁面的稳定性。

预裂缝形成的原理基本上与光面爆破中沿周边眼中心连线产生贯通裂缝形成破裂面的机理相似，所不同的是预裂孔是在最小抵抗线相当大的情况下先于主爆孔起爆的。

预裂爆破参数设计简述如下。

① 炮孔直径　可根据工程性质要求、设备条件等选取。一般孔径愈小，则孔痕率（预裂孔起爆后，残留半边孔痕的炮孔占总预裂孔的比率）愈高，而孔痕率的高低是反映预裂爆破效果的重要标志。国外及水工建筑中一般采用 53～110mm 孔径，在矿山中采用

150～200mm孔径也获得了满意的效果。可以通过调整装药参数改善爆破效果。

② 不耦合系数　不耦合系数，即药卷断面积与炮孔断面积的比例，可取2～5。在允许的线装药密度下，不耦合系数可随孔距的减少而适当增大。岩石抗压强度大应选用较小的不耦合系数。

③ 孔距　一般取孔径的10～14倍，岩石较硬时取大值。

④ 线装药密度　线装药密度关系着能否既贯通邻孔裂缝又不损伤孔壁这个实质问题，与孔径和孔距有关，可参考表5-4取值。

表 5-4　预裂孔爆破参数

孔径 /mm	预裂孔距 /m	线装药密度 /(kg/m)	孔径 /mm	预裂孔距 /m	线装药密度 /(kg/m)
40	0.30～0.50	0.12～0.38	100	1.0～1.8	0.7～1.4
60	0.45～0.60	0.12～0.38	125	1.2～2.1	0.9～1.7
80	0.70～1.50	0.4～1.0	150	1.5～2.5	1.1～2.0

第6章 井巷掘进

为了勘探和开采矿床，在矿体或围岩中开掘的坑道，总称矿山井巷工程。从地面向地下开掘的垂直或倾斜坑道称为井筒，前者叫竖井，后者叫斜井；地表没有出口，在地下开掘的垂直和倾斜井筒分别称为盲竖井和盲斜井；从地面向地下开掘的水平坑道称为平硐或平窿，若平硐两端均直接与地面相同，则称为隧道；在矿体或围岩中开掘的水平坑道叫做平巷；地表没有出口的倾斜或垂直小断面坑道叫天井；长宽高尺寸相差不大的地下坑道叫做硐室。

矿山井巷工程是矿山维持正常回采作业所需的竖井、斜井（含斜坡道）、溜矿井、天井、隧道、平巷、各种地下硐室工程等的总称。井巷掘进即是上述井巷工程的施工过程，是矿山，特别是地下矿山最重要的生产工序之一。矿床开采、提升运输、供水排水、供气供电、采空区治理等矿山所有与采矿有关的活动，都要由井巷工程提供通路；由于井巷工程施工周期长，费用高，不能向采矿一样直接创造效益，因此在矿山也最容易被忽视，造成掘进落后于采矿，影响矿山正常作业循环。为保证矿山可持续、稳定发展，必须严格贯彻执行"采（矿）掘（进）并举，掘进先行"的采矿方针。

6.1 水平巷道掘进

水平巷道的断面形状，主要取决于围岩的稳固程度、支护形式和服务年限。金属矿山的巷道形状一般有矩形、梯形和拱形，其断面尺寸则根据巷道用途、运输设备的外形尺寸和安全间隙来决定，同时还要保证风流速度不超过安全规程的规定。例如服务年限不长的穿脉巷道（巷道长度方向垂直于矿体走向方向），采用木材支护时，断面形状可选用梯形［图 6-1(a)］，断面尺寸一般为（1.8～2.0）m×（2.1～2.3）m；围岩不稳固或服务时间很长的主要运输巷道，一般采用混凝土支护或石材支护，其断面形状多为直墙拱形［图 6-1(b)］，断面尺寸更大。

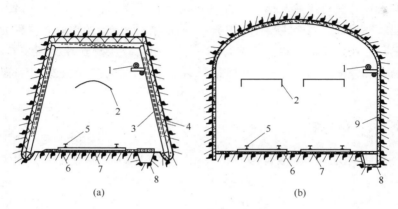

(a)   (b)

图 6-1　金属矿山水平巷道常用断面形状示意图

(a) 单轨梯形巷道；(b) 双轨拱形巷道

1—管缆；2—电机车架线；3—木支柱；4—片石；5—轨道；

6—枕木；7—道碴；8—水沟；9—混凝土支护

　　为排除井下涌水和其他污水，设计巷道断面时应根据矿井生产时通过该巷道的排水量设计水沟。水沟通常布置在人行道一侧，并尽量少穿越运输线路。水沟断面有对称倒梯形［图 6-1(a)］、半倒梯形［图 6-1(b)］和矩形等形状。各种水沟断面尺寸应根据水沟的流量、坡度、支护材料和断面形状等因素确定。水沟应向水仓方向具有 0.3%～0.5%的下向坡度，以利水流畅通。水沟应设混凝土盖板，盖板顶面应与道碴面平齐。

　　根据生产需要，巷道内需要敷设诸如压风管、排水管、供水管、充填管、动力电缆、照明和通讯电缆等管线。管线的布置要考虑安全和架设维修的方便，一般布置在人行道一侧，要安装牢固，不影响行人和运输作业。

水平巷道掘进，目前普遍采用凿岩爆破法。其主要工序包括凿岩、爆破、岩石装运和支护；辅助工序包括工作面通风、排水、接管道、照明、铺轨和测量等。主要工序按一定顺序依次进行的作业方式称为单行作业。单行作业其各工序互不干扰，组织管理方便，但效率较低。几个主要工序在同一时间内平行进行的作业方式称为平行作业，其优、缺点与单行作业恰好相反。从凿岩开始到装岩、铺轨和支护完毕，为一个掘进循环，巷道由此向前掘进了一段距离。

6.1.1　凿岩爆破

巷道掘进中，破碎岩石是一项主要工序，也是掘进施工的第一道主要工序。破碎岩石主要采用凿岩爆破的方法，凿岩爆破约占一个掘进循环时间的 40%～60%。凿岩爆破工作的好坏，对巷道掘进速度、规格质量、支护效果、掘进成本等都有较大的影响。

金属矿山平巷掘进中，常用的凿岩设备是气腿式风动凿岩机，如 7655、YT-24 等；凿岩工具多采用锥形连接的活头钎杆。为提高凿岩效率，降低工人劳动强度，一些大、中型矿山在大断面平巷掘进中采用了凿岩台车。凿岩台车属无轨设备，具有独立行走装置，液压凿岩，使得凿岩速度大大提高。

（1）炮眼布置

巷道掘进的爆破工作是在只有一个自由面的狭小工作面进行的，俗称独头掘进。因此，要达到理想的爆破效果，必须将各种不同作用的炮眼合理地布置在相应位置上，使每个炮眼都能起到应有的爆破效果。

掘进工作面的炮眼，按其用途和位置可分为掏槽眼、辅助眼和周边眼（如图 6-2 所示）。掏槽眼的作用是形成掏槽作为第二自由面，以改善爆破条件，提高炮眼利用率；辅助眼的作用是扩大和延伸掏槽的范围；周边眼的作用是控制井巷断面规格形状。其爆破顺序必须是延期起爆，即先起爆掏槽眼，然后起爆辅助眼，最后起爆周边眼。

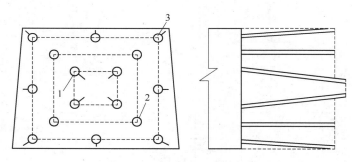

图 6-2　平巷掘进的炮眼布置
1—掏槽眼；2—辅助眼；3—周边眼

① 掏槽眼　根据井巷断面形状规格、岩石性质和地质构造等条件，掏槽眼的排列形式可分为倾斜掏槽和垂直掏槽两大类。

倾斜掏槽的特点是掏槽眼与自由面斜交。在软岩或具有层理、节理、裂隙或软夹层的岩石中，可用单倾斜掏槽，其掏槽位置可视自然弱面存在的情况而定，掏槽眼倾斜角依岩石可爆性不同而定，一般取 50°～70°。在中硬以上均质岩石、断面尺寸大于 $4m^2$ 的井巷掘进中，可采取相向倾斜眼组成楔形掏槽（图 6-3）。每对炮眼底部间距一般取 10～20cm，眼口之间的距离取决于眼深及倾角的大小，掏槽眼同工作面的交角通常为 60°～75°。楔形掏槽可分为垂直楔形掏槽和水平楔形掏槽两种，前者打眼比较方便，使用较广。当岩石特别难爆且断面尺寸又大或眼深超过 2m 时，可增加 2～3 对深度较小的初始掏槽眼，以形成双楔形掏槽。若将楔形掏槽的掏槽眼以同等角度向槽底集中，但各眼并不互相贯通，则形成锥形掏

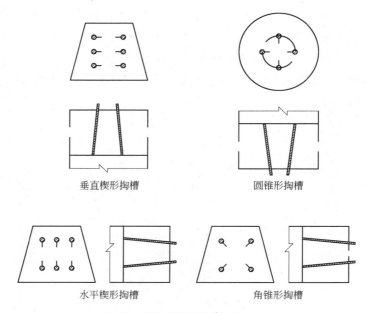

垂直楔形掏槽   圆锥形掏槽

水平楔形掏槽   角锥形掏槽

图 6-3　倾斜掏槽的炮眼布置形式

说明：⊙装药孔

槽，通常可排成三角锥形和圆锥形等形式，圆锥形适用于圆形断面井筒掘进工作。倾斜掏槽的优点是所需掏槽眼数少且易抛出掏槽范围内的岩石；缺点是孔深受限于断面尺寸，石碴抛掷较远。

　　垂直掏槽的掏槽眼都垂直于工作面，其中有些炮眼为空眼，不装药。垂直掏槽的形式很多，常见的有缝形掏槽、桶形掏槽（图6-4）和螺旋掏槽。缝形掏槽也称平行龟裂掏槽，其布置特点是掏槽眼轴线处在一个平面内，空眼与装药眼相间布置，眼距 8～15cm，爆后形成一条缝隙。桶形掏槽是应用最广的垂直掏槽形式之一，其槽腔体积大有利于辅助眼爆破；空眼直径可大于或等于装药眼直径，较大的空眼直径可形成较大的人工自由面；桶形掏槽完全没有向外抛碴作用，通常可将空眼打深并在孔底装一卷药，待全部掏槽眼爆破后起爆以抛出岩碴。螺旋掏槽是桶形掏槽的理想形

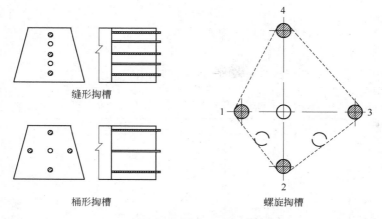

图 6-4　垂直掏槽的炮眼布置形式

说明：⊘装药孔；○空孔

式，空眼到各装药眼的距离依次取空眼直径的 1～1.8 倍、2～3.5 倍、4～4.5 倍和 4～5.5 倍。向上掘进天井时，采用桶形掏槽特别适合。

② 辅助眼　辅助眼又称崩落眼，是大量崩落岩石和继续扩大掏槽的炮眼。辅助眼要均匀布置在掏槽眼和周边眼之间，炮眼方向一般垂直于工作面。

③ 周边眼　周边眼是爆落巷道周边岩石，最后形成巷道断面设计轮廓的炮眼。为保证巷道成型规整，减少支护工程量，可采用光面爆破技术。

（2）爆破器材

巷道掘常用的炸药是铵梯炸药和铵油炸药，采用电雷管、火雷管或导爆管起爆。

（3）爆破参数确定

单位炸药消耗量的确定可参考表 6-1，结合工程类比和实际经验确定。确定单位炸药消耗量（q）后，再根据巷道断面面积和每循环进尺就可得到每循环应使用的炸药消耗总量：

$$Q=qSL\eta \qquad (6-1)$$

式中　S——井巷掘进断面面积，m^2；

　　　L——平均炮眼深度，m；

　　　η——炮眼利用率，一般为 $80\%\sim95\%$。

表 6-1　平巷掘进单位炸药消耗量　　　　单位：kg/m^3

掘进断面积/m^2	岩石普氏坚固性系数				
	2～3	4～6	8～10	12～14	15～20
小于 4	1.23	1.77	2.48	2.96	3.36
4～6	1.05	1.50	2.15	2.64	2.93
6～8	0.89	1.28	1.89	2.33	2.59
8～10	0.78	1.12	1.69	2.04	2.32
10～12	0.72	1.01	1.51	1.90	2.10
12～15	0.66	0.92	1.36	1.78	1.97
15～20	0.64	0.90	1.31	1.67	1.85
大于 20	0.60	0.86	1.26	1.62	1.80

求得循环总药量后，再根据各炮眼在爆破中所起的作用及条件进行药量分配。其中掏槽眼最重要，而且爆破条件最差，应分配较多的药量，辅助眼药量次之，周边眼药量分配最少。

炮眼数目的确定主要同巷道断面、岩石性质、炸药性能等因素有关。一般是在保证合理的爆破效果的前提下尽可能减少眼数。

炮眼深度与掘进断面面积、掘进机械化程度和爆破技术水平有关。现有条件下，单轨平巷的炮眼深度多在 1.5～2.5m 之间。

6.1.2　工作面通风

工作面通风的目的有二：其一是把爆破产生的炮烟和大量粉尘，在短时间内排出工作面，以利装岩工作进行；其二是正常供给工作面新鲜空气，排出凿岩和装岩产生的粉尘及污浊空气，降低工作面温度，创造较好的工作环境。由于巷道掘进是独头施工，难以形成贯穿风流；因此，一般采用局部扇风机通风，爆破后通风时间一般不少于 40min，人员才能进入工作面进行装岩工作。

（1）通风方式

井巷掘进通风方式可分为压入式、抽出式和混合式 3 种，其中以混合式通风效果最佳。

① 压入式通风　如图 6-5 所示，局部扇风机（以下称"局扇"）把新鲜空气经风筒压入工作面，污浊空气沿巷道流出。在通风过程中炮烟逐渐随风流排出，当巷道出口处的炮烟浓度下降到允许浓度时，即认为排烟过程结束，人员可进入工作面。

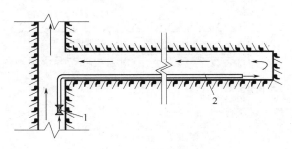

图 6-5　压入式通风

1—局扇；2—风筒

压入式通风新鲜风流大、通风时间短、效果好，但容易发生污风循环。因此，局扇必须安装在新鲜风流流过的巷道内，并距掘进巷道口的距离不得小于 10m。

② 抽出式通风　如图 6-6 所示，新鲜空气由巷道进入工作面，

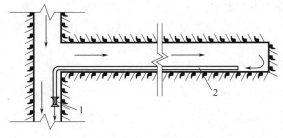

图 6-6　抽出式通风

1—局扇；2—风筒

污浊空气被局扇经风筒抽出，排入回风巷道。抽出式通风的优、缺点与压入式刚好相反。风筒的排风口必须设在主要巷道风流方向的下方，距掘进巷道口的距离不得小于10m。

③ 混合式通风　如图6-7所示，混合式通风是压入式和抽出式通风方式的联合使用，同时具有前两种通风方式的优点，适用于巷道很长条件下的通风。

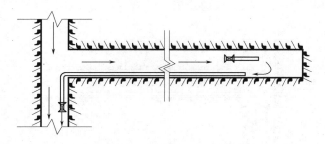

图 6-7　混合式通风

（2）通风设施

金属矿井巷掘进通风设备有局扇和风筒。

局扇要求体积小、效率高、噪声低、风压及风量可调。

风筒分刚性和柔性两大类。刚性风筒包括铁风筒、玻璃钢风筒等，坚固耐用，适用于各种通风方式，但笨重，接头多，储存、搬运、安装均不方便；常用的柔性风筒包括胶布风筒、软塑料风筒等。由于柔性风筒轻便、易安装、阻燃、安全可靠等优点，在巷道掘进中得到广泛应用，其缺点是易于划破，只能用于压入式通风。

6.1.3　岩石装运

把掘进工作面爆破下来的岩石装入矿车运出工作面，就是岩石的装运作业，亦称出渣，是一项比较繁重的工作，约占掘进循环时间的 40%～50%。

平巷掘进中使用较多的装载设备是铲斗式装岩机和矿车，如图

6-8 所示。装岩机有以压气作动力的，也有以电为动力的。当装岩机向前运动时，铲斗插入岩堆铲取岩石；铲满后提升铲斗并向后翻转，装入后面的矿车；然后下落铲斗，再次铲装。一辆矿车装满后移出，调入另一辆矿车继续装岩。

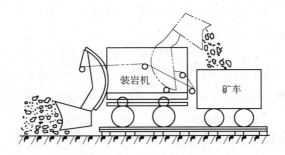

图 6-8　装岩机装岩过程示意图

由于调车相当麻烦和费时，近年来出现了一些解决平巷掘进调车问题的设备，如斗式装载机、梭式矿车。前者是利用可以升降的和在矿车上前后运行的斗车，接受装岩机铲斗卸载的岩石，并将其送到预定的矿车上卸载，直至装完一次爆破下来的全部岩石；后者实际上是一部装有运输机的大容积矿车，通过运输机的移动，使矿车逐渐装满。

此外，采用轮胎式自行设备，如铲运机，完成装、卸、运的工作，可大大提高装岩速度和效果。

6.1.4　巷道支护

岩体未开挖时，岩体中的应力处于原始平衡状态，岩石一般不会发生变形和移动。但巷道掘进后，岩体内原始应力平衡遭到破坏，巷道周围的岩石受力情况发生了变化，在受到扰动的应力重新达到新的平衡过程中，巷道周围的岩石会发生变形、破坏乃至冒落。为保证工作安全和生产的正常进行，除了围岩相当稳固不需特殊处理外，在围岩不稳固地段一般要采取一定的措施将巷道支护起来。

支护材料包括木材、金属材料、石材、混凝土、钢筋混凝土、砂浆等。水泥是广泛使用的胶凝材料。过去巷道支护大多是架设棚式支架与砌筑石材（或混凝土）整体式支架（图 6-1），现在喷锚支护在矿山得到了广泛的应用。

喷锚支护，是锚杆与喷射混凝土联合支护的简称，二者又可以单独使用，成为锚杆支护与喷浆支护。喷锚支护还可以与金属网联合进行支护。喷锚支护具有施工速度快、机械化程度高、成本低等优点。

（1）锚杆支护

锚杆支护，就是向围岩中钻凿锚杆眼，然后将锚杆安设在锚杆眼内，将破碎岩体连接成一个整体，对围岩予以人工加固，从而维护巷道的稳固。图 6-9 为钢筋砂浆锚杆支护示意图，先在锚杆眼内注满水泥砂浆，然后插入钢筋而成。它利用砂浆与钢筋、砂浆与孔壁的黏结力锚固岩层。在实际应用过程中，也可用废旧钢丝绳取代钢筋。其他锚杆还包括金属倒楔式锚杆、木锚杆、树脂锚杆、快硬水泥锚杆、管缝式锚杆、可伸缩锚杆等。

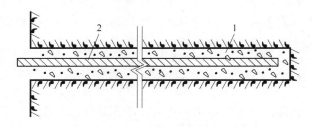

图 6-9　钢筋砂浆锚杆

1—砂浆；2—钢筋

（2）喷射混凝土支护

喷射混凝土支护是用喷浆机将混凝土混合物喷射在岩面上凝结

硬化而成的一种支护。用干式喷射机喷射混凝土的流程如图 6-10 所示。先将砂、石过筛，按配合比和水泥一起送入搅拌机内搅拌，然后用矿车将拌和料运送到工作面，经上料机装入以压缩空气为动力的喷射机，再经输料管送到喷头处与水混合后喷敷在岩面上。

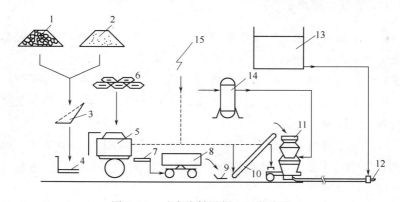

图 6-10　干式喷射混凝土工艺流程

1—石子；2—沙子；3—筛子；4—磅秤；5—搅拌机；6—水泥；

7—筛子；8—运料小车；9—料盘；10—上料机；11—喷射机；

12—喷嘴；13—水箱；14—风包；15—电源

当岩体变形小、稳定性较好时，一般只需喷射混凝土，喷厚为 50～150mm，不必打锚杆。当岩体变形较大时，混凝土喷层将不能有效地进行支护。实验证明，当喷层厚度超过 150mm 时，不但支护能力不能提高，而且支护成本反而明显提高，此时应选用喷锚联合支护。锚杆与其穿过的岩体形成承载加固拱，喷射混凝土层的作用则在于封闭围岩，防止风化剥落，和围岩结合在一起，对锚杆间的表面岩石起支护作用。

喷射混凝土能有效控制锚杆间的石块掉落，但其本身是脆性的，当岩石变形大时，易开裂剥落。解决办法之一是在喷射混凝土中加入钢纤维，增加混凝土的抗弯强度和韧性。另外，在喷射混凝土之前敷设金属网，喷浆后形成钢筋混凝土层，提高喷层的整体性，改善喷层的抗拉强度，这就是喷锚网联合支护，能有效地支护松散破碎的软弱岩层。金属网用钢筋直径一般为 6～12mm，钢筋间距一般为 200～400mm。

6.1.5　岩巷掘进机

全断面掘进机是实现连续破岩、装岩、转载、临时支护、喷雾防尘等工序的一种联合机组。岩石全断面掘进机机械化程度高，可连续作业，工序简单，施工速度快，施工巷道质量高，支护简单，工作安全；但其构造复杂，成本高，对掘进巷道的岩石性质和长度均有一定要求。

岩巷掘进机一般由移动部分和固定支撑推进两大部分组成，如图 6-11 所示。其中主要包括破岩装置、行走推进装置、岩渣装运

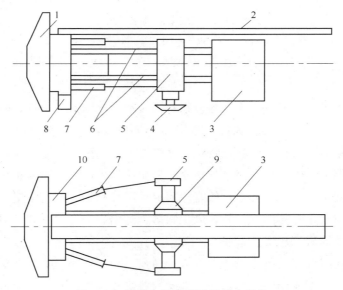

图 6-11　岩巷全断面掘进机基本结构

1—工作头；2—输送机；3—操纵室；4—后撑靴；5—水平支撑板；6—上、下大梁；7—推进油缸；8—前撑靴；9—水平支撑油缸；10—机架

装置、驱动装置、动力供给装置、方向控制装置、除尘装置和锚杆安装装置等。

图 6-12 为全断面掘进机系统示意图。全断面掘进机已广泛应用于隧道等大断面工程掘进，在矿山平巷施工中也有应用。

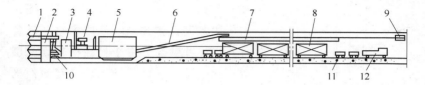

图 6-12 岩巷全断面掘进机系统示意图

1—刀盘；2—机头架；3—水平支撑板；4—锚杆钻机；5—司机房；

6—斜带式输送机；7—转载机；8—龙门架车；9—激光指向仪；

10—环形支架机；11—矿车；12—环形电机车

6.2 竖井掘进

6.2.1 竖井井筒结构

竖井是地表或地下有一个出口的垂直井筒（后者称为盲竖井），是采用竖井开拓的大、中型地下矿山最重要的咽喉工程，它承担着地表生产系统与井下生产系统或地下不同阶段生产系统之间连通的重任。一般而言，竖井位置一经确定，其他工程的相对位置也基本确定，难于更改；因此，竖井位置选择、施工质量等对矿山整体效益影响巨大。

虽然在少数产量不大、深度有限、服务年限小于 15 年的中、小型矿山采用矩形断面竖井形式，但因矩形断面有效利用率低，因此，在绝大多数矿山竖井一般采用圆形断面。断面尺寸根据竖井用途确定，对于承担提升运输任务的主井（提升矿石）和副井（提升废石、人员、材料），其断面规格根据竖井内布置的提升运输设备、管线布置、救急通道（梯子间）、支护厚度等确定，净断面直径一

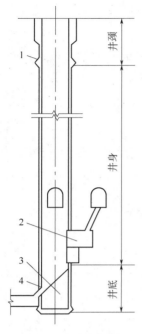

图 6-13　井筒纵断面图

1—壁座；2—箕斗装载硐室；

3—水窝；4—井筒接受仓

般为 4～8m；对于通风井，其断面尺寸根据所需通风量和风速确定。

竖井自上而下可分为井颈、井身和井底 3 部分，如图 6-13 所示，根据需要在井筒适当部位还筑有壁座。靠近地表的一段井筒称作井颈，此段内常开有各种孔口。井颈部分由于处在松软表土层或风化岩层内，地压较大，又有地面构筑物和井颈上各种孔洞的影响，其井壁不仅需要加厚，而且通常需要配置钢筋。井颈以下至罐笼进出车水平或箕斗装车水平的井筒部分称作井身，井身是井筒的主要组成部分。井底的深度由提升过卷高度、井底装备要求高度和井底水窝深度决定。

6.2.2　竖井井筒装备

竖井井筒装备是指安设在井筒内的空间结构物，主要包括罐道、罐梁（和托架）、梯子间、管路电缆、防过卷装置以及井口和井底金属支撑结构等。其中，罐道和罐梁是井筒装备的主要组成部分，是保证提升容器安全运行的导向设施。井筒装备根据罐道结构的不同分为刚性装备（刚性罐道）和柔性装备（钢丝绳罐道）两种。

① 罐道　罐道是提升容器在井筒内中运行的导向装置，必须具有一定的强度和刚度，以减少提升容器的横向摆动。罐道有木质罐道、钢轨罐道、型钢组合罐道、整体轧制罐道、复合材料罐道和钢丝绳罐道等。其中，钢丝绳罐道属柔性罐道，与其他刚性罐道相比，具有不需要罐梁、通风阻力小、安装方便、材料消耗少、提升

容器运行平稳等优点；因此，得到广泛应用。

② 罐梁 竖井装备采用刚性罐道时，在井筒内需安设罐梁以固定罐道。罐梁沿井筒全深每隔一定距离布置一层，一般都采用金属材料，如工字钢、型钢等。

罐梁与井壁的固定方式有梁端埋入井壁和树脂锚杆固定两种，前者需要在井壁上预留或现凿梁窝，后者可以用树脂锚杆将梁支座直接固定在井壁上。

③ 其他隔间 当竖井作为矿山安全出口时，井筒内必须设置梯子间，梯子间两平台之间的垂直距离不得大于 8m，梯子斜度不得大于 80°。梯子间除作为安全出口外，还可利用它进行井筒检修和卡罐事故处理。

管路间和电缆间安设有排水管、压风管、供水管和各种电缆。为了安装和检修方便，管路间和电缆间一般布置在靠近梯子间的一侧。

6.2.3 井筒表土施工

对于稳定表土层，竖井表土施工一般采用普通施工法；而对于不稳定表土层，则可采用特殊施工法或普通与特殊相结合的综合施工方法。

（1）普通施工法

竖井表土普通施工主要可采用井圈背板普通施工法、吊挂井壁施工法和板桩法。

① 井圈背板普通施工法 井圈背板普通施工法就是采用人工或抓岩机（土硬时可放小炮）出土，下掘一小段（空帮距不超过 1.2m），即用井圈、背板进行临时支护，掘进一长段（一般不超过 30m）后，再由下向上拆除井圈、背板，然后砌筑永久井壁。如此周而复始，直至基岩。这种方法适用于较稳定的土层。

② 吊挂井壁施工法　吊挂井壁施工法是适用于稳定性较差的土层中的一种短段（段高一般 0.5～1.5m）掘砌施工方法。按土层条件，分别采用台阶式或分段小块，并配以超前小井降低水位。为防止井壁在混凝土尚未达到设计强度前失去自承能力，引起井壁拉裂或脱落，必须在井壁内设置钢筋，并与上段井壁吊挂。

③ 板桩法　板桩法的实质是：对于厚度不大的不稳定表土层，在开挖前，可先用人工或打桩机在工作面或地面沿井筒荒径（未支护前的井筒施工直径）依次打入一圈板桩，形成一个四周封闭的圆筒，用以支承井壁，并在其保护下进行表土层掘进。

（2）特殊施工法

在不稳定土层中施工竖井井筒，必须采取特殊的施工方法，才能顺利掘进，如冻结法、钻井法、沉井法、注浆法和帷幕法等。目前以冻结法和钻井法为主。

① 冻结法　冻结法凿井就是在井筒掘进之前，在井筒周围钻凿冻结孔，用人工制冷的方法将井筒周围的不稳定表土层和风化岩层冻结成一个封闭的冻结圈，以防止水或流砂涌入井筒并抵抗地压，然后在冻结圈的保护下掘砌井筒。待掘砌到预定深度后，停止冻结，进行拔管和充填工作。

② 钻井法　钻井法凿井是利用钻井机将井筒全断面一次成井，或将井筒分次扩孔钻成。目前，我国采用的多为转盘式钻井机（图6-14）。钻井法凿井主要工艺过程有井筒钻进、泥浆洗井护壁、下沉预制井壁和壁后注浆固井等。

③ 沉井法　沉井法是属于超前支护类的一种特殊施工方法，其实质是在井筒设计位置上，预制好底部附有刃脚的一段井筒，在其掩护下，随着井内的掘进出土，井筒靠其自重克服其外壁与土层间的摩擦阻力和刃脚下部的正面阻力而不断下沉，在地面相应接长井壁，如此周而复始，直至沉到设计标高。

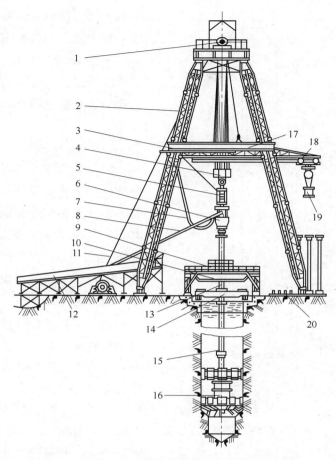

图 6-14　钻井机及其工作全貌

1—天车；2—钻塔；3—吊挂车；4—游车；5—大钩；6—水龙头；7—进风管；

8—排浆管；9—转盘；10—钻台；11—提升钢丝绳；12—排浆槽；13—主动

钻杆；14—封口平车；15—钻杆；16—钻头；17—二层平台；18—钻杆行车；

19—钻杆小吊车；20—钻杆仓

6.2.4　井筒基岩施工

竖井基岩施工是指在表土层或风化岩层以下井筒的施工，目前

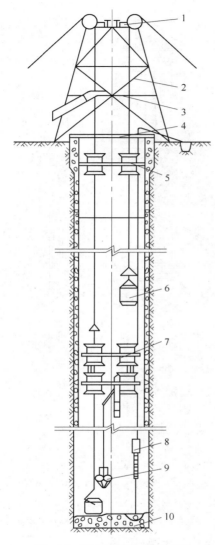

图 6-15　竖井掘进系统示意图
1—天轮平台；2—凿井井架；3—卸矸台；
4—封口盘；5—固定盘；6—吊桶；
7—吊盘；8—吊泵；9—抓岩机；
10—掘进工作面

主要以凿岩爆破法施工为主。其主要工序包括凿岩爆破、装岩提升、井筒支护；另外还有通风、排水等辅助工序。竖井掘进系统如图6-15所示。

（1）凿岩爆破

竖井基岩掘进中，凿岩爆破是一项主要工序，约占整个掘进循环时间的20%～30%。凿岩爆破效果直接影响其他工序及井筒施工速度、工程成本等，必须予以足够的重视。

竖井基岩凿岩一般采用风动凿岩机，如YT-23轻型凿岩机和YGZ-70导轨式重型凿岩机；由于竖井施工中，工作面常有积水，因此，要求使用抗水炸药，如水胶炸药；起爆器材通常采用国产8号秒延期电雷管、毫秒延期电雷管和导爆索。圆形断面井筒中，炮眼多布置成同心圆形，如图6-16所示。

（2）装岩提升

竖井施工中，装岩提升

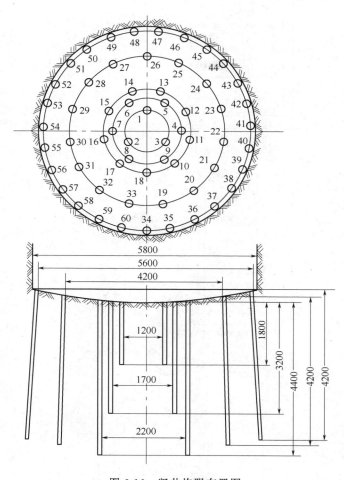

图 6-16　竖井炮眼布置图

1~18—掏槽眼；19~33—辅助眼；34~60—周边眼

工作是最费时的工序，约占整个掘进工作循环时间的 $50\%~60\%$，是决定竖井施工速度的关键。

目前竖井施工已普遍采用抓岩机装岩，实现了装岩机械化。图 6-17 为中心回转式抓岩机的结构示意图，它固定在吊盘的下层盘或

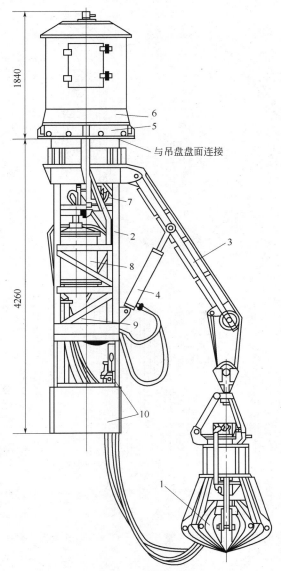

图 6-17　中心回转抓岩机结构示意图

1—抓斗；2—机架；3—臂杆；4—变幅油缸；5—回转机构；6—提升绞车；
7—回转动力机；8—变幅汽缸；9—增压油缸；10—操作阀和司机室

稳绳盘上。抓斗利用变幅机构做径向运动，利用回转机构做圆周运动，利用提升机构做上下运动。

井筒提升工作中，提升容器主要是吊桶，一般有两种，即矸石吊桶和材料吊桶。前者主要用于提矸、升降人员和提放物料，当井筒内涌水量小于 $6m^3/h$ 时，还可用于排水；后者是底卸式，主要用于砌壁时下放混凝土材料。

（3）井筒支护

井筒下掘到一定深度后，应及时进行支护，以起到支撑地压、固定井筒装备、封堵涌水以及防止岩石风化的作用。井筒支护分临时支护和永久支护两种。临时支护的主要目的是保证井筒掘进施工的安全，常用的支护方式是井圈背板或喷锚支护；永久支护方式包括料石砌壁、混凝土筑壁、钢筋混凝土筑壁和喷锚支护等。浇注混凝土井壁时需要安设模板。

（4）辅助工作

① 通风　竖井施工的通风由设置在地表的通风机和井筒内的风筒完成。与平巷掘进通风方式一样，分为压入式、抽出式和混合式 3 种。

② 涌水处理　井筒施工中，井筒内一般都有较大涌水，涌水处理方法包括注浆堵水、导水与截水、钻孔泄水和井筒排水等。

注浆堵水就是用注浆泵将浆液注入含水岩层内，使之充满岩层的裂隙并凝结硬化，堵住地下水流向井筒的通路，达到减少井筒涌水量和避免渗水的目的。

井筒排水分为吊桶排水和吊泵排水两种类型。前者是用风动潜水泵将水排入吊桶内，由提升设备提到地面排出；后者是利用悬吊在井筒内的吊泵将工作面积水直接排到地表或中间泵房内。

③ 压风和供水　竖井掘进所需的压风和用水均通过吊挂在井筒内的压风管和供水管提供。

④ 其他辅助工作　竖井掘进所需的其他辅助工作包括照明与

信号、井筒测量等。另外还需要布设安全梯，作为紧急事故发生时的逃生通路。

6.3 斜井掘进

6.3.1 一般概念

斜井是地表或地下有一个出口的倾斜井筒（后者称为盲斜井），是采用斜井开拓的大、中型地下矿山最重要的咽喉工程，它承担着地表生产系统与井下生产系统或地下不同阶段生产系统之间连通的重任。

（1）斜井分类

斜井按其用途分为主斜井、副斜井、混合斜井、通风斜井、管道斜井、充填斜井和斜坡道 7 类；按其提升方式可分为箕斗斜井、矿车组斜井、带式输送机斜井、台车斜井和人力斜井 5 类。各类斜井的用途（或特征）、装备和适用条件分别如表 6-2 和表 6-3 所示。

表 6-2　斜井按用途分类表

序号	名　称	用　　途	装　　备	适 用 条 件
1	主斜井	提升矿石、废石	箕斗、矿车组或带式输送机	大型矿山
2	副斜井	提升人员、材料、废石；安设管路及电缆	矿车组、人车、材料车或架设乘人索道	大型矿山
3	混合斜井	具有主副井性质	矿车组、人车、材料车	小型矿山
4	通风斜井	出风或进风,兼作材料及人行安全井	设人行梯子,有的设提升设备运送材料	大、中型矿山
5	管道斜井	安装排水管及其他管路,有的兼作通风用	设有排水管线及其他管路和电缆,有时设提升设备运送材料	涌水量大的矿山
6	充填斜井	运送充填材料	设充填管路及排水管	充填法矿山
7	斜坡道	运行无轨设备	设有照明、电缆,铺设路面,安装路标	大、中型矿山

表 6-3　斜井按提升用途分类表

序号	名　称	特　征	适用条件
1	箕斗斜井	箕斗提升矿石、废石	大型矿山
2	矿车组斜井	以矿车组为提升设备的主、副井	大型矿山
3	带式输送机斜井	装有不同类型胶带运输机，运送矿石、废石	小型矿山
4	台车斜井	台车提升矿石、废石和材料	大、中型矿山
5	人车斜井	人车运送人员、材料，井内安设各种管线	涌水量大的矿山

（2）斜井断面

斜井常用断面一般为半圆形、三心拱形和梯形，在围岩不稳固、侧压和底压大的矿山为保护斜井安全，也采用圆形、马蹄形、椭圆形等。断面尺寸根据斜井用途、提升运输设备、管线布置、人行道、支护厚度等确定；对于通风井，其断面尺寸根据所需通风量和风速确定。

（3）斜井倾角

主斜井（箕斗斜井）倾角为 25°～30°；矿车组斜井（包括材料斜井）不得大于 25°；胶带运输机斜井一般不大于 18°。

6.3.2　斜井掘进

斜井掘进方向居于水平和垂直之间，故其掘进的主要工序和组织工作，有许多与平巷和竖井的掘进相同。

由于斜井处于倾斜状态，工作面经常积水，装岩工作较平巷掘进困难。目前我国一些斜井掘进仍用人工装岩，劳动强度大、效率低、占循环时间比重大。为实现装岩机械化，在一些矿山已采用了耙斗装岩机，如图 6-18 所示。掘进的岩石可以采用矿车或箕斗提升。工作面涌水量小于 6m³/h 时，积水可用风动潜水泵将水排入提升容器内，与岩石一起提出地表；若涌水量大于 6m³/h 时，则需要卧式水泵排水。斜井掘进通风与竖井掘进相似。

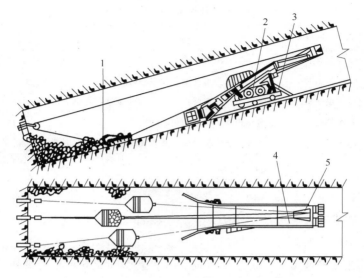

图 6-18　斜井掘进时耙斗装岩机装岩示意图

1—耙斗；2—绞车；3—台车；4—卸料槽；5—卸料口

6.4　天井掘进

　　天井掘进是矿山经常性的掘进工作之一。天井的断面形状和尺寸，主要取决于天井的用途。放矿天井（又称溜井）、人行天井一般采用矩形断面，而充填井、通风井则一般采用圆形断面。

　　天井掘进一般采用普通掘进法、吊罐掘进法、爬罐掘进法、深孔爆破成井法和牙轮钻机钻进法等。

　　（1）普通掘进法

　　普通掘进法的主要工序是凿岩爆破、通风、装岩及支护；其特点是从上而下架设梯子和工作台，即在距工作面 1.5～2.0m 的横撑支柱上，铺上厚度为 3～5cm 的木板，供凿岩爆破作业之用，如图 6-19 所示。

　　（2）吊罐掘进法

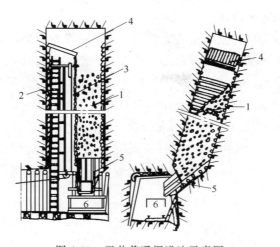

图 6-19　天井普通掘进法示意图

1—放矿格；2—梯子格；3—提升格；4—落矿台；5—溜矿口；6—矿车

吊罐掘进法如图 6-20 所示。在天井全高上，沿中心线先钻一个直径为 100～150mm 的钻孔，在天井上部安装游动绞车 1，通过中央钻孔 2，用钢丝绳 3 沿天井升降吊罐 4。吊罐是凿岩、装药的工作台，也是升降人员、设备的提升容器。爆破前将吊罐下放至下部水平，并躲避在距天井口 4～5m 的安全处。

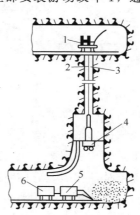

图 6-20　吊罐法掘进
天井示意图
1—游动绞车；2—钻孔；
3—钢丝绳；4—吊罐；
5—装岩机；6—矿车

吊罐掘进法工序与普通法基本相同，其主要差异是：

①　由于中央钻孔的存在，改善了通风条件；

②　爆破下来的矿岩借助自重落至下部水平巷道底板上，用装岩机配矿车装运；

③　无需架设梯子和工作台。

（3）爬罐掘进法

爬罐掘进法与吊罐掘进法的差异是前者没有中央深孔，工作用的罐笼不用钢丝绳悬挂，而是沿着天井一壁的轨道升降。工人乘爬罐升到工作面，在钢板保护下凿岩［图 6-21(a)］；装药联线后，爬罐从工作面下降到平巷安全处，即可爆破［图 6-21(b)］；爆破后，用导轨后面的风管喷出风水混合物，清洗工作面进行通风，然后工人乘爬罐上升到工作面撬浮石［图 6-21(c)］，以便进行下一个循环的凿岩；最后在巷道底板上用装岩机配矿车装运崩落下来的矿岩。

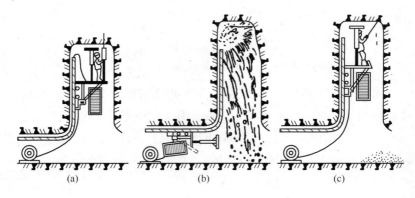

(a)　　　　　　　　(b)　　　　　　　　(c)

图 6-21　爬罐法掘进天井示意图

（4）深孔爆破成井法

用深孔钻机，按天井断面尺寸，沿天井全高，自下而上或自上而下，钻凿一组 5～9 个直径为 100～150mm 的平行钻孔，然后自下而上分段爆破，形成所需的天井。

（5）牙轮钻机钻进法

为提高天井掘进的机械化水平，克服凿岩爆破掘进法的缺陷，近年来推广应用了牙轮钻机钻进法。其实质是用牙轮钻机先钻凿一个导向孔，然后自下而上扩孔至天井设计断面。这种方法工作安全、劳动条件好、掘进速度快、管理方便、井壁规整光滑。

第 7 章　矿床开拓

7.1　开采单元划分及开采顺序

矿体或矿床是规模较大的矿石聚集体，储量动辄数十万吨甚至数亿吨，延展规模小则数百米，大则数公里，为实现矿产资源的有序化、合理化开采，必须首先将矿体（床）划分为不同的开采单元，并根据合理的开采顺序，逐单元进行回采作业。

7.1.1　开采单元划分

（1）矿田和井田

划归一个矿山企业开采的全部或部分矿床的范围，称矿田。在一个矿山企业中，划归一组矿井或坑口（根据矿山安全开采规程要求，一个矿山至少要有 2 个以上独立的出口，除了负责矿石提升的主井外，还需要有负责人员、材料上下的副井及相应的通风井）开采的全部矿床或其一部分称井田。矿田有时等于井田，有时也包括几个井田。

（2）阶段、矿块和盘区、采区

① 阶段、矿块　阶段、矿块是在开采缓倾斜、倾斜和急倾斜矿体时，将井田进一步划分的开采单元。

在井田中，每隔一定的垂直距离，掘进与矿体走向（矿体延展方向）一致的主要运输巷道，把井田在垂直方向上划分为若干矿段，这些矿段称为阶段（或中段）。其范围是：沿走向以井田边界为界，沿倾斜以相邻上、下两个阶段运输平巷为界（图7-1）。上、下两个阶段运输平巷之间的垂直距离称为阶段高度或

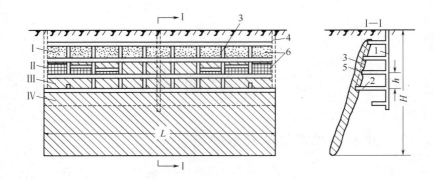

图 7-1　阶段和矿块

Ⅰ—采完阶段；Ⅱ—回采阶段；Ⅲ—采准阶段；Ⅳ—开拓阶段；

H—矿体赋存深度；h—阶段高度；L—矿体走向长度；

1—主井；2—石门；3—天井；4—副井；5—阶段平巷；6—矿块（采区）

中段高度，阶段一般用所在水平标高表示，如 1200m 中段（水平、阶段）。

在阶段中按一定尺寸将阶段划分为若干独立的回采单元，称为矿块。显然，矿块是阶段的一部分。矿块是缓倾斜、倾斜和急倾斜矿体最基本的回采单元。以后将要研究的采矿方法，就是在这样的基本回采单元中采用相应的采矿方法将矿石有效地回采出来。

②盘区、采区　盘区、采区是在开采水平和微缓倾斜矿体时，将井田进一步划分的开采单元。

开采水平和微缓倾斜矿体时，在井田内一般不划分阶段，而是用盘区运输巷道将井田划分为若干个长方形的矿段，称为盘区。盘区的范围是以井田的边界为其长边，以相邻的两个盘区运输巷道之间的距离为其宽边（图 7-2）。

采区是盘区的一部分。在盘区中按一定尺寸将盘区划分为若干独立的回采单元，称为采区，采区是水平和微缓倾斜矿体最基本的回采单元。

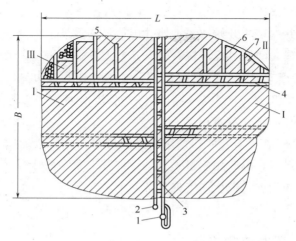

图 7-2 盘区和采区

Ⅰ—开拓盘区；Ⅱ—采准切割盘区；Ⅲ—回采盘区；

1—主井；2—副井；3—主要运输平巷；4—盘区平巷；

5—回采平巷；6—矿壁（采区）；7—切割巷道

7.1.2 开采顺序

（1）井田中阶段的开采顺序

井田中阶段的开采顺序有下行式和上行式两种。下行式的开采顺序是先采上部阶段，后采下部阶段，由上而下逐阶段（或几个阶段同时开采，但上部阶段超前下部阶段）开采的方式；上行式则相反。

生产实践中，一般多采用下行式开采顺序。因为下行式开采具有初期投资小、基建时间短、投产快，以及在逐步下采过程中能进一步探清深部矿体、避免浪费等优点。

（2）阶段中矿块的开采顺序

按回采工作对主要开拓井巷（主井、主平硐）的位置关系，阶段中矿块的开采顺序可分为以下 3 种。

① 前进式开采 当阶段运输平巷掘进一定距离后，从靠近主要开拓井巷的矿块开始回采，向井田边界依次推进。该开采顺序的优点是基建时间短、投产快；缺点是巷道维护费用高。

② 后退式开采 在阶段运输平巷掘进到井田边界后，从井田边界的矿块开始，向主要开拓井巷方向依次回采。该开采顺序的优、缺点与前进式基本相反。

③ 混合式开采 即初期用前进式开采，待阶段运输平巷掘进到井田边界后，再改用后退式开采。该开采顺序虽综合了上述两种开采顺序的优点，但生产管理复杂。

在实际生产中，一般采用后退式开采顺序。

7.2 开采步骤和三级矿量

7.2.1 开采步骤

井田开采分3个步骤进行，即开拓、采准切割和回采。这3个步骤反映了井田开采的基本生产过程。

（1）开拓

井田开拓是从地表掘进一系列的井巷工程通达矿体，使地面与井下构成一个完整的提升、运输、通风、排水、供水、供电、供气（压气动力）、充填系统（俗称矿山八大系统），以便把人员、材料、设备、充填料、动力和新鲜空气送到井下，以及将井下的矿石、废石、废水和污浊空气等提运和排除到地表。为此目的而掘进的巷道称为开拓巷道或基本巷道，包括主要开拓巷道和辅助开拓巷道。前者是指起主要提升运输（矿石）作用的开拓井硐，如主井、主平硐、主斜坡道；后者是指起其他辅助提升运输（人员、材料、设备和废石）、通风、排水、充填等作用的开拓井硐与其他开拓巷道，如石门（连接井筒和主要运输巷道的平巷）、主充填井、主溜矿井、井底车场、专用硐室和主要运输巷道等。

（2）采准切割

在已完成开拓工作的矿体中，掘进必要的井巷工程，划分为回采单元，并解决回采单元的人行、通风、运输、充填等问题的工作称为采准；在完成采准工作的回采单元中，掘进切割天井（两端都有出口的井下垂直或倾斜井筒）和切割巷道，并形成必要的回采空间的工作称为切割。采准与切割与所采用的采矿方法密切相关，以后将结合各种采矿方法作详细介绍。

衡量采准切割工作量的大小，常用采准切割比来表示，简称采切比。采切比 K 是指每采出 1000t（或 10000t）矿石所需掘进的采准切割巷道的工程量表示，又称千吨采切比或万吨采切比，其单位有 m/kt、m^3/kt、$m/10^4t$、$m^3/10^4t$，表达式为：

$$K = \frac{\sum L}{T} \tag{7-1}$$

式中　$\sum L$——回采单元中采准切割巷道的总工程量，m 或 m^3；

　　　T——回采单元中采出矿石的总量，kt 或 10^4t。

由于各种巷道断面规格不同，如用采切巷道长度计算采切比时，为便于比较，有时将各种巷道折算为 $2m \times 2m$ 标准断面求出其当量长度，称为标准米长度。相应地，求出的采切比单位为：标准 m/kt 或标准 $m/10^4t$。

（3）回采

在完成采切工作的回采单元中，进行大量采矿作业的过程，称为回采，包括凿岩、爆破、通风、矿石运搬、地压管理等工序。采矿方法不同，回采工艺内容也不完全一样。

7.2.2　三级矿量

根据对矿床开采的准备程度，矿石储量分为 3 级，即开拓储量、采准储量和备采储量，称为 3 级储量。

① 开拓储量　在井田中已形成了完整的开拓系统所圈定的

矿量。

② 采准储量　是开拓储量的一部分。凡完成了采矿方法所必需的采准工作量的回采单元中的储量，叫采准储量。

③ 备采储量　是采准储量的一部分。凡完成了采矿方法所要求的切割工作，可进行正常回采作业的回采单元中的储量，称为备采储量。

7.2.3　开采步骤间的关系

开拓、采准切割和回采三者之间的正常关系，应该是以保证矿山持续、均衡生产，避免出现生产停顿、产量下降等现象为原则。矿山在基建时期，上述三个步骤是依次进行的；在投产后的正常生产时期，应贯彻"采掘并举、掘进先行"的方针，保证开拓超前于采准切割、采准切割超前于回采，使矿山达到持续、稳定生产的目的。超前的值，一般用保有的 3 级储量指标来保证。根据我国现有的规定，3 级储量的保有量按年产量计为：开拓储量三年以上，采准储量一年以上，备采储量半年以上。

在生产实际过程中，由于开拓与采准不能像回采作业一样，产生直接产量指标和经济效益，因此容易被忽视。尤其是开拓工作，周期长、投资大，如果不能保持足够的超前量，极易造成进度落后于采矿要求，出现不得不降低产量，甚至无工作面可采的被动局面，影响矿山连续而均匀地生产，必须引起足够的重视。

7.3　开拓方法

形成井田开拓系统的不同类型和数量的主要开拓巷道的配合与布置方式，称为开拓方法。根据主要开拓巷道、开拓井田的不同范围，开拓方法分为单一开拓法和联合开拓法两大类。前者是指整个井田用一种类型的主要开拓巷道（配以其他必要的辅助开拓巷道）的开拓方法，包括平硐开拓、竖井开拓、斜井开拓和斜坡道开拓；

后者是在不同深度分别采用两种及两种以上主要开拓巷道（配以其他必要的辅助开拓巷道）的开拓方法，如上部用平硐开拓，下部用盲竖井（或盲斜井）开拓等。

7.3.1　单一开拓方法

（1）平硐开拓法

用平硐开拓井田时，主平硐水平以上各个阶段所采出的矿石，通过溜井或提升设备下放到主平硐水平，通过电机车牵引矿车或汽车将矿石运至地面（图 7-3）。

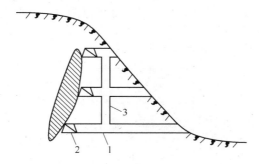

图 7-3　下盘平硐开拓

1—主平硐；2—阶段运输平巷；3—溜矿井

（2）竖井开拓法

用竖井开拓井田时，为提高提升效率，一般设置一个主提升水平，主提升水平以上的各个阶段所采出的矿石，通过溜井或提升设备下放到主提升水平矿仓，破碎至合格块度后，通过罐笼或箕斗提升至地表牵引矿车或汽车将矿石运至地面（图 7-4）。

（3）斜井开拓法

用斜井开拓井田时，根据斜井倾角不同，采用不同的提运矿石设备，当斜井的倾角大于 30°时，采用箕斗或台车提升矿石；当斜井的倾角为 18°～30°时，采用串车提升；当斜井的倾角小于 18°时，

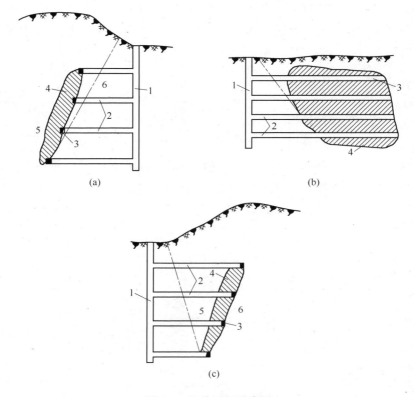

图 7-4　竖井开拓示意图

（a）下盘竖井开拓；（b）侧翼竖井开拓；（c）上盘竖井开拓

1—竖井；2—石门；3—阶段平巷；4—矿体；5—上盘；6—下盘

一般采用皮带运输机运矿。斜井与水平运输巷道之间可以用吊桥、甩车道联结。斜井可以沿矿体倾斜方向布置在脉内或下盘岩石内（图 7-5）。

（4）斜坡道开拓法

随着无轨设备（如凿岩台车、铲运机、服务台车、汽车）在地下矿山的大量使用，斜坡道（又称斜巷）在许多大、中型矿山逐渐成为一种主要的开拓巷道。各种无轨车辆可以通过斜坡道直接从地

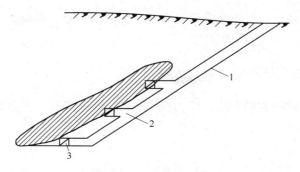

图 7-5 下盘斜井开拓

1—斜井；2—斜井与水平运输巷道联结工程；3—水平运输巷道

表驶入地下，或从一个中段驶入另一个中段。利用斜坡道开拓整个井田的开拓方法称为斜坡道开拓（图 7-6）。

　　根据运输线路不同，斜坡道分为直线式、螺旋式［图 7-7(a)］和折返式［图 7-7(b)］3 种。受斜坡道坡度、开口与矿体相对位置关系的限制，直线式斜坡道仅用于开拓埋藏较浅的矿床、缓倾斜矿床或作为辅助开拓巷道用于阶段间的联络；与螺旋式斜坡道相比，折返式斜坡道具有容易开掘（测量定向容易，无路面外侧超高）、

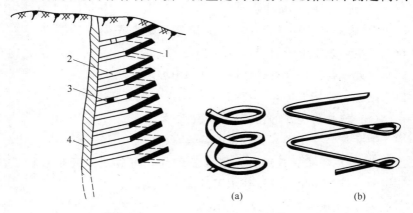

图 7-6 斜坡道开拓

1—螺旋式斜坡道；2—石门；
3—阶段平巷；4—矿体

图 7-7 斜坡道的形式

（a）螺旋式；（b）折返式

司机视野好、行车速度快而安全、车辆行驶平稳、轮胎磨损小、路面容易维护等优点，因此得到广泛采用。

7.3.2 主要开拓巷道类型比较

为了掌握各种开拓方法的应用条件，首先必须了解各种主要开拓巷道的特点。

(1) 平硐

与井筒（竖井、斜井）相比，平硐开拓有如下优点：

① 提升简单、安全、可靠、运输能力大，主平硐以上各阶段的矿石通过溜井下放到主平硐水平，运矿费用低（因矿石结块等原因使用井筒下放矿石的情况除外）；

② 主平硐以上各阶段的涌水可通过天井或钻孔下放到主平硐水平，经水沟自流排到地表，无需安装排水设备和施工相应的硐室，排水费用低；

③ 不需要提升设备及提升机房或硐室，也不需要建筑井架或井塔，没有复杂的井底车场巷道；

④ 施工简单，掘进速度快，基建时间短；

⑤ 如果主平硐以下还有工业储量，则从平硐进行深部开拓，对上部生产基本上没有干扰。

因此，在条件允许的情况下（如山坡地形便于施工平硐，平硐口有足够工业场地等），应优先考虑采用平硐开拓。

(2) 斜井与竖井的比较

斜井与竖井比较，具有以下特点：

① 斜井容易靠近矿体，所需石门短，可以减少开拓工程量，缩短地下运输距离，减少新水平的准备时间；

② 斜井施工简单，成井速度快；

③ 斜井提升能力小，提升费用高，提升容器容易掉道、脱钩，提升可靠性差（皮带运输机提升除外）；

④ 开拓深度相同时，斜井长度比竖井大，所需的提升钢丝绳和各种管线长，排水等的经营费用高；

⑤ 斜井与各水平运输巷道连接形式复杂，管理环节多。

因此，斜井开拓适宜于埋藏浅，厚度、延伸和长度较小的倾斜和缓倾斜矿体；竖井开拓适宜于埋藏浅的大、中型急倾斜矿体，埋藏深度较大的水平或缓倾斜矿体，埋藏深度和厚度较大的倾斜矿体和走向很长的各种厚度的急倾斜矿体。

（3）斜坡道

对于大量采用无轨设备的大、中型矿山，可以考虑采用斜坡道开拓或斜坡道与其他主要开拓巷道并行的联合开拓方式。

7.3.3　联合开拓法

联合开拓法是上述四种主要开拓巷道（平硐、竖井、斜井、斜

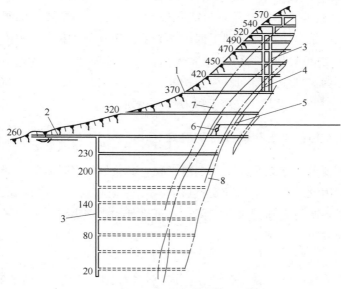

图 7-8　新冶铜矿平硐盲竖井联合开拓法
1—370 平硐；2—260 平硐；3—盲竖井；4—辅助竖井；
5—溜矿井；6—斜溜井；7—520 号矿体；8—420 号矿体

图 7-9　竖井盲竖井联合开拓法
1—竖井；2—石门；3—提升
机硐室；4—盲竖井；5—矿体

坡道）中的任意两种及其两种以上相配合开拓一个井田的开拓方法。如上部平硐、下部井筒联合开拓法（图 7-8）；上部明井（地表有出口的井筒）、下部盲井（不通地表的井筒）联合开拓法（图 7-9）；平硐或井筒与斜坡道联合开拓法（图 7-10）等。

在下列情况下常采用联合开拓法：

① 开采深度增大，或者下部矿体倾角发生较大变化，或者深部发现盲矿体等；

② 在山岭地区，平硐只能开拓地平线以上的矿体，如果矿体仍往地平线以下延伸，则下部矿体必须采用其他开拓方法；

③ 在山岭地区，由于地表地形的限制，即使地平线以上没有矿体，为了减少井筒和石门的长度，也往往采用平硐上盲井联合开拓法。

7.3.4　主要开拓巷道位置的确定

主要开拓巷道是矿山的咽喉工程，其位置一经确定，即不容易更改；因此，必须正确确定其位置，以保证其处于良好的地层中，不压矿，具有足够的服务年限，并可降低矿山经营费用。其确定原则主要有以下几项。

（1）在安全带以外

开采作业造成地下形成采空区，打破采空区周围岩石的原始平衡状态，引起周围岩石的变形、破坏和崩落，并最终导致地表发生移动和陷落。地表产生陷落和移动的地带，分别叫做陷落带和移动

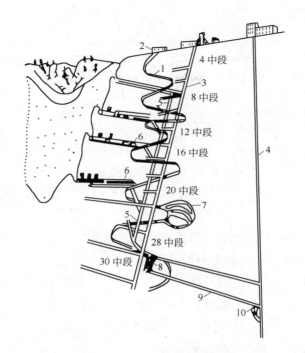

图 7-10 Creighto 竖井斜坡道联合开拓法

1—斜坡道；2—斜坡道口；3—通风井；4—箕斗井；5—主溜矿井；

6—通行无轨设备的阶段运输巷道；7—井下车库及修理硐室；

8—破碎转运设施；9—胶带运输机；10—计量硐室

带，如图 7-11 所示。采空区底部与地表陷落带或移动带边界的连线和水平面的夹角称为岩石的陷落角或移动角，其大小与岩石的性质等有关。

主要开拓巷道应布置在岩石移动带 10～20m 范围（称为安全带）以外；否则，就要在其下部留一部分矿体作为保安矿柱。

（2）地表地下运输功最小

运输量与运输距离的乘积称为运输功，单位为 t·km。运输费用与运输功成正比。合理的主要开拓巷道位置，应该位于地面与地

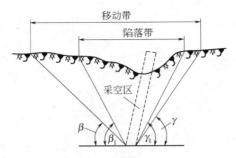

图 7-11　陷落带和移动带

γ—下盘岩石移动角；γ_1—下盘岩石陷落角；

β—上盘岩石移动角；β_1—上盘岩石陷落角

下运输功最小的位置，尽量避免地面与地下出现反向运输现象。

（3）综合考虑地面和地下因素

地面因素包括：井口附近应有足够的工业场地；选厂应尽量利用山坡地形，以利各选矿工序间物料可以借助重力转运；井口应选择在安全可靠的位置，不受洪水及滑坡等地质灾害影响；与外部运输联系方便；不占或少占农田等。

地下因素包括：主要开拓巷道穿过的地层应稳固，无流沙层、含水层、溶洞、断层、破碎带等不良地质条件。

7.4　井底车场

井底车场是在井筒与石门连接处所开凿的巷道与硐室的总称。它是转送人员、矿岩、设备、材料的场所，也是井下排水和动力供应的转换中心。根据开拓方法的不同，分为竖井井底车场和斜井井底车场。

7.4.1　竖井井底车场

图 7-12 为竖井井底车场的结构示意图，图中主井为箕斗井，副井为罐笼井。

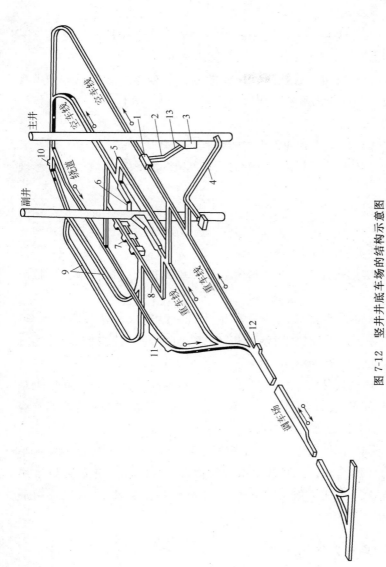

图 7-12 竖井井底车场的结构示意图

1—翻笼硐室；2—主矿石溜井；3—箕斗装载硐室；4—粉矿回收井；5—结绳/压舱物储仓；6—马头门；7—水泵房；
8—变电所；9—水仓；10—水仓清理绞车硐室；11—机车库及修理硐室；12—调度室；13—矿仓

（1）车场线路（巷道）

① 储车线路　主、副井的重、空车线及停放材料的支线（图中未标出）。

② 行车线路　连接主、副井的空、重车线的绕道，调车场及马头门（井筒与水平巷道相联结的斜顶巷道部分）。

（2）硐室

井底车场布置有各种形式的硐室，如翻笼硐室、矿仓、箕斗装载硐室、马头门、水泵房、变电所、水仓、候罐室、调度室、修理硐室等。

（3）形式

按矿车运行系统不同，竖井井底车场分为尽头式、折返式和环形式 3 种类型。

① 尽头式井底车场　车辆从井筒单侧进出，即从罐笼中拉出空车，再推进重车，如图 7-13（a）所示。

② 折返式井底车场　重车从井筒一侧进入，另一侧出空车，空车经过另外敷设的平行线路或从原线路变头（改变矿车首尾方向）返回，如图 7-13（b）所示。

③ 环形式井底车场　进、出车与折返式井底车场相同，也是在井筒一侧进重车，另一侧出空车；但不同的是空车经空车线和绕道不变头返回，如图 7-13（c）所示。

3 种形式的井底车场其工程量、投资额、生产能力从大到小依次为环形式、折返式和尽头式；因此，中、小型矿山可以采用折返式或尽头式，但大型矿山（含部分中型矿山）一般采用环形式。

7.4.2　斜井井底车场

斜井井底车场按矿车运行系统分为折返式和环形式两种。环形式井底车场一般用于箕斗或胶带提升的大、中型斜井中，其结构特

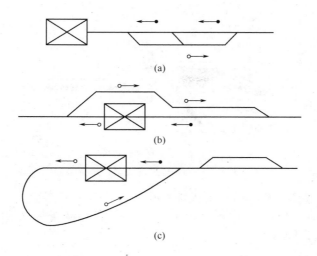

图 7-13　竖井井底车场型式示意图

（a）尽头式；（b）折返式；（c）环形式

●━━▶ 重车及运行方向　○━━▶ 空车及运行方向

点大致与竖井井底车场相同。金属矿山，特别是中、小型矿山的斜井，多用串车提升，其井底车场形式均为折返式（图7-14）。

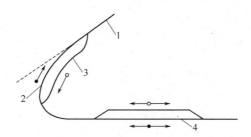

图 7-14　斜井井底车场运行线路示意图

●━━▶ 重车及运行方向　○━━▶ 空车及运行方向

1—斜井；2—重车线；3—空车线；4—调车线

串车斜井井筒与车场的联结有三种方式。

① 甩车道　由斜井井筒一侧或两侧开掘甩车道，矿车经甩车

道由斜变平后进入车场，如图 7-15 所示。

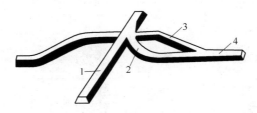

图 7-15　甩车道示意图

1—斜井；2—甩车道；3—绕道；4—平巷

② 吊桥　矿车经吊桥从斜井顶板进入车场。

③ 平车场　斜井井筒直接过渡到车场，用于斜井井底与最后一个阶段的连接。

第 8 章　矿山主要生产系统

8.1　提升与运输

矿山提升与运输是矿山生产的重要环节，其主要任务是将采掘工作面采下的矿石运到地表选厂或储矿场，将掘进废石运到地表废石堆场，以及运送材料、设备、人员等。

8.1.1　矿井提升

矿井提升实际上就是井筒中的运输工作，是全矿运输系统中的重要环节。矿井提升设备包括提升机、提升容器、提升钢丝绳、井架、天轮及装卸设备等。由于矿井提升工作是使提升容器在井筒中以高速度做往复运动；因此，要求提升机运行准确、安全可靠。

（1）提升机

目前，我国金属、非金属地下矿山使用的提升机主要有单绳缠绕式矿井提升机（有单筒、双筒两种型式）和多绳摩擦式矿井提升机等。

单绳缠绕式矿井提升机是指每个卷筒缠绕一根钢丝绳通过旋转进行提升或下放的机械设备。其提升高度（竖井提升）或斜坡长度（斜井或斜坡提升）受卷筒上缠绕钢丝绳层数的限制，不可能过大。

多绳摩擦式矿井提升机的钢丝绳不是固定和缠绕在主导轮上，而是搭放在主导轮的摩擦衬垫上，提升容器悬挂在钢丝绳的两端，为使两边的质量不致相差过大，在两个容器的底部用钢丝绳相连。当电动机通过减速器带动主导轮转动时，钢丝绳和摩擦衬垫之间便

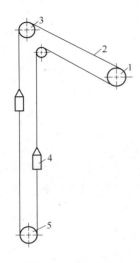

图 8-1　摩擦式提升
机结构示意图

1—主导轮；2—钢丝绳；
3—天轮；4—提升
容器；5—导向轮

产生很大的摩擦力，使钢丝绳在这种摩擦力的作用下，跟随主导轮一起运动，从而实现容器的提升或下放（图 8-1）。

目前，常用的多绳摩擦式矿井提升机一般分为 4 绳或 6 绳。由于钢丝绳的数目增多，多绳摩擦式矿井提升机的每根钢丝绳的直径较单绳大大减小，卷筒直径也就相应地减小，并且钢丝绳是搭在卷筒上的，提升高度不受卷筒直径和宽度的限制，故特别适用于深井提升。随开采深度的增加，多绳摩擦式矿井提升机的应用越来越广泛。

摩擦式提升机和缠绕式提升机应装设如下保险装置：

① 防止过卷装置；

② 防过速装置；

③ 限速装置；

④ 闸间隙保护装置；

⑤ 松绳保护装置（摩擦式无此项要求）；

⑥ 满仓保护装置；

⑦ 减速功能保护装置；

⑧ 深度指示器失效保护装置；

⑨ 过负荷和欠压保护装置。

（2）提升容器

① 罐笼　罐笼用于竖井内升降人员、提升和下放物料；根据层数不同，有单层罐笼、双层罐笼和多层罐笼之分。图 8-2 为金属矿常用的单层罐笼：罐笼内可装矿车 1；罐笼顶部有可开启的罐盖 2，以供在罐笼内运送长材料；罐笼在井筒内的运动是靠罐道（钢

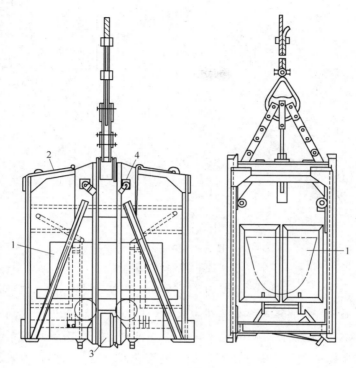

图 8-2　单层罐笼

1—矿车；2—罐盖；3—罐耳；4—断绳保险器

罐道或钢丝绳罐道）来导向的，因此在罐笼的两侧焊接罐耳 3 与罐道啮合，使罐笼沿罐道运动；为防止断绳时罐笼坠井事故的发生，在罐笼上装有断绳保险器 4，钢丝绳或连接装置一旦断裂时，可使罐笼停在罐道上，以确保人员的安全。

　　斜井用的罐笼称台车，如图 8-3 所示，由基架 1、两对轮子 2、立柱 3、平台 4、档柱 5 等组成。

　　② 箕斗　箕斗只能提升矿石和废石。根据卸矿方式不同，竖井箕斗分为底卸式、侧卸式和翻转式 3 种；斜井箕斗则有翻转式和后壁卸载式之别。

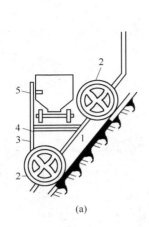
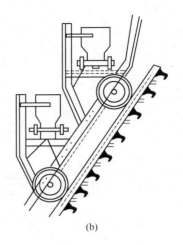

(a)　　　　　　　　　　　　　　　　(b)

图 8-3　斜井台车

（a）单层台车；（b）双层台车

1—基架；2—轮子；3—立柱；4—平台；5—档柱

图 8-4 为翻转式斜井箕斗：框架 1 可以绕固定在斗箱两侧的轴 2 转动；斗箱 3 备有两对轮子，箕斗后轮 4 的钢轨接触面较箕斗前轮 5 为宽；在井筒中这两对轮子同在钢轨 6 上运行，但在地表箕斗卸载处，钢轨弯曲成水平，而在其外侧另外敷设了一对轨距较大的钢轨 7；当箕斗运行至弯轨处时，箕斗前轮继续沿钢轨 6 运行，而后轮则沿钢轨 7 的方向被继续提升，使箕斗翻转卸载。

8.1.2　矿山运输

井筒开拓的矿山，回采工作面采下的矿石要通过井下运输设备运送到井筒的装矿溜井，通过提升设备提升至地表，然后通过地面运输设备运送至选矿厂或直接外运出售；平硐开拓或斜坡道开拓的矿山，回采工作面采下的矿石也需通过运输设备直接运出地面。因此，运输也是矿山主要生产系统之一。

矿山运输方式包括轨道运输、汽车运输、胶带运输机运输和架

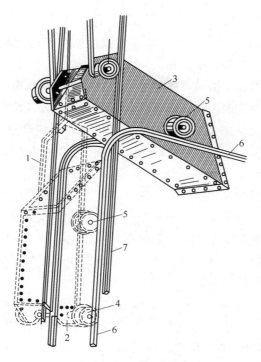

图 8-4 翻转式斜井箕斗

1—框架；2—转轴；3—斗箱；4—箕斗后轮；

5—箕斗前轮；6—斜井钢轨；7—辅助钢轨

空索道运输等。

（1）轨道运输

轨道运输主要设备是轨道、矿车和电机车。

① 轨道 井下巷道中铺设的轨道通常是窄轨（轨距有 600mm、720mm 和 900mm）。它除了轨距窄、钢轨轻（8kg/m、11kg/m、15kg/m、18kg/m、24kg/m、33kg/m 和 38kg/m）以外，与地面铁道没有什么不同。轨道主要由道轨、轨枕、道碴和连接件组成。

② 矿车 地下矿车分为固定式、翻斗式、侧卸式和底卸式几

类。矿车容积一般为 $0.5\sim4m^3$。

③ 电机车　井下用的电机车有架线式和蓄电池式两种，金属矿山主要采用架线式电机车。

架线式电机车由受电弓将电流自架线引入电机车的电动机，并利用轨道做电流的回路。一般都以直流电为电源，需要在地下设变流所，将交流电变为直流电。架线式电机车结构简单，易于维护，运输费用较低，但电弓常冒火花，不能在有瓦斯和矿尘爆炸危险的矿山使用。目前，井下架线式电机车有 3t、7t、10t、14t、20t 等几种。应根据阶段运输量、运距、装矿方式、装矿点集中与否等因素综合考虑来决定应使用哪种电机车。

蓄电池式电机车由本身携带的蓄电池供电，不需要架线，也不产生火花，但需经常更换电池，且设备费和运输费较高，主要用于有瓦斯和矿尘爆炸危险的矿井。

（2）汽车运输

汽车运输主要用于平硐开拓或斜坡道开拓的矿山。其最大优点是不需铺设轨道，移动方便灵活，便于与铲运机等大型无轨采装设备配套；但汽车排出的尾气恶化了井下工作环境，对矿山通风工作提出了更高的要求。受巷道断面影响，地下汽车吨位一般不高。

（3）胶带运输机运输

胶带运输机是一种可实现连续运送物料的运输设备，具有很高的生产能力，可以与连续采矿设备与工艺配合，实现连续采矿。胶带运输机种类很多，但均由机头、机尾和机身 3 部分组成。机头即传动装置，包括电动机、减速箱和带动胶带旋转的主动滚筒；机尾即拉紧装置，由拉紧滚筒和拉紧装置组成；机身包括胶带、托滚和托架。

胶带由托滚支托，绕过主动滚筒和拉紧滚筒，用胶带卡子把两端连接起来，形成一个环形带。主动滚筒旋转时，带动胶带连续运转，输送矿岩。

（4）架空索道运输

在一些地处山区、地形复杂的矿山，也有采用架空索道进行地面运输的实例。架空索道就是通过架设在空中的钢丝绳悬挂矿斗，随着牵引钢丝绳的运动，矿斗也随着运动的一种运输方式。它可以直接跨越较大的河流和沟谷，翻越陡峭的高山，从而缩短两点之间的运输距离，减少土石方工程量，并且无需构筑桥梁涵洞。对于地处山区、产量不大的矿山，是一种比较有效的地表运输方法。

8.2　通风

地面新鲜空气进入矿井后，由于被凿岩在爆破、装载、运输等作业过程中产生的烟尘以及坑木腐朽、矿石氧化等产生的有害气体所污染，因而变成井下污浊空气。其成分与地面新鲜空气差别较大，主要表现为粉尘增多，有害气体含量增加，空气含氧量降低。

为了降低井下空气中粉尘含量及有害气体浓度，提高含氧量，以达到国家规定的卫生标准，必须进行矿井通风，即不断地将地面新鲜空气送入井下，并将井下污浊空气排出地表，调节井下温度和湿度，创造舒适的劳动条件，保证井下工作人员的健康与安全。

8.2.1　有关规定

根据《冶金矿山安全规程》规定，井下通风要满足以下要求。

① 井下采掘工作面进风流中的空气成分（按体积计算）中，氧气不低于 20%，CO_2 不高于 0.5%。

② 井下所有作业地点的空气含尘量不得超过 $2mg/m^3$，入风井巷和采掘工作面的风源含尘量不得超过 $0.5mg/m^3$。

③ 不采用柴油设备的矿井的井下作业地点，有毒、有害气体的浓度不得超过表 8-1 中所规定的标准。

表 8-1　有毒、有害气体最大允许浓度

有毒、有害气体名称	体　积　浓　度		质　量　浓　度	
	%	ppm	mg/L	mg/m³
CO(一氧化碳) NO$_x$(氮氧化物,折算为 NO$_2$) SO$_2$(二氧化硫) H$_2$S(硫化氢)	0.0024	24	0.03	30

④ 使用柴油设备的矿井井下作业地点，有毒、有害气体浓度应符合以下规定：

CO 小于 50×10^{-6}；CO$_2$ 小于 5×10^{-6}；甲醛小于 5×10^{-6}；丙烯醛小于 0.12×10^{-6}。

⑤ 井下破碎硐室、主溜矿井等处的污风要引入回风道；否则，必须经过净化达到第②条的要求时，方准进入其他作业地点；井下炸药库和充电硐室空气中的氢含量不得超过 0.5%，并且必须有独立的回风道；井下所有机电硐室，都必须供给新鲜风流。

⑥ 采场、二次破碎巷道和电耙巷道，应利用贯穿风流通风。

⑦ 矿井所需风量，按下列要求分别计算，并取其中最大值：

a. 按井下可同时工作的最多人数计算，每人每分钟供给风量不得小于 4m³；

b. 按排尘风速计算风量，硐室型采场最低风速不应小于 0.15m/s，巷道型采场和掘进巷道不应小于 0.25m/s，电耙道和二次破碎巷道不应小于 0.5m/s；箕斗硐室、破碎硐室等作业地点，可根据具体条件，在保证作业地点符合国家规定的卫生标准的前提下，分别采取计算风量的排尘风速值；

c. 有柴油设备运行的矿井，所需风量按同时作业机台数每千瓦每分钟风量 4m³ 计算。

除此之外，国家标准对井下空气中放射性物质的最大容许浓度也作了具体规定。

8.2.2 矿井通风系统

矿井通风时，风流流动线路一般是：新鲜风流由进风井送入井下，经石门、阶段运输平巷等开拓巷道和天井等采准工程等到到需要通风的工作面，冲洗工作面后的污浊风流经回风井巷排至地表。风流所流经的通风线路及设施（包括通风设备）称为通风系统。根据矿山拥有的独立通风系统的数目，可分为集中通风和分区通风；按进风井和出（回）风井的相对位置，通风系统分为中央式和对角式。

（1）集中通风与分区通风

集中通风系统即全矿一个通风系统，其主要适用条件是：矿体埋藏较深，走向长度不大，矿量分布集中，且连通地表的老硐、采空区、崩落区等漏风通道较少的矿山。

分区通风系统即将全矿划分为若干个独立的通风系统，其主要适用条件是：矿体走向较长的矿山；矿床地质条件复杂，矿体分布零乱或矿体被构造破坏，天然划分为几个区段并和老硐、采空区、崩落区与地表连通处较多，漏风较严重，且各采区之间连接的是主要运输井巷很少的矿山，易于严密隔离的矿山；矿石或围岩具有自燃危险需要分区返风或需要采取分区隔离救灾措施的矿山。

（2）进、回风井的布置形式

① 中央式通风系统　该系统进风井与出风井的位置，大致位于井田走向的中央，如图8-5所示。其主要优点是：基建井巷工程量与投资小，基建时间短，风流稳定，主扇的供电检修和管理方便；其主要缺点是：风路较长，风压较大，井底车场漏风小，各分支风量自然分配不均匀。

② 对角式通风系统　该系统的进风井与出风井分别位于井田中央和井田边界附近，或者分别位于井田边界附近。前者有三个通达地表的井筒，其中一个是进风井，另外两个是出风井，称为对角

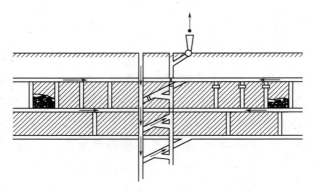

图 8-5　中央式通风系统

双翼式（图 8-6）；后者有两个通达地表的井筒，其中一个进风，另一个回风。

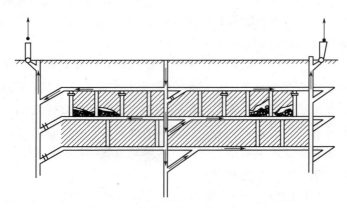

图 8-6　对角双翼式通风系统

（3）通风方式

矿井通风方式有抽出式、压入式和混合式 3 种。

① 抽出式　主扇位于回风井，利用主扇提供的负压抽出污浊空气的一种通风方式（图 8-7）；抽出式是金属矿山普遍采用的通风方式。其优点是：可利用副井进风，进风段风速小；人行、运输条件好；不需专用进风井巷和井口密闭；排烟速度快，且风流主要

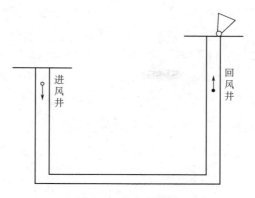

图 8-7　抽出式通风

在回风段调节；不妨碍人行运输，便于维护管理；矿井风压呈负压状态，对自燃发火矿井的防止火灾蔓延或主扇停风时不引起采空区有毒、有害气体突然涌出方面比较有利。其主要缺点是：当工作面经崩落空区与地表沟通时较难控制漏风；污风通过主扇，腐蚀性较大。

　　② 压入式　主扇位于进风井，利用主扇提供的正压压入新鲜空气，排出污浊空气（图 8-8）。其优点是：可利用采空区、崩落区或回风段其他通地表的井巷组成多井巷回风，以减少阻力；回风道密闭工程量少，维护费用低；矿井风压呈正压状态，可减少井

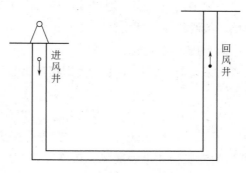

图 8-8　压入式通风

巷、空区、矿岩裂隙中有毒、有害气体的析出量；新鲜风流通过主扇，腐蚀性较小。其主要缺点是：进风井巷维护困难；进风段风速大，对人行运输不利，劳动条件差；在回风段风压低，排烟速度慢。

③ 混合式　进风井主扇压入新鲜空气、回风井主扇采用抽出污浊空气的联合通风方式（图 8-9）。该方式兼有压入式和抽出式的优点；但需要两套主扇设备，投资大且管理复杂。

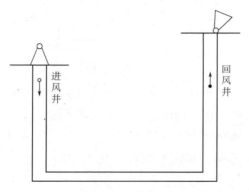

图 8-9　混合式通风

（4）多级机站压抽式通风系统

多级机站压抽式通风系统是在井下设立数级扇风机站，接力地将地表新鲜风流经由进风井巷压送到井下作业地点，而污风同样由数级风机经回风井巷抽送出地表。通风系统中每级机站由多台相同的风机并联组成，各级机站之间为串联工作。在通风网络中，各级机站的工作方式既是压入式又是抽出式。

多级机站通风系统与现行的集中大主扇通风系统相比，具有以下突出的优点：

① 多级机站为多个并联的相同小风机组成，可以根据作业区需风量的变化而开闭风机调节风量，做到按需分配风量，降低能耗；

② 多级机站间为压抽式串联通风，可降低全矿通风网络压差，工作面形成零压区，从而减少漏风；

③ 结合风网特点，合理布设机站，使用风机进行分风，灵活可靠，提高了工作面的有效风量。

（5）风流控制设施

要把新鲜空气保质保量送到各作业地点，同时把污浊风流按一定线路排出地表，风流在井巷中不能任其自然分配，必须根据需要加以控制，因此，需要构筑一定的控制设施。

① 风门　在既需要隔断风流，又需要行人或运输的巷道中，可设置风门。风门有木制的和铁制的；有水动的、电动的、气动的和机械动作的等。

② 风窗　为了使并联巷道内的风流能够按照设计所要求的风量通过，对那些可通过风量超过所要求风量的巷道，可在其中设置风窗进行调节。所谓风窗，实际上就是在风门上开一个可以用活动木板调节面积的小窗口。

③ 风桥　风桥是一种避免新风和污风交汇的构筑物，一般设置在分别通过新风和污风的两条巷道交叉处，如图 8-10 所示，巷道 1 进新风，巷道 2 进污风。

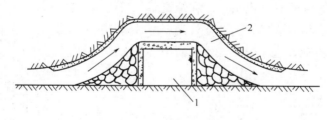

图 8-10　混凝土风桥

④ 密闭墙　将采空区、废弃巷道等用砖、混凝土等材料构筑的墙密闭起来，防止通风巷道由此漏风。

8.2.3　矿井通风方法

矿井内的空气之所以能够流动，是由于进风口与出风口之间存在着压力差。造成这种压力差，促使矿井内空气流动的动力，称为通风动力。按通风动力不同，可将矿井通风方法分为机械通风和自然通风。

（1）机械通风

机械通风是采用专门的机械设备（扇风机）来促使井下空气流动。季节变化对通风影响不大，风流方向及风量可以调节，是一种可靠的通风方法，为绝大多数矿山所采用；而且安全规程规定，地下矿山必须建立机械通风系统。

矿井用的扇风机，有轴流式和离心式两种。

图 8-11 为轴流式扇风机工作原理图。该扇风机的进风和出风方向成一直线，并与轴平行，当工作轮不停转动时，由于叶片呈机翼形，与旋转面成一定的夹角；因此，在叶片前进的后方产生低压区以吸入空气；叶片前进的前方产生高压区，驱动空气前进。轴流式扇风机效率高，质量轻，动轮叶片可以调整，在金属矿山得到广泛应用。其缺点是噪声大，维修复杂。

图 8-12 为离心式扇风机工作原理图。其特点是进风方向和出风方向相互垂直，当工作轮在螺旋型的机壳内旋转时，由于叶片产生的离心力，使机壳内的空气沿着叶片运动的路线，向工作轮的切线方向流动。这样，在工作轮的中心部分产生低压区以吸入空气；

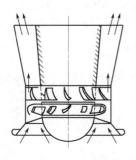

图 8-11　轴流式扇风机

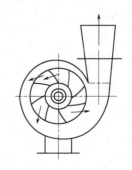

图 8-12　离心式扇风机

轮缘部分产生高压区，把空气从扩散器压出。离心式扇风机由于风量小，体型笨重等缺点，仅在部分小型矿山使用。

（2）自然通风

自然通风是靠自然压差促使空气流动的。当进风井筒与出风井筒地表位置的高度不同时，往往使得两个井筒中空气柱的质量不同，因此产生自然压差，也称自然风压。如图 8-13 所示。平窿口与井口标高不同，冬季地面温度低于井下温度，地面空气密度大；因此，空气柱 AB 重于空气柱 DC，这样就使处于同一标高的 B 和 C 所受空气柱质量不同，即 B 点的空气重

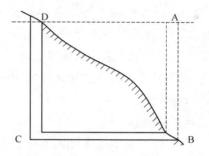

图 8-13　自然通风原理图

力大于 C 点的空气重力。因此，冬季空气从 B 点向 C 点流动，即从平窿进风，井筒出风；而在夏季，地面温度高于井下温度，所以风流方向与冬季恰好相反。不难看出，自然通风极不稳定，风流方向和风量大小均受季节影响，春、秋季节，地面井下温度差别不大，井下空气可能就不会流动。因此，自然通风只能作为机械通风的一种补充手段。

8.2.4　矿井降温与防冻

《冶金矿山安全规程》规定：

① 采掘工作面的空气干球温度，不得超过 27℃；热水型矿井和高硫矿井的空气湿球温度，不得超过 27.5℃；空气温度超过上述规定时，应采取降温措施；

② 冬季进风井巷的空气温度，应保持在 2℃以上；禁止用明火加热进入矿井的空气；符合有关风源质量和井下作业地点有害气体浓度的规定时，允许利用采空区预热以使空气进入。

（1）高温矿井降温措施

不仅热水型矿井和高硫矿井的井下温度较高；而且，一般金属矿山其井下温度也会随随开采深度的增加而增高。因此，高温矿井降温技术将是金属矿山未来不得不面对的一个技术难题。高温矿井降温措施包括以下几项。

① 隔离热源　在所有热害防治措施中，隔离热源是最根本、最重要、最经济的措施。具体措施如及时充填空区，对以热水为主要热源的高温矿井，优先考虑疏干方法，降低水位等。

② 加强通风　加强通风的主要目的是减少单位风量温升或提高局部风速。前者一般通过加大风量，后者则采用空气引射器来实现降温目的。

③ 用冷水或冰水对风流喷雾降温　本方法主要利用水的气化吸热而达到降温的目的，如向山硫铁矿采用冰块与 27℃ 的水混合，形成 10℃ 左右的冷水，在工作面进风风筒中对风流喷雾，使工作面入风温度平均下降 5.5～6.5℃，相对湿度由 40% 增至 50%。

④ 人工制冷降温　人工制冷有固定式制冷站和移动式空调机两类。前者适用于全矿或生产阶段总风流的降温，而后者主要用于少数高温工作面的风流降温。

（2）井筒防冻

地处严寒地区的矿山，冬季应采取防止井筒结冰的措施。井筒防冻通常采用如下空气预热方法。

① 热风炉预热　在远离工业场地的小型风井，无集中热源时采用。热风炉的位置应使进入井筒的空气不受污染，且符合防火要求。

② 空气加热器预热

③ 空气地温预热　利用矿山废旧巷道或采空区的岩温，将送入井下的冷空气进行预热，是一种经济可靠的空气预热方法，用于非煤、非铀矿井。

④ 其他空气预热方法　如利用空压机等设备产出的热量预热。

8.3 排水

地下开采过程中，大量的地下水会涌入工作面，影响矿山正常生产。因此，必须采取适当的方法，将地下水排出地表，以保证矿山作业安全。

8.3.1 排水方式及系统

（1）排水方式

矿井排水方式有自流式和扬升式两种。自流式排水是使坑内水自行流到地面，是最经济的排水方法，但只适用于平硐开拓的矿山；扬升式排水是借助排水设备，将水扬至地面。采用井筒开拓的矿山，都必须采用这种方法。

图 8-14 为扬升式排水示意图。地下水沿着阶段巷道的水沟，汇集到井底车场附近的水仓中，再由水泵扬到地面。水仓其实也是一种地下坑道，比所在水平位置的井底车场标高约低 3～4m，在一般情况下要能容纳地下 8h 的涌水量。这样，一方面保证水泵可在较长的时间内正常工作；另一方面，当矿

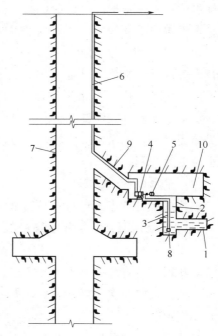

图 8-14 扬升式排水示意图
1—水仓；2—吸水井；3—吸水管；4—水泵；5—电动机；6—排水管道；7—井筒；8—吸水罩；9—管子电缆斜道；10—水泵房

井涌水突然增加，或当水泵需要停工检修时，都有安全保证。

（2）排水系统

扬升式排水主要有直接排水、接力排水、集中排水等三种布置系统。

① 直接排水　各阶段都设置水泵房，分别用各自的排水设备将水直接扬至地面。这种排水系统使得各水平的排水工作互不影响，但所需设备多，井筒内敷设的管道多，管理和检查复杂，金属矿很少采用。

② 接力排水　下部水平的积水，由辅助排水设备排至上水平主排水设备所在水平的水仓内，然后由主排水设备排至地表。这种排水系统适用于深井或上部涌水量大而下部涌水量小的矿井。

③ 集中排水　上部水平的积水，通过下水井、下水钻孔或下水管道引入下部主排水设备所在水平的水仓内，然后由主排水设备集中排至地表。这种排水系统虽然上部水平的积水要流到下部水平，增加了排水电能消耗，但它具有排水系统简单、基建费和管理费少等优点，在金属矿应用较多，特别是下部涌水量大、上部涌水量小时更为有利。

（3）排水设备

矿井排水设备主要包括水泵和水管。

① 水泵及水泵房　矿用水泵一般为离心式水泵，如图 8-15 所示。主要通过离心力的作用，使水不断被吸入和排出。单级水泵仅有一个叶轮，扬升高度有限；当扬程大时，可采用多级水泵，即利用在一根轴上串联多个叶轮，来增加扬升高度。矿用主排水设备，均为多级水泵。

按照规定，水泵房一般布置在副井井底车场附近，并与中央变电所连接在一起，中间设防爆门分割，要求通风良好，便于设备运搬。主水泵房至少设置两个出口，一个通过斜巷与井筒相通，称为安全出口，它应高出泵房底板标高 7m 以上；另一个出口通井底车

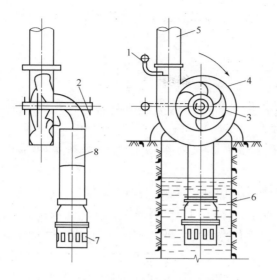

图 8-15 单级离心式水泵
1—注水口；2—水泵轴；3—叶轮；4—机壳；5—排
水管；6—吸水井；7—吸水罩；8—吸水管

场，为人员及设备出口，在此出口的通道内，应设置容易关闭的、既能防水又能防火的密闭门。泵房和水仓的连接通道，应设置可靠的控制闸门，在闸门关闭时，泵房还必须具有独立的通风巷道。

水泵房的地面标高，应比井底车场轨面高出 0.5m，且向吸水侧留有 1% 的坡度。

水泵的排水量小于 100m³/h 时，两台水泵的吸水管可共用一个吸水井，但其滤水器边缘间的距离，不得小于吸水管直径的 2 倍；排水量 100m³/h 及其以上的水泵，应设单独吸水井。

② 排水管 排水管一般都敷设在井筒的管道间内。当垂直高度小于 200m 时，可采用焊接管；如果垂深超过 200m，可用无缝钢管。矿井的主排水管至少要敷设两条，当一条发生故障时，另一条必须能够在 20h 内排出矿井 24h 的正常涌水量。排水管靠近水泵处，设置闸板阀和逆止阀。闸板阀作为调节排水量及开闭排水管之

用；逆止阀是在水泵停车时，防止水管中的水倒流进入水泵中损坏叶轮。

8.3.2 排泥

泥沙量大的矿山，需要定期对水仓沉淀物进行清理和排出，常用的清仓排泥方式包括：压气罐清仓串联排泥、压气罐配密闭泥仓高压水排泥、喷射泵清仓泥浆泵排泥和油隔离泵清仓排泥。

（1）压气罐清仓串联排泥

该系统是利用串联的压气罐将沉淀在水仓底部的泥浆排出的清仓排泥方法。其优点是体积小、成本低、清仓时人可不进入水仓，易于实现机械化，清仓时水仓仍可使用；缺点是压气排泥管线多、投资大。该方法一般适用于泥沙颗粒坚硬、清理量较大、水仓服务时间较长的矿山。

（2）压气罐配密闭泥仓高压水排泥

该系统是利用压气罐将沉淀在水仓底部的泥浆送入密闭泥仓储存，待储存一定量后，利用本阶段泵房的高压水泵的压力水挤入稀释，并迫使稀释后的泥浆通过主排水管排至地表。该系统扬程高，泥浆不经过水泵，劳动强度低；但其缺点是密闭泥仓构筑技术要求高，工程量和投资大。该方法一般适用于泥沙量大、扬程高和泥仓使用年限长的矿山。

（3）喷射泵清仓泥浆泵排泥

该系统是利用喷射泵将泥沙送入泥浆池，然后通过泥浆泵排至采空区或地表。该清仓排泥方法操作简单、投资少；但高压水消耗大、成本高，且受泥浆泵扬程限制。因此，该方法一般适用于泥量少、扬程低（如向采空区排泥）的矿山。

（4）油隔离泵清仓排泥

该系统利用油隔离泵排出泥沙。

8.4 压气供应

用来压缩和压送各种气体的机器称为压缩机（又称压风机或压气机）。各种压缩机都属于动力设备，它能将气体压缩，提高气体压力，具有一定的动能。空气具有可压缩性，清晰透明，输送方便，不凝结，无毒无味，没有起火危险，而且取之不尽。因此，压缩空气的空气压缩机（简称空压机）广泛应用于各个工业部门。

压缩空气是金属矿山主要动力之一，井下的凿岩、装岩、装药、放矿闸门等机械，大多是风动的；其他设备如小绞车、锻钎机、碎石机、喷浆机等，往往也以压气为动力。即使广泛采用无轨设备的地下矿山，也离不开压气。因此，压缩空气供应是地下矿山生产不可或缺的工序之一。

金属矿山压缩空气通常在地面空压站生产，通过管道输送到工作地点。矿山压气系统示意图如图 8-16 所示，由空压机（含中间冷却器、压力调节器等）、拖动装置（电动机或内燃机）、辅助设备（包括空气过滤器、风包、冷却装置等）和输气管网组成。

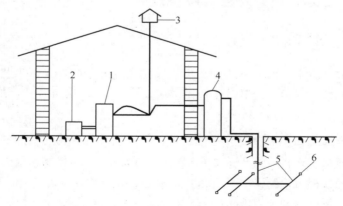

图 8-16　矿山压气系统示意图

1—空压机；2—拖动装置；3—空气过滤器；4—风包；

5—压气管道；6—风动机械

空压机型号很多，按其工作原理可分为活塞式和螺杆式两种；按其工作状态可分为固定式和移动式两大类。排气压力为 7～8kg/cm，排气量为 $3m^3/min$、$6m^3/min$、$9m^3/min$、$10m^3/min$、$12m^3/min$、$20m^3/min$、$30m^3/min$、$40m^3/min$、$60m^3/min$、$90m^3/min$、$100m^3/min$。

压气输送管道一般为无缝钢管或对焊钢管。敷设在地面、主要开拓巷道等处的固定干线管道，可用焊接的方式连接；移动管道则用套筒、法兰盘连接；风动机械与压气管网之间则一般采用挠性软管（风绳）连接。

8.5 充填

充填是采用充填类采矿法矿山的一个主要生产工序。矿山充填是一个复杂的系统工程，涉及充填材料选择、充填混合料配比优化、充填料浆制备及输送、采场充填工艺、充填质量保证等各个环节。若任一个环节出现问题，都会造成严重后果，不仅破坏矿山正常生产，恶化矿山经济效益，造成资源浪费，而且可能产生重大安全事故，影响矿山可持续发展。

8.5.1 充填工艺

根据所采用的充填料和充填料输送方式的不同，充填工艺分为干式充填、水砂充填和胶结充填三大类。

（1）干式充填

中国早在 20 世纪 50 年代就采用了以处理废弃物为目的的废石干式充填工艺。废石干式充填法曾在 20 世纪 50 年代初期成为中国主要的采矿方法之一，如 1955 年有色金属地下开采矿山中，该方法应用比例高达 54.8%。干式充填是将掘进废石等干充填料利用运输设备运至待充填地点进行充填的工艺，因其效率低、生产能力小和劳动强度大，已不能满足"三强"（强采、强出、强充）采矿生产的需要。因此，自 1956 年开始，国内干式充填法所占的比重逐年下降；到 1963 年，在有色矿山的产量仅占 0.7％，处于被淘汰的地位。

（2）水砂充填

水砂充填是将充填骨料加水制成质量浓度较低的砂浆，利用管道、溜槽、钻孔等自流输送到待充填地点进行充填的工艺。在水砂充填中水仅仅作为输送物料的载体，充入采空区后，充填料留在采空区，水渗滤出去，沿巷道水沟流入水仓，通过排水和排泥设施将渗滤出的清水和随清水流失的细泥排出地表。我国的水砂充填工艺是从 20 世纪 60 年代开始应用的，1965 年在锡矿山南矿为了控制大面积地压活动，首次采用了尾砂水力充填工艺，有效地减缓了地表下沉。

（3）胶结充填

干式充填、水砂充填都属于非胶结充填范畴。由于非胶结充填体无自立能力，难以满足采矿工艺高回采率和低贫化率的需要，20 世纪 60～70 年代，中国开始开发和应用胶结充填技术。胶结充填是将胶凝材料（一般为水泥）、骨料、水混合形成浓度较高的浆体，通过钻孔或管道，自流或加压输送到待充填地点实施充填的工艺。充入采场的水泥砂浆经过一定时间养护后，成为固化体控制地压。在胶结充填中水是输送物料的载体，充入采空区后，除一部分参与水泥水化反应之外，多余的水分通过脱滤水设施渗滤出去，沿巷道水沟流入水仓，通过排水和排泥设施将渗滤出的清水和随清水流失的细泥排出地表。

8.5.2　充填材料

随着科学技术日新月异的进步，及国家可持续发展战略对环境问题的日益重视，矿山所用的充填材料已从传统的山沙、河沙、海沙、棒磨沙、细石等自然沙石或人工沙石向以粉煤灰、尾砂、炉渣等工业废料过渡。通过矿山与各研究部门的合作努力，用工业废料作充填材料的应用技术也日渐成熟，因此无污染、低成本的无废开采是未来采矿技术的发展方向。

（1）充填骨料

国内、外矿山使用的充填骨料品种很多，大多根据矿山实际条件，选用来源广泛、成本低廉、物理化学性质稳定、无毒、无害、具备骨架作用的材料或工业废料作为充填骨料。我国在 20 世纪 50 年代广泛应用掘进废石或露天采矿场剥离废石作为充填料进行干式充填；20 世纪 60～70 年代，发展应用山沙、河沙、戈壁骨料等作为混凝土胶结充填料的骨料或以河沙、脱泥尾砂等细砂为充填料或充填骨料，以两相流管道输送方式进行水砂非胶结充填或胶结充填；20 世纪 80 年代以后，由于高浓度全尾砂胶结充填等新型充填技术的试验成功，不进行分级、脱泥处理的全尾砂已成为最具发展应用前景的充填骨料。

充填材料应是惰性材料，不含挥发有害气体，含硫不应超过 5%～8%，以防止高温和二氧化硫恶化井下大气或酿成井下火灾。

干式充填材料的最大块度的直径一般不超过 200～300mm；使用抛掷机充填时，最大块度直径小于 70～80mm；使用风力输送时，最大粒径要小于管径的三分之一，一般不大于 50mm。

水砂充填、胶结充填骨料要求化学性质稳定，颗粒本身要有一定的强度，具有较好的渗透性能。

山沙、河沙、棒磨沙以及水淬炉渣等的粒径较尾砂要大得多，在输送时最大粒径要小于管径的三分之一，且接近管径三分之一的颗粒不宜超过 15%。

① 尾矿　尾矿是金属矿山最常用的充填骨料，有时也称尾砂，是矿山开采出来的矿石经过选矿工艺的破碎，从磨细的岩石颗粒中选出有用成分后，剩下的矿渣，即选矿后，以浆体形态排出的排弃物。

② 冶炼炉渣　用冶炼炉渣做充填骨料，主要目的是利用冶炼炉渣经过磨细处理后的胶结性能，一方面代替部分水泥，另一方面解决冶炼炉渣地表堆积而造成的环境污染问题。国内用炉渣做充填料的矿山中，大多数是利用没有经过细磨的高炉铁渣和铜、镍冶炼炉渣，例如大冶有色金属公司铜录山铜矿利用铜水淬渣做充填料，金川有色金属公司龙首矿的粗骨料充填系统中用镍冶炼闪速炉渣做充填骨料。

③ 棒磨沙、风沙及冲击沙　棒磨砂是将戈壁骨料等经过破碎、棒磨加工成粒级组成符合矿山充填要求的充填骨料，由于其加工方法较为简单，尽管加工费用高，但依然受到许多矿山的青睐。而风沙是自然采集到的天然细砂，如在沙漠地区，它是一种理想的充填材料，其颗粒呈圆珠状，类似小米，其成分中 90% 为石英砂。冲击沙是古河床中形成的细沙，也可作为充填骨料。此外，还有河沙、湖沙、海沙等均可作为充填骨料。

④ 废石　大多数矿山对废石（含煤矸石）的应用尽可能地在井下就近处理，直接回填于采空区；也有部分国外矿山对废石进行棒磨或破碎处理。一般而言，棒磨废石的最大粒径为 5mm，破碎废石依各矿山的不同需要，见于报道的有 —25mm、—33mm、—75mm、—100mm、—250mm 等。因此，废石是否破碎或破碎到什么程度，要依据矿山对充填材料的具体要求而定。

⑤ 工业固体废料　利用工业固体废料（如磷石膏等）作为充填骨料回填井下，一方面可以解决矿山充填骨料来源问题，同时可以解决固体废料地面堆放带来的环境污染，经济效益、社会效益和环境效益巨大；但固体废料能否用作充填骨料以及作为充填骨料时的充填配比，必须通过试验研究加以确认。

（2）胶凝材料及替代品

国内、外应用最广泛的充填胶凝材料为普通硅酸盐水泥（常用 32.5 号水泥，即俗称的 425 水泥）；此外还有一些水泥代用材料如炉渣、粉煤灰等。

① 水泥　硅酸盐水泥主要化学成分为 CaO（64%～67%）、SiO_2（21%～24%）、Al_2O_3（4%～7%）、Fe_2O_3（2%～4%）等。在胶结充填体内，水泥发生水化反应，将骨料胶结在一起，形成固化体。

② 粉煤灰　粉煤灰是从燃煤粉的热电厂锅炉烟气中收集到的细粉末，也称为飞灰（fly ash），其成分与高铝黏土相近，主要以玻璃体状态存在。国内、外对粉煤灰的性能进行了广泛的研究，在利用粉煤灰代替部分水泥做胶凝剂方面做了大量的试验工作，部分矿山已在充填材料中掺加粉煤灰以提高充填体强度并用粉煤灰代替部分水泥。在高浓度或膏体充填料浆中，适量粉煤灰的存在可降低管道输送阻力并改善膏体的泵送性能。

③ 水淬炉渣　金属矿山企业的冶炼厂，其工业废料炉渣通常是在冶炼铜、锌、铅等金属的生产过程中，在高温条件下从炉内排出的废渣，并通过水淬使之急剧冷却而成粒状，此时炉渣内的 SiO_2 呈玻璃质状态存在。这种玻璃质的 SiO_2 具备亚稳性和反应活性，将这种粒状水淬炉渣事先进行破碎并研磨至水泥比表面积（3000cm^2/g 左右）的细度后，即可作为水泥代用品使用。

8.5.3　基本参数

管道输送的水砂充填或胶结充填料浆是典型的固液两相流，影响两相流输送特性和充填质量的基本参数包括充填倍线、充填物料和充填浆体的物理力学性质、充填配比、流动性能等。

（1）充填倍线

砂浆的输送多采用自流输送，常用充填倍线来表示自流输送所能达到的充填范围，即（图 8-17）：

$$N = L/H \tag{8-1}$$

式中　N——充填倍线；

H——充填管道起点和终点的高差;

L——包括弯头、接头等管件的换算长度在内的管路总长度,$L=L_1+L_2+L_3+L_4+L_5$。

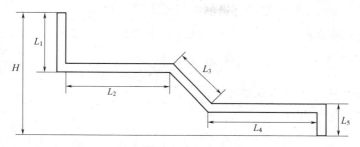

图 8-17　充填倍线计算示意图

管道自流输送充填倍线一般不大于 5～6,如果充填倍线过大,则需降低充填浆体浓度,或采用加压输送方式输送。

(2) 料浆配合比

料浆配合比是充填体中各种物料的质量比例,包括灰砂比(或灰料比)和水灰比,前者是胶凝材料与骨料的比例,如 1:5 表示按质量计算,1 份水泥配 5 份骨料;后者是水与混合固料的比值,如水灰比 1.8 表示充填料浆中水与固料之比为 1.8。

水灰比是影响充填料浆输送性能的关键指标之一,也可以用充填料浆浓度表示。浓度有质量浓度和体积浓度之分。体积浓度 m_t 表示充填浆体中固料体积所占的百分比,即:

$$m_t = Q_g / Q_j \qquad (8-2)$$

式中　Q_g——浆体中固料体积或流量(单位充填时间内流过某一断面固料的体积);

　　　Q_j——浆体体积或流量(单位充填时间内流过某一断面浆体的体积)。

质量浓度 m_z 表示固料质量在整个充填体(包括固料和水)质量中的百分比,即:

$$m_z = \frac{Q_g \rho_g}{Q_j \rho_j} = \frac{\rho_g}{\rho_j} \times \frac{Q_g}{Q_j} = \frac{\rho_g}{\rho_j} \times m_t \qquad (8-3)$$

式中 ρ_g——固料密度（单位体积固料的质量）；

ρ_j——浆体密度（单位体积浆体的质量）。

很明显，浆体浓度和水灰比有如下关系：

$$m_z = \frac{1}{1 + M_z} \qquad (8-4)$$

式中 M_z——质量灰砂比。

这是因为：

$$m_z = \frac{Q_g \rho_g}{Q_j \rho_j} = \frac{Q_g \rho_g}{Q_g \rho_g + Q_w \rho_w} = \frac{1}{1 + Q_w \rho_w / (Q_g \rho_g)} = \frac{1}{1 + M_z}$$

（3）流量和流速

充填系统生产能力可用浆体流量来表示。流量是指单位时间内充填系统所能输送的浆体的体积，单位 m^3/h。流量大小取决于充填料配比、管道直径、充填倍线等指标。

流速是指充填管道中浆体的流动速度，单位 m/s。管道输送充填浆体，流速如果太低，固体颗粒容易沉底，造成管道堵塞。为维持充填料浆输送过程中固料处于悬浮状态，避免堵管，流速必须大于一临界值，该临界值称为临界流速。在临界流速下，管道水力损失最小，固体颗粒能够保持悬浮状态。管道自流输送充填浆体流速一般为 $3 \sim 4 m/s$。

（4）水力坡度

浆体在管道中的流动必须克服与管壁产生的摩擦阻力和产生湍流时的层间阻力，统称摩擦阻力损失，也即水力坡度。

充填料浆水力坡度的计算，在水力输送固体物料工程中占据极其重要的地位。在深井充填中，它关系到管道直径的选择、输送速度的确定、降压措施及满管输送措施的选择、耐磨管型的选取等关键参数，因此其作用尤为突出。

8.5.4 充填料浆制备与输送系统

充填料浆一般在地面充填制备站制备，然后通过输送系统输送到待充地点进行充填。充填料浆制备与输送系统一般包括充填物料储存与输送系统、充填料浆搅拌系统、充填料浆输送系统和充填过程控制系统四部分组成。

图 8-18 为某矿山分级尾砂胶结充填制备与输送系统工艺流程图。

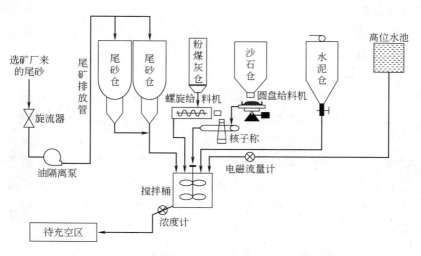

图 8-18 某矿山分级尾砂胶结充填制备与输送系统工艺流程图

（1）充填物料储存与输送系统

为解决矿山充填的不均衡性，充填制备站必须备有 2～3 天充填需要的骨料量，充填骨料一般储存在砂仓中，砂仓分为卧式砂仓和立式砂仓两大类。卧式砂仓一般根据地形，或挖方或填方进行构筑，用于储存干物料；立式砂仓可建于地面，亦可建于地下，一般用于储存湿物料，如尾砂等。卧式砂仓建设的灵活性较大，只要能满足生产需要就行；而立式圆形砂仓建设的原则是高度为直径的 2

倍以上。图 8-18 中尾砂、沙石均采用立式砂仓形式。

卧式砂仓中的物料通过电耙、水枪或抓斗，转运到一个漏斗内，漏斗下方连接胶带运输机、螺旋输送机，经过计量（核子秤、皮带秤等）后将物料输送至搅拌桶；立式砂仓内的物料一般通过加高压水造浆，通过管道输送至搅拌桶。

胶结材料水泥和粉煤灰一般都储存在地面建圆形钢筋混凝土仓或圆形钢结构仓内，通过给料设备（星形给料机、板式给料机或圆盘给料机）向输送设备（一般为螺旋输送机）供料，经计量后输送至搅拌桶。

充填用水一般储存在高位水池内，通过管道经过计量（流量计）后输送至搅拌桶。

（2）搅拌系统

浆体充填料的制备，是通过专用搅拌设施来完成的。搅拌得越充分，料浆越均匀。如果搅拌不均匀，不仅会降低充填体的强度，而且还会影响充填料浆的顺利输送，甚至造成堵管事故。目前国内的搅拌设备主要有浆体普通性混合搅拌机、水泥浆强力乳化搅拌机、浆体强力活化搅拌机、供膏体制备的专用双叶片式搅拌机和双轴双螺旋搅拌输送机等。国内矿山一般采用双叶片式搅拌机（搅拌桶）进行搅拌。

（3）充填料浆输送系统

搅拌后的充填料浆，通过钻孔或管道自流输送至待充地点。由于管道通过充填浆体量大且物料不均匀，因此，磨损比较严重，充填矿山普遍采用耐磨钢管，其管道之间采用快速接头连接。

（4）充填过程控制系统

充填工艺要求各种充填材料必须按设计要求实现准确给料，以保证充填料浆配合比参数的稳定性。这就要求实现对充填物料的准确计量，这样才能保证充填生产过程的稳定运行。流量计、浓度计、料位计和液位计是矿山充填系统中常用的计量仪表。

① 流量计

a. 电磁流量计：用于水、浆体流量的计量。

b. 冲板式流量计：用于粉状、小颗粒物料（水泥、粉煤灰）的计量。

c. 核子称：用于颗粒较大物料（沙石、湿尾砂、湿粉煤灰）的计量。

② 浓度计　用于测量浆体的质量浓度。

③ 料位计。

a. 超声波料位计：用于监控精度要求较高的料位计量。

b. 重锤式料位计：用于浆体储仓料位的计量，如尾砂浆储仓等。

c. 音叉式料位计：用于颗粒粒度较细的储仓的料位计量，如水泥仓、粉煤灰仓等。

④ 液位计　检测搅拌桶中液位水平的液计种类很多，有直读式玻璃液位计、浮力式液位计、压差式液位计、电接触式液位计、电容式液位计、超声波液位计和辐射式液位计等。但充填系统中的液位计多以压差式和超声波式为主。

充填过程中，各计量设备的计量数据，汇总到中央控制系统，参照设计要求指标，进行各组成部分的自动控制。

8.5.5　工作面充填工艺

（1）充填准备

所有需要充填的采场，充填前的准备工作包括：

① 延长脱滤水装置；

② 构筑与采场联络道间的密闭墙；

③ 接通采场充填管路；

④ 检查地表充填制备站与充填采场之间的通讯系统；

⑤ 检查充填线路。

（2）充填工作

所有充填准备工作完成后，即可进行采场充填，采场充填应做到：

① 根据地表充填料浆制备站充填材料储备情况，确定能连续充填的时间，进而确定每次连续充填的地点与高度；

② 充填开始时，先下清水进行引流，待采场充填管道出口见到清水后，再开启充填固料输送装置，搅拌形成浆体，进行正式充填；

③ 为提高充填体质量，减少采场泄水量，应尽量提高充填料浆浓度；

④ 充填结束时，在停止固料添加的同时，加大供水量进行洗管；待采场充填管道出口见不到固料颗粒后，停止供水，结束充填工作；

⑤ 胶结充填时，要待充填体养护一定时间，达到作业要求时，方可进行下一分层的回采作业。

第9章 采矿方法

9.1 概述

采矿方法是研究回采单元（矿块、矿壁）内矿石的开采方法，包括回采工艺和采场结构两大方面的内容。回采过程中的地压管理是决定采场能否安全生产、崩矿和出矿能否顺利进行的关键，其规模和显现规律不仅取决于回采工艺，而且与采场结构参数密切相关。因此，地压管理是影响采矿方法选择的不可回避的因素。

9.1.1 采矿方法分类及其特征

由于矿体赋存条件因不同矿山、同一矿山的不同矿段千差万别，客观上要求采取不同的采矿方法，致使采矿方法种类繁多。为了便于认识各种采矿方法的特殊本质，了解各种采矿方法的适用条件及其发展趋势，研究和选择适合具体开采技术条件的采矿方法，同时也为了矿业界相互比较和交流，有必要对繁多的采矿方法择其共性，并加以归纳分类。目前国内、外采矿方法分类很多，学术争议也较大，但比较公认的是按照回采时地压管理方法将地下采矿方法分为 3 类，即空场法、充填法和崩落法。

（1）空场法

其实质是在矿体中形成的采空区主要依靠围岩自身的稳固性和留下的矿柱来支撑顶板岩石，管理地压，采空区不做特别处理。由于该类方法工艺简单、成本低，被广泛应用；但其缺点是，随开采规模日益扩大，采空区量日益增大，存在安全隐患，且由于矿柱回采条件恶化、回收率低，不利于资源的保护性开采。随着矿产品价格的持续走高，该类采矿方法的应用比重有所降低。

（2）充填法

其实质是利用充填物料将回采过程中形成的采空区进行充填，以限制顶板岩层移动和地表沉降。由于该法增加了充填工序，使生产管理复杂，综合成本较高。但该类采矿方法的安全性及资源回收率高，且有利于环境保护，随着矿产品价格的持续走高和对环境问题的日益重视，该类采矿方法应用比重越来越大。

（3）崩落法

与空场法和充填法被动管理地压的理念不同，崩落法是随着矿石被采出，有计划地崩落矿体的覆盖岩石和上、下盘围岩来充填空区，消除地压发生的原因，主动管理地压。由于覆盖岩石和上、下盘围岩的崩落，会引起地表沉陷；所以，只有地表允许陷落的地方，才可考虑采用这种采矿方法；而且由于该方法出矿工作是在覆盖岩石下进行的，矿石损失率和贫化率较高；因此，不适合贵重金属和高品位矿石的回采。

9.1.2　影响采矿方法选择的主要因素

采矿方法在矿山生产中占有十分重要的地位。因为它对矿山生产的许多技术经济指标，如矿山生产能力、矿石损失率和贫化率、劳动生产效率、成本及安全等都具有重要的影响，所以采矿方法选择的合理、正确与否，将直接关系到矿山企业的经济效果和安全生产状况。采矿方法的选择受多种因素的影响，主要包括以下几种因素。

（1）矿床地质条件

矿床地质条件对采矿方法的选择起控制性作用，一般矿山根据矿体的产状、矿石和围岩的物理力学性质就可以优选出 1～2 种采矿方法。影响采矿方法选择的主要地质条件包括以下几项。

① 矿石和围岩的物理力学性质　尤其是矿石和围岩的稳固性。

② 矿体倾角和厚度　矿体倾角主要影响矿石在采场中的运搬方式；矿体厚度则主要影响落矿方法的选择以及矿块的布置方式等。

③ 矿体形状和矿石与围岩的接触情况　主要影响落矿方法、矿石运搬方式和损失与贫化指标。

④ 矿石的品位和价值　开采品位较高的富矿和贵重、稀有金属时，往往要求采用回收率高、贫化率低的采矿方法，即使这类采矿方法成本较高。因为，提高出矿品位和多回收资源所获得的经济效益往往会超过成本的增加额；反之，则应采用成本低、效率高的采矿方法，如崩落法。

⑤ 矿体埋藏深度　埋藏较深的矿体（如超过 800m）开采时，地压增高，会出现岩爆现象，此时应考虑采用充填法。

（2）特殊要求

某些特殊要求可能是采矿方法选择的决定因素。

① 地表是否允许陷落；如果地表有重要工程（公路、铁路、村镇等）、水体（河流、湖泊等）及其他需要保护的因素（风景区、良田、文化遗址、森林），不允许陷落；则在采矿方法选择时应优先考虑能保护地表的采矿方，如充填法。

② 加工部门对矿石质量的特殊要求，如贫化率指标、矿石块度等。

③ 矿石中含硫高，会有结块、自燃现象，应避免采下矿石在采场中过久存放；若开采含放射性元素的矿石，则应采用通风效果好的采矿方法。

9.2　空场采矿法

空场采矿法由于主要依靠围岩自身的稳固性和留下的矿柱来管理地压，因此一般适用于矿岩稳固的矿体开采。其基本特点是：

① 除沿走向布置的薄和极薄矿脉，以及少量房柱法外，矿块一般划分为矿房和矿柱两步骤回采，先采矿房，后采矿柱；

② 矿房回采过程中留下的空场暂不处理并利用空场进行回采和出矿等作业；

③ 矿房开采结束后，根据开采顺序的要求，在空场下进行矿柱回采；

④ 根据所用采矿方法和矿岩特性，决定空场内是否留矿柱及其形式。

空场采矿法的具体形式很多，但应用较为广泛的是房柱法（全面法）、留矿法、分段凿岩阶段矿房法和阶段凿岩阶段矿房法。

9.2.1 房柱法

房柱法是回采矿岩稳固的水平和缓倾斜中厚以下矿体的常用采矿方法。其特点是在回采单元中划分矿房、矿柱并相互交替排列，回采矿房时留下规则的矿柱（如果仅将夹石或低品位矿体留作矿柱，致使矿柱排列不规则，则称为全面法，其主要回采工艺与房柱法基本相同）以维护采空区顶板。所留矿柱可以是连续的或间断的，间断矿柱一般不进行回采。图 9-1 为浅眼房柱法的概念图。

(1) 采场布置

我国采用房柱法的矿山，多半采用电耙运搬矿石，故矿房的长轴方向沿矿体倾斜布置，其长度主要根据电耙的有效耙运距离确定，一般为 4~60m。矿房的宽度根据矿体的厚度和顶板岩石的稳固性而定，一般为 8~20m。矿柱多为圆型，直径 3~7m，当矿体厚度较大时，应留连续（条带状）矿柱，宽度 5m 左右。

(2) 采准切割

如图 9-1 所示，在矿体的底板岩石中掘进脉外阶段运输平巷 1（矿山生产能力小时，阶段平巷也可布置在矿体中，称脉内平巷），在每个矿房的中心线处，自阶段运输平巷掘进矿石溜井 2。在矿房

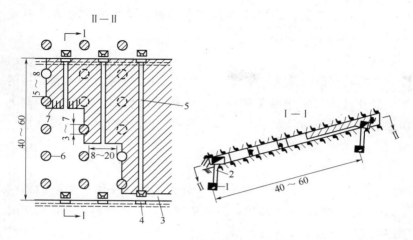

图 9-1　浅眼房柱法概念图

1—阶段运输平巷；2—矿石溜井；3—切割平巷；4—电耙绞车硐室；
5—切割天井（上山）；6—矿柱；7—炮眼

下部的矿柱中，掘进电耙绞车硐室 4。在溜井上部沿矿体走向掘进切割平巷 3，将切割平巷往矿体两侧扩展，形成拉底空间。沿矿房中心线，在矿体中，从矿石溜井紧贴矿体底板，掘进切割天井（上山）5，作为行人、通风、运送设备和材料的通道及回采时的爆破自由面。

（3）回采

当矿体厚度小于 2.5～3.0m 时，可按矿体全厚沿逆倾斜推进；当矿体厚度大于 3.0～3.5m 时，则先在矿体底部拉底，形成高度为 2.5m 左右的拉底空间。

回采用浅眼崩矿，在拉底和回采的同时按设计位置留下矿柱。每次爆破后，经过足够的通风时间（不少于 45min）排除炮烟；然后人员进入采场，首先检查顶板，处理松石，待确认安全后，安装绞车滑轮；由安装在绞车硐室内的电耙绞车牵引耙斗将崩落下的矿石耙至溜矿井，通过振动出矿机向停在阶段运输平巷中的矿车放矿；由电机车牵引矿车组至主井矿仓卸载，通过提升设备提升至地表。

（4）通风

矿房的通风线路是：新鲜风流自阶段运输平巷，经未采矿房的矿石溜井进入切割平巷至矿房中，清洗工作面后，污风经切割上山，进入上阶段的运输平巷（本阶段的回风平巷），经回风井排出地面。

（5）矿柱回采

房柱法的矿柱一般占储量的 $20\% \sim 30\%$。在矿房敞空的条件下，一般不进行回收。如果矿石价值较高，也可以根据具体情况局部回收：对于连续矿柱，局部回收分割成间断矿柱；对于间断矿柱，可将大断面缩采成小段面。

矿柱回采时，工人直接在顶板岩石暴露面积不断增大的条件下工作，安全性差，应加强安全管理，并根据顶板岩石的不同稳固程度，在矿柱周围架设临时支架。

（6）评价

房柱法（全面法）的优点是：采准切割工作量小，工作组织简单，通风良好。其主要缺点是：矿柱矿量所占比重大，而且一般不进行回采，因此，矿石损失较大。

（7）无轨设备房柱法

电耙出矿生产能力较小，而且采场内崩落矿石不容易清理干净，造成矿石损失。国外广泛采用无轨设备房柱法，国内部分矿山也引进了凿岩台车、铲运机等无轨设备，使房柱法生产面貌发生了根本变化。随着国内采矿技术的不断发展，相信将会有越来越多的矿山采用无轨设备，以提高矿山生产能力和资源回收率。图 9-2 为哲兹卡兹干铜矿的无轨设备房柱法示意图，其回采工艺是：

① 凿岩台车钻凿中深孔，如果矿体厚度较大时，可以分层开采，上部分层超前下部分层；

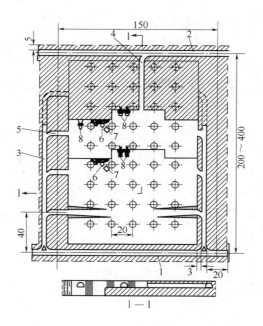

图 9-2　哲兹卡兹干铜矿的无轨

设备房柱法示意图

1—阶段运输平巷；2—总回风平巷；3—盘区平巷；4—通风

平巷；5—进车线；6—铲运机；7—自卸汽车；8—凿岩台车

② 爆破、通风、安全检查后，电铲进入采场，铲装矿石往自卸汽车装矿，由自卸汽车运至主矿石溜井或直接运出地表。

为减少掘进工程量，无轨开采时一般几个采场共用一条溜井。

9.2.2　留矿法

该方法的特点是：将矿块划分为矿房和矿柱，先采矿房，后采矿柱；在矿房中用浅眼自上而下逐层回采，每次采下的矿石暂时只放出 1/3 左右（称局部放矿）；其余的存留于采空场中，为继续上采的工作平台和对围岩起支撑作用，待矿房回采作业全部结束后，再全部放出（称为集中放矿）。

由于采下的矿石借助重力放出，因此该方法一般适用于矿岩稳固的急倾斜薄和急薄矿体（脉）；又由于大量矿石积存在采场中，因此要求矿石无氧化性、结块性和自燃性。

图 9-3 为八家子铅锌矿浅孔留矿法方案图。

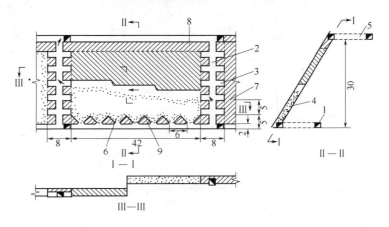

图 9-3　八家子铅锌矿浅孔留矿法方案图

1—阶段运输平巷；2—天井；3—联络道；4—采下的矿石；
5—回风平巷；6—放矿漏斗；7—间柱；8—顶柱；9—底柱

（1）采场布置

由于留矿法主要用于回采急倾斜薄和急薄矿体（脉），因此，采场一般沿走向布置。采场长度主要取决于工作面的顶板及上盘围岩所允许的暴露面积。从我国采用留矿法矿山的情况来看，在阶段高度为 40～50m 时，采场长度一般为 40～60m。如果围岩特别稳固，采场长度可达 8～120m。

为保护上部运输平巷和对围岩起暂时支撑作用，一般留有一定高度的顶柱；而为了保护下部运输平巷，承托矿房中存留的矿石，施工放矿漏斗，需要留设一定高度的底柱；如果需要施工人行天井，还应在矿房两侧留设间柱。

（2）采准切割

如图 9-3 所示，采准工作包括掘进阶段运输平巷 1、天井 2 和联络道 3。在薄和极薄矿脉中，为便于探矿，阶段平巷和天井均沿矿脉掘进。联络道一般沿天井每隔 4～5m 掘进一条，其主要作用是使天井与矿房联通，以便人员、设备、材料、风水管和新鲜风流进入矿房。为防止崩落矿石将联络道堵死，两侧联络度宜交错布置。

切割工作包括掘进放矿漏斗 6 与拉底。漏斗间距在薄和极薄矿脉中，一般为 4～5m；在中厚以上矿体中根据每个漏斗合理负担面积（一般 25～36m³，最大不应超过 50m³；因为漏斗负担面积过大，不仅增大回采时平场工作量，而且降低放矿效率）确定。拉底可以从最底部联络道开始掘进拉底平巷，然后向矿体两侧扩展。

（3）回采

回采工艺包括：凿岩（打眼）、爆破、通风、局部放矿、撬顶（顶板检查、去掉浮石）及平场（整平留矿堆表面）、二次破碎（炸大块）。顺序完成这些作业，叫做一个回采循环。回采循环一个接一个重复进行，当回采工作面达到设计的顶柱边界时，进行集中放矿（或称大量放矿）。

为提高放矿效率，漏斗下一般安装振动出矿机（图 9-4），借助振动力，改善矿石流动性能，提高放矿口通过能力，减少二次破碎量。

（4）通风

矿房的通风线路是：新鲜风流自一侧天井和联络道进入矿房中，清洗工作面后，污风经另一侧联络道和天井，进入上回风平巷，经回风井排出地面。

（5）矿柱回采

用留矿法开采薄和极薄矿脉时，有些矿山不留间柱，底柱也用水泥砌片石等人工底柱代替。此时，矿柱所占比重较小。

对于储量较大的矿柱，可以在集中放矿开始前，分别在顶柱、

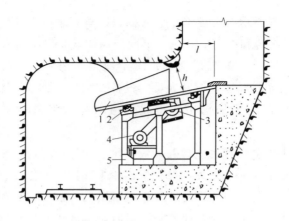

图 9-4　振动出矿机示意图

1—振动台面；2—弹性元件；3—惯性振动器；4—电动机及弹性机座；

5—机架；h—眉线高度；l—振动台面埋设深度

底柱和间柱中打上向炮孔（图 9-5），分次先爆破顶底柱，后爆破间柱。矿柱的崩落矿石与矿房存留矿石一起从矿块底部漏斗中放出。在崩矿前，应先在顶柱中掘进切割天井，作为顶柱崩矿的自由面，同时在间柱底部施工好放矿漏斗。

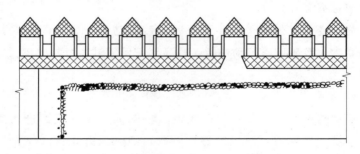

图 9-5　留矿法矿柱回采示意图

（6）评价

留矿法的优点是：结构简单，管理方便，采准切割工作量小，生产技术易于掌握。其主要缺点是：矿房内留下约 2/3 的矿石不能及时放出，积压了资金；矿房回采完毕后，留下大量采空区需要处理等。矿柱矿量所占比重大，而且一般不进行回采；因此，矿石损失较大。

9.2.3 分段凿岩阶段矿房法

对于矿岩稳固的矿床，水平和缓倾斜中厚以下矿体可采用房柱法，而急倾斜中厚以下矿体可采用留矿法回采。对于倾斜至急倾斜中厚以上矿体，可采用分段凿岩的阶段矿房法，其特点是在回采单元中划分矿房、矿柱，先采矿房，后采矿柱；矿房回采时，将阶段划分为若干个分段，在每个分段平巷中用中深孔落矿；矿房采完后形成的敞空空场，与回采矿柱时同时进行处理。

图 9-6 为急倾斜中厚以上矿体分段凿岩阶段矿房法概念图。

（1）采场布置

根据矿体的厚度，采区可沿矿体走向和垂直矿体走向布置，图 9-6 是采区沿矿体走向布置的。阶段高度取决于围岩允许的暴露面积，一般为 50～70m，国外矿山有的达 120～150m；矿房长度主要决定于矿石和围岩的稳固性，同时也要考虑电耙的有效耙运距离，一般为 40～60m；顶柱、底柱、间柱尺寸根据矿岩稳固性、矿柱回采方法、矿柱中工程布置情况而定；分段高度决定于所采用的凿岩设备，用 YGZ-90 型导轨凿岩机时，为 12～15m，用潜孔钻机时，可增大到 15～20m。分段高度增加，可以减少分段凿岩巷道数目，降低采准工作量。

（2）采准切割

如图 9-6 所示，在矿体中靠下盘掘进阶段运输平巷 1，从阶段平巷在间柱中掘进横巷 2，从横巷末端，在矿体厚度的中央掘进通风、人行天井 3。从天井掘进拉底平巷 9 及分段凿岩平巷。从阶段运输平巷掘进矿石溜井 5 及电耙巷道 4。从电耙巷道每隔 5～7m 掘进漏斗穿 7 和漏斗颈 8。在矿房中央，从拉底平巷掘进切割天井 10。

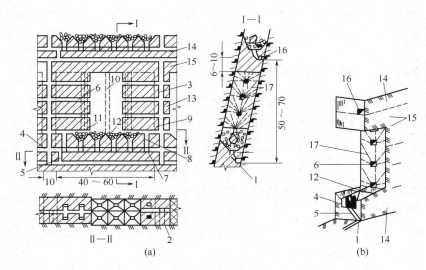

图 9-6　分段凿岩阶段矿房法概念图

（a）投影图；（b）立体图（矿房部分）

1—阶段平巷；2—横巷；3—通风人行天井；4—电耙道；5—矿石溜井；
6—分段凿岩巷道；7—漏斗穿；8—漏斗颈；9—拉底平巷；10—切割
天井；11—拉底空间；12—漏斗；13—间柱；14—底柱；15—顶柱；
16—上阶段平巷；17—上向扇形深孔

切割工作的主要目的是为回采工作创造自由面，具体包括：从拉底平巷两侧用浅眼扩帮至矿体全厚形成拉底空间 11；将漏斗颈上部扩大成漏斗 12（称辟漏）；将切割天井扩大成切割槽，由于回采工作面是垂直的，矿房下部的拉底和辟漏工作，不需要一次全部完成，可以随着回采工作面的推进逐步进行。一般情况下，拉底和辟漏要超前回采工作面 1～2 排的漏斗距离。

（3）回采

拉底、扩大漏斗和切割槽形成后，在分段凿岩巷道中打上向扇形中深孔 17，以切割槽为爆破自由面，分次进行爆破，每次爆破1～5 排深孔。装药采用机械或人工进行，微差爆破。崩落的矿石借助自重落到矿房底部，经漏斗溜到电耙巷道中通过电耙耙到溜井中，在阶段平巷中装车运出。

（4）通风

矿房回采时的通风，主要保证电耙道内风流畅通。具体线路是：新鲜风流从电耙绞车附近的通风、人行天井进入，清洗电耙道后，经另一侧天井进入分段凿岩巷道，最后污风经天井进入上回风平巷，由回风井排出地面。

（5）矿柱回采

分段凿岩阶段矿房法的矿柱可以采用空场法或崩落法回收。崩矿前首先在矿柱内施工凿岩巷道和放矿设施。

（6）评价

分段凿岩阶段矿房法是回采矿岩稳固的中厚以上矿体时常用的采矿方法。它具有回采强度大，劳动生产率高，采矿成本低，回采作业安全（凿岩、出矿均在专门巷道内进行，人员不进入采场）等优点。但该方法的严重缺点是矿柱矿量所占比重达 $35\% \sim 60\%$，回采矿柱时损失与贫化较大，采准工作量较大。

9.2.4　阶段凿岩阶段矿房法

随着深孔钻机的发展和应用，炮孔的有效深度可达 $40 \sim 60m$ 以上。在此情况下，可将分段凿岩改为阶段凿岩，形成阶段凿岩阶段矿房法，垂直炮孔的深度就是矿房的回采高度，深孔凿岩工作集中在一个水平上。与分段凿岩阶段矿房法相比，不但采准工作量大大减少，而且减少了钻机架设、移位次数，生产效率大大提高。

在国内、外应用比较广泛的阶段凿岩阶段矿房法方案是垂直漏斗后退式采矿法（vertical crater retreat method，简称 VCR 法）。该方法的实质是：利用地下潜孔钻机，按最优孔网参数，在矿房顶部的凿岩水平层钻凿下向垂直或倾斜深孔至拉底层，使用高威力、高密度、高爆速、低感度的炸药（"三高一低炸药"），以球状药包（直径与长度之比不超过 $1:6$）自下而上的顺序，向下部拉底空间进行分层爆破，并采用高效率的出矿设备（铲运机）进行矿石装运工作（图 9-7）。

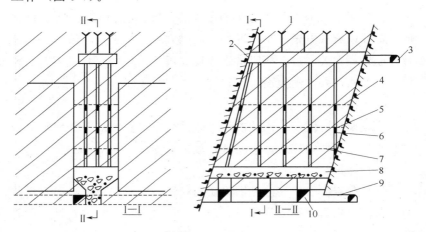

图 9-7　VCR 法示意图

1—支护锚杆；2—凿岩空间；3—运输平巷；4—第 3 爆破层；
5—第 2 爆破层；6—球状药包；7—第 1 爆破层；8—拉底
水平层；9—装矿横巷；10—受矿堑沟

（1）采场布置

根据矿体的厚度，采区可沿矿体走向和垂直矿体走向布置，当矿体厚度在 20m 以上时，一般垂直矿体走向布置。矿房长度一般等于矿体的厚度。矿房宽度视矿岩的稳固程度而定：矿岩稳固时，一般为 10～15m 或更大；矿岩不太稳固时，为 5～8m。阶段高度根据矿岩稳固性和潜孔钻机有效凿岩深度而定，一般 40～60m。如果矿体厚度小于 20m，矿房的长边沿矿体走向布置，长度视矿岩稳固性而定。

（2）采准切割

如图 9-7 所示，在下盘围岩中掘进阶段运输平巷 3，从阶段平巷在矿房与间柱交界处中掘进装矿横巷 9，在横巷靠矿房一侧掘出矿横硐和 V 型堑沟 10，形成拉底水平 8。在本阶段的上部掘进凿岩硐室并扩大形成凿岩空间 2。

（3）回采

在凿岩空间内用深孔钻机钻凿平行深孔，自下而上分段装药，分层爆破。VCR 法爆破效果的好坏，与炮孔质量密切相关。炮孔偏斜率是衡量炮孔质量的主要指标之一，必须严格控制。一般孔深为 60m 时，偏斜率应控制在 1％以内。炸药采用球状药包形式。崩落的矿石借助自重落到矿房底部，经 V 型堑沟，由铲运机运出。每次出矿一般只放出崩矿量的 40％左右，作为下一分层爆破的补偿空间，暂留 60％左右的矿石于采场内，以支撑上、下盘围岩或两侧充填体。

（4）通风

矿房回采时的通风，主要保证凿岩空间和出矿水平内风流畅通。

（5）评价

VCR 法具有如下突出优点：

① 采准、切割工程量小；

② 凿岩、爆破、出矿均在专用空间或巷道内进行，人员不进入采场，保证作业安全；

③ 球状药包爆破能量利用充分，矿石破碎块度均匀，爆破效果好；

④ 生产能力大；

⑤ 采矿成本低。

其主要缺点是：

① 凿岩、爆破技术要求严格；

② 测孔、堵孔、装药、起爆等较为烦琐；

③ 矿体形态变化较大或矿岩不稳固时，损失与贫化较大。

9.3　充填采矿法

在回采过程中，按照回采工艺的要求，用充填料回填采空区的采矿方法称为充填法。根据矿床开采技术条件和所采用的回采方案的不同，充填料可以是分次或一次充入采空区；前者称为分层充填，后者称为嗣后充填或事后充填。

充填的目的是：

① 支护岩层，控制采场地压活动；

② 防止地表沉陷，保护地表、地物；

③ 提供继续向上回采的工作平台（类似于留矿法功能）；

④ 改善矿柱受力状态（由单轴受压变为三轴受压），保证最大限度的回收矿产资源；

⑤ 保证安全回采有内因火灾危险的高硫矿床；

⑥ 控制深井开采岩爆，降低深部地温；

⑦ 保证露天、地下联合开采时生产的安全；

⑧ 处理固体废料，保护环境。

由于充填采矿法能够最大限度地回收矿产资源，保护地下、地表环境；特别是近些年来，随着充填材料、充填工艺、管道输送装备和技术的不断进步，在有色金属矿山和贵重金属矿山得到了广泛应用。随着充填成本的不断降低和矿产品价格的持续走高，充填法以其无可替代的优势，在煤矿、铁矿等传统上不宜采用充填法的矿山，其应用比重也越来越大。

根据采用的充填料和输送方式以及矿体回采方向和充填方式不同，充填采矿法分为上向分层（或进路）充填法、下向分层（或进路）充填法和嗣后充填采矿法。

9.3.1　上向分层（或进路）充填法

上向水平分层充填法是国内外应用最广泛的充填采矿法之一，其特征是：将矿块划分为矿房、矿柱，先采矿房，后采矿柱。矿房自下而上分层（水平分层或倾斜分层）回采，每回采一个或若干个分层后，及时进行充填以维护上、下盘围岩，并创造不断上采的作业条件；矿柱按合理的回采顺序用充填法或其他合适的方法开采。

　　由于该方法具有采切、回采工程布置灵活且适应性强等特点，在经济合理的前提下，适用于任何倾角、任何厚度的顶板及围岩稳固的矿体。如果矿岩稳固性稍差，可以将分层开采、充填改为分层进路开采、充填（称为上向进路充填法）。

　　图 9-8 为新桥硫铁矿缓倾斜中厚矿体（平均倾角 12°，真厚度 23m）机械化上向水平分层充填法示意图。

　　（1）采场布置

　　根据矿体的厚度，采区可沿矿体走向和垂直矿体走向布置，新

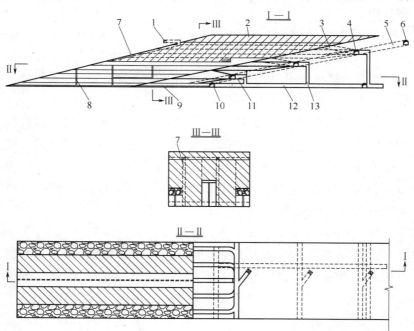

图 9-8　新桥硫铁矿机械化上向水平分层充填法示意图
1—上盘回风充填平巷；2—上阶段底柱；3—采场联络道；4—分段平巷；
5—斜坡道；6—上阶段运输平巷；7—回风充填上山；8—泄水管；
9—穿脉平巷；10—底盘运输巷道；11—卸矿横巷；
12—装矿横巷；13—溜矿井

桥硫铁矿矿体水平厚度较大，采用垂直走向布置。采场划分矿房、矿柱，两者交替布置，先用上向水平分层胶结充填法回采矿柱，待充填体达到强度要求后，再用上向水平分层非胶结充填法回采矿房。为在保证第二步矿房回采安全的同时，降低充填成本，矿房、矿柱宽度分别为14m和10m（因胶结充填成本大大高于非胶结充填，因此，矿柱尺寸小有利于降低充填成本）。

（2）采准切割

在矿体下盘掘进两条沿脉平巷10，每隔4～5个采场施工一条穿脉平巷9，连通运输平巷，形成环形运输系统。采用下盘脉外采准有如下优点：

① 采准工程受采空区影响较小，便于维护和应用；

② 采场经脉外采场联络道、分段平巷与主斜坡道相通，无轨设备可在全矿调度使用，可充分发挥无轨设备效率高、移动灵活的优势，而且维修方便；

③ 若采用顺路溜井，虽可缩短出矿运距，但因矿体倾角缓，一条溜井不能担负矿块全高的出矿任务，且溜井架设困难。采用脉外溜井可以克服以上矛盾；

④ 主要采准工程布置在下盘脉外，可以实现无底柱开采，提高资源回收率。从阶段平巷在间柱中掘进横巷。

图9-8主要采准、切割工程布置分述如下。

① 斜坡道　斜坡道是凿岩台车和铲运机在不同分层间实现自由快速移动的重要通道，因需要布设必要的管线电缆，且要考虑行人需要；因此，斜坡道应有一定规格要求，坡度应满足无轨设备最大爬坡能力要求。

② 分段平巷　分段平巷的布置是影响采准工程量和采准比的重要因素，也是采准优化设计最值得研究探讨的关键问题之一。分段平巷布置时需考虑如下因素：

a. 为充分发挥无轨设备的效率，提高采矿强度，缩短作业循环，减少采空区暴露时间，在安全条件允许的情况下，尽量采用高分层回采；

　　b. 分段平巷应满足无轨设备的行走要求；

　　c. 每个分段平巷应负责 2～3 个分层的回采；

　　d. 分段平巷到采场的距离，应保证采场联络道坡度要求；采场联络道与分段平巷之间保证 6m 以上的转弯半径，并使铲运机有一定的直线铲装距离，在此前提下，尽量缩短采场联络道的长度。

　　③ 采场联络道　每个分层均布置一条采场联络道，沟通采场和分段平巷。其中，下向采场联络道从分段平巷用普通掘进方法形成，水平采场联络道则在向下的采场联络道顶板上挑顶形成，而上向联络道则由水平联络道上挑形成。挑顶崩落的废石，可用来充填该采场联络道。

　　采场联络道布置在采场中央，以利于台车和铲运机作业，且采场开口阶段作业效率高，采场两侧边界易于控制。采场充填时，用木板封闭采场联络道。

　　④ 通风充填上山　为减少采准工程量，每两个采场共用一条通风充填上山。通风充填上山布置在两采场交界处、第二步回采的矿房内。在保证上盘岩体稳定、顶板安全的条件下，通风充填上山尽量靠近上盘布置，以改善采场通风效果。

　　⑤ 溜矿井　采用电耙出矿时，一般每个采场都要布置 1～2 个溜矿井，其溜矿井一般布置在脉内，随回采、充填工作进行，顺路架设。采用铲运机出矿时，溜矿井一般布置在脉外，且几个采场共用一套溜矿井系统。溜井底部由装矿平巷与主运输平巷相连。

　　⑥ 泄滤水措施　水力输送充填料的充填采矿法矿山，充填料进入采场后，多余的水分必须及时泄滤出去，以加快充填体凝固。传统的泄滤水措施是在采场内随回采、充填工作进行，顺路架设滤水井。为防止细粒充填料随水滤出，在滤水井周围包裹 1～2 层砂布。由于顺路架设滤水井工艺复杂，而且当矿体倾角小、采场水平

长度大时，一个滤水井不能负担整个采场的脱滤水工作，需布置多个脱滤水井。为降低充填成本，提高分层充填效率，越来越多的矿山使用 PVC 塑料脱水管滤水。在塑料管上钻凿泄水孔，周围包裹两层砂布。脱水管采用快速活动接头，每分层充填前首先接长脱水管。脱滤水通过布置在采场底部的水平管导入底盘沿脉平巷水沟。

⑦ 切割　在采场底部掘进切割巷道，向两侧扩帮形成拉底空间；为提高爆破效果，除拉底外，还应形成垂直方向上的切割槽。

（3）回采

① 凿岩爆破　采用凿岩台车钻凿水平孔或垂直孔，装药爆破。

② 通风　新鲜风流经斜坡道、分段平巷及采场联络道进入采场，冲洗工作面后，经上盘充填通风上山，排入上阶段回风巷。每次爆破，必须经充分通风（通风时间不少于 40min）后，人员方能进入采场。

③ 采场顶板地压管理　采场爆破并经过有效通风排除炮烟后，安全人员操作采场服务台车，清理顶帮松石，如顶板矿岩异常破碎，经撬毛处理后，仍无法保证正常作业，可考虑其他顶板支护方式，如悬挂金属网、布置锚杆等。

第二步矿房回采，由于受相邻充填采场充填接顶不充分、充填质量难以保证、充填渗水等影响，矿岩稳固性比第一步矿柱采场要差，顶板安全管理任务更加繁重。除了采用上述安全技术措施外，在生产过程中，要加强适时的安全监督，保证每个工作班组都有专职安全人员，在各生产工作面进行不间断的安全检查，发现问题，及时处理。

④ 出矿　采用铲运机，将崩落的矿石卸入溜矿井，装车运出。

⑤ 充填　每分层出矿结束后，及时进行充填。充填前应做好如下准备工作：

a. 延长脱水管道；充填之前，首先利用活动接头，延长脱水塑料管；

b. 构筑与采场联络道间的密闭墙；

c. 接通采场充填管路；在延长脱水管道与构筑密闭墙的同时，从上中段充填回风平巷，通过通风充填上山，往采场接通充填塑料管，并将充填塑料管用木质三脚架固定在适当地方，以便采场均匀充填；

d. 检查地表充填制备站与充填采场之间的通讯系统；

e. 检查充填线路。

（4）评价

上向水平分层充填法是最常用的充填法，其突出优点是矿石损失率与贫化率低，有利于地压管理，安全性好，采场布置灵活，可以实现不同矿种分采；其缺点是由于增加了充填工序，使回采作业管理复杂，成本提高；但其缺点可以通过提高资源回收率所带来的效益增加所补偿。因此，该方法使用比重越来越大。

9.3.2 下向进路充填法

对于矿石价值特别高、但矿岩均不稳固的金属矿床，上向水平分层充填法不能保证回采作业安全时，可以考虑采用下向进路充填采矿法。其主要特征是：在阶段内，自上而下在分层人工假顶保护下顺序分层进路（巷道）回采、进路充填。该方法由于生产环节多，人工假顶要求强度高、整体性好，因此生产成本较高。

图 9-9 为甘肃金川集团公司龙首矿下向六角形进路胶结充填采矿法示意图。六角形进路是采用仿生学原理，将正方形断面进路改为六角形断面，使采空区混凝土充填体呈蜂窝状镶嵌结构，从而改变其受力状况，提高了稳定性，有效地控制了地应力作用（图 9-10）。

（1）采准切割

如图 9-9 所示，该采矿法采用斜坡道开拓，各采场用分段联络道 2 连通。将阶段划分为分段，自分段道 3 施工分层联络道 6 通达

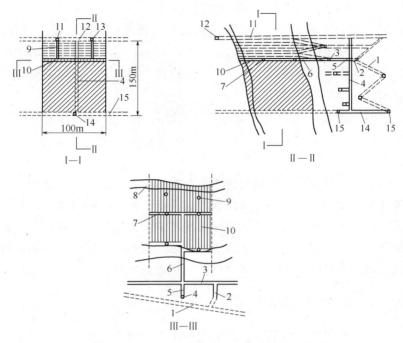

图 9-9　金川集团公司龙首矿下向六角形进路
胶结充填采矿法示意图

1—分斜坡道；2—分段联络道；3—分段道；4—溜井；5—溜井联络道；6—分层
联络道；7—分层道；8—下盘贫矿；9—回风充填小井；10—川脉回风充填道；
11—1150 水平穿脉；12—下盘沿脉回风充填道；13—1150 水平沿脉运输巷道；
14—1000 水平运输巷道；15—1000 水平上、下盘沿脉运输巷道

矿体，每个分段负责 2～3 个分层的回采与充填作业，各采场每个
分层通过分层道 7 连通。自上分段沿脉回风充填道 12 向下掘进回
风充填小井，作为回风和充填通路。施工溜矿井 4，每分段矿石通
过溜井联络道 5 卸入溜矿井。

（2）回采

自分层道垂直矿体走向，利用凿岩台车，按照设计的六角形进
路进行凿岩，爆破通风后，利用铲运机铲运矿石至溜矿井。进路回

图 9-10　龙首矿六角形进路采场照片

采完毕后，进行胶结充填。

（3）人工假顶

人工假顶是下向充填最关键的结构。因为回采作业是在人工假顶保护下进行的，因此，人工假顶的强度和整体性直接影响到回采作业的安全，必须给予高度重视。根据金川公司经验，人工假顶的抗压强度不能低于 $4 \sim 5 MPa$。

（4）评价

下向进路胶结充填法是成本最高，技术要求最严格的采矿方法之一，只有在矿石价值高、品位富，而矿石和顶板岩石极不稳固、不能采用上向水平分层充填法的情况下，才考虑采用。

9.3.3　嗣后充填采矿法

分层充填采矿法虽然具有回收率高、贫化率低等突出优点，但由于充填次数较多，不仅工艺复杂，而且每次充填后都需要一定的养护时间，才能进入下一个回采作业循环，致使成本增加，生产能力受到影响。在矿岩稳固性较好的条件下，可以采用嗣后（事后）

充填法，其主要特征是：在阶段内，将矿体交替划分为矿房和矿柱，先用空场法回采矿柱，待整个矿块回采完毕后，一次进行胶结充填，形成人工矿柱，胶结体达到养护时间后，在人工矿柱保护下，用同样的方法回采矿房，矿房回采完毕后，一次进行非胶结充填。由于充填工作是在矿块的整个阶段内一次完成，因此，该方法亦称为阶段充填法。

图 9-11 为新桥硫铁矿两步骤回采的分段空场嗣后充填采矿法示意图。

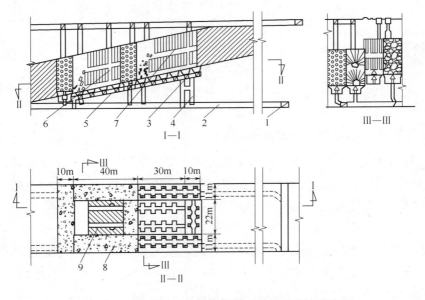

图 9-11　新桥硫铁矿分段空场嗣后充填采矿法示意图
1—上盘运输平巷；2—穿脉巷道；3—电耙道；4—溜矿井；
5—底盘漏斗；6—切割天井（兼作充填井）；7—分段凿
岩巷道；8—矿柱；9—矿房

（1）采准与切割

如图 9-11 所示，布置上盘和下盘运输平巷 1，由穿脉巷道 2 形成环形运输系统。将阶段利用分段凿岩巷道 7 划分为分段，分段高度依凿岩设备有效凿岩高度确定。由于矿体缓倾斜（平均倾角12°），厚度较大（平均真厚度23m），为沿矿体底盘布置两条电耙道3，自电耙道施工漏斗，漏斗间距5～6m。自穿脉巷道掘进人行天井和溜矿井4。自上阶段穿脉平巷施工切割天井6，该天井同时兼作回风井和充填井，以切割天井为自由面，在凿岩巷道内凿岩形成切割槽。

（2）回采

在凿岩巷道内钻凿上向扇形中深孔，几个分段同时装药爆破。崩落矿石进入漏斗，经电耙耙运至溜矿井。整个矿柱（或矿房）回采完毕后，一次进行胶结充填（或非胶结充填）。

（3）评价

嗣后充填法的主要优点是：

① 兼有空场法生产能力大和充填法回收率高及保护地表的优点，克服了分层充填繁杂作业循环的缺点；

② 多使用中深孔穿爆，生产能力大；

③ 一次充填量大，有利于提高充填体质量，降低充填成本；

④ 回采与充填工作互不干扰。

其主要缺点是：

① 充填采场砌筑密闭滤水设施工作量大；

② 贫损指标较分层充填法差。

9.3.4 充填采矿法矿柱回采

一般为了回采高价值的矿石，矿房才用胶结充填。在矿柱回采过程中，充填体能起到人工矿柱的作用，因而扩大了矿柱采矿方法的选择范围，为选用和矿房回采效率与工艺基本相同的矿柱采矿方法提供了有利条件。

充填法矿柱可以采用空场法和充填法进行回采，其回采工艺与矿房回采基本相同。

9.4 崩落采矿法

与空场法和充填法利用围岩本身稳固性和矿柱或充填体支撑顶板岩层、被动管理地压不同，崩落法是通过有计划地强制或自然崩落围岩，消除地压存在和产生的根源，主动管理地压。其主要特点是：随采矿工作面的推进，有计划地强制崩落，或借助自然应力崩落采场顶板或两帮围岩，充填采空区，以控制和管理采场地压。

崩落采矿法能实现单步骤回采矿块，消除回采矿柱时安全条件差、损失与贫化大的弊端。但其首要使用的前提条件是地表允许陷落，而且由于放矿是在覆盖岩石下进行的，损失与贫化率较高；因此，一般适应于价值不高的矿体或低品位矿体的回采。随着环保问题日益受到重视，该类采矿方法使用比重有越来越小的趋势。

国内、外常见的崩落法回采方案包括：有底柱分段崩落法、无底柱分段崩落法和自然崩落法3类。

9.4.1 有底柱分段崩落法

有底柱分段崩落法的主要特征是：矿体自上而下将阶段划分为分段，沿矿体走向按一定顺序，用强制崩矿或利用地压与矿石自重落矿，实现单步骤连续回采；崩落矿石是在覆盖岩石的直接接触下，借助矿石的自重和振动力的作用，经底部结构放出。随着矿石的放出，覆盖岩石随之下降，充满采空区，实现地压管理。

（1）采场布置

急倾斜和倾斜矿体，厚度小于15～20m时，矿块沿走向布置；厚度大于15～20m时，矿块垂直走向布置。图9-12为胡家峪矿沿走向布置的有底柱分段崩落法示意图。

（2）采准切割

如图9-12所示，为提高矿块出矿和运输能力，阶段运输平巷1可采用环形运输系统，布置脉外双巷，采用穿脉连接。上下阶段运输平巷间掘进矿石溜井 10 和人行材料井 9（无轨设备出矿时，施工斜坡道），在每个分段出矿水平掘进联络道 7，与人行材料井和电耙道 4 联通。在出矿水平上方施工凿岩平巷 3，负责凿岩工作。自凿岩平巷上掘切割天井 5 和切割平巷 6，以切割天井和切割平巷为自由面，形成切割槽。

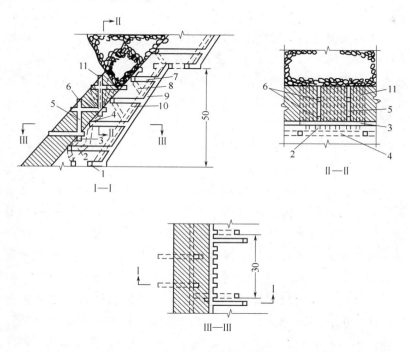

图 9-12　胡家峪矿有底柱分段崩落法示意图

1—下盘阶段运输平巷；2—漏斗颈；3—凿岩平巷；
4—电耙道；5—切割天井；6—切割平巷；7—联
络道；8—矿块出矿小井；9—人行材料井；
10—溜矿井；11—炮孔

（3）回采

采用中深孔或深孔钻机，在凿岩平巷内钻凿上向扇形中深孔或深孔，向切割槽方向进行挤压爆破。在"V"型堑沟内的崩落矿石，通过安装在电耙道内的电耙耙入矿块小井，最终汇入主溜矿井。由于崩落矿石直接与上部覆盖矿石接触，为减少矿石损失与贫化，应使矿石与废石接触面保持一定的状态（水平或倾斜）下降；因此，各分段出矿时，应综合考虑上下分段、相邻矿块的出矿情况，制定周密的放矿顺序和放矿量。

有底柱分段崩落法是在覆盖岩石下进行放矿的，因此在回采初期必须形成覆盖层。覆盖层的形成主要是根据矿体赋存条件、距地表的距离、地面和井下现状、废石来源等情况确定。选择形成方式方法时，首先考虑自然崩落，其次再考虑强制崩落。为防止覆盖围岩提前混入崩落岩石，造成矿石提前损失与贫化，覆盖岩层的块度应大于崩落矿石的块度。

通风的重点是电耙道，电耙道的风向应与耙运方向相反。

（4）矿岩移动规律

有底柱分段崩落法崩落矿石是借助重力流至电耙道的，上部崩落的覆盖岩层，随着矿石的放出而向下移动。室内实验和现场观测研究结果表明，从单个漏斗中只能放出一定量的矿石，这部分矿石在原来位置占有的空间体积是一个近似椭球体，称为放出椭球体，如图 9-13 中的放出椭球体 3。随着放出椭球体内矿石的流出，其周围矿石随即发生二次松散，占据放出矿石原来所占据的空间。据实验观测，二次松散矿岩原来所占有的空间，也是一个椭球体，称为松动椭球体，如图 9-13 中的松动椭球体 1。松动椭球体以外的矿岩不发生移动，松动椭球体的体积随放出椭球体体积的增大而加大。

受漏斗口的影响，在距离漏斗口中心线不同点的矿石的流动速度不同，愈靠近漏斗中心线，其流动速度愈大。因此，当矿石放出一定量后，矿石和废石的接触面开始向下弯曲。当放出椭球体的高度与崩落层的高度相等时，矿岩接触面即弯曲成一漏斗形状，且其最下点刚好在放矿口的平面上，漏斗内充满废石，该漏斗称为废石漏斗，如图 9-13 中的 2。废石漏斗的形成，标志着纯矿石回收的结束，贫化矿石的回收即将开始。随着贫化矿石的放出，废石漏斗随之扩大，废石漏斗母线的倾角随之变缓。当放到一定程度后，废石漏斗母线倾角趋于稳定（通常在 70°以上），此时的废石漏斗称为极限废石漏斗，相应的漏斗母线倾角称为极限漏斗倾角。在极限漏斗倾角以外的矿石是放不出来的。由相邻漏斗间放不出来的脊部矿石造成的损失称为脊部损失，脊部损失矿石量由极限漏斗倾角确定。

放矿时，小颗粒矿岩的流动速度通常大于大颗粒矿岩的流动速度，如果废石块度小于矿石块度，则废石向下流动的速度快于矿石，放出椭球体内的矿石未放完之前，就会出现贫化。因此，覆盖岩层的块度应大于崩落矿石的块度，以优化贫损指标。

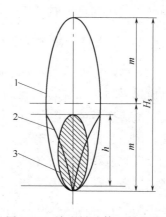

图 9-13　放出椭球体、松动椭球体和废石漏斗的相互关系
H_s—松动椭球体高度；h—放出椭球体高度；m—松动椭球体长轴；1—松动椭球体；2—废石漏斗；3—放出椭球体

（5）矿柱回采

用有底柱分段崩落法开采急倾斜或倾斜厚大矿体时都有分段矿柱回采的问题。分段矿柱中坑道密集，并经过落矿、出矿、二次破碎等过程使其受到强烈的震动与破坏，其稳固程度大大降低，回采条件一般较差。分段矿柱可以采用以下方法进行回采。

① 当分段中某矿块出矿结束后，有条件在电耙道中凿岩爆破时，可在电耙道中向桃形矿柱和漏斗间柱钻凿垂直扇形中深孔，并在电耙道之间的三角矿柱两端开凿岩硐室，在硐室中试工水平深孔与桃形矿柱、漏斗间柱一起崩矿。

② 利用下一分段与其相对应矿块的凿岩巷道，隔一定距离向

上开凿天井和凿岩硐室，在硐室中向上分段底柱打束状孔与下分段同时崩矿。

③ 利用下分段的凿岩巷道向上开凿天井后再掘进水平凿岩巷道，并在其中打垂直扇形孔与下分段落矿的同时崩落上分段底柱。

④ 对倾斜厚大矿体，矿块垂直走向布置时，其底盘留有三角矿柱，可在脉外底盘加设沿走向的水平底部结构和凿岩巷道，对这部分三角矿柱进行回收。

9.4.2 无底柱分段崩落法

有底柱分段崩落法由于留设了一定量的底柱，底柱矿量虽然可以通过专门的回采设计进行回收，但因回采条件恶化、回收率较低，造成资源的浪费。为解决有底柱分段崩落法底柱矿量较多的弊端，国内、外推广应用了无底柱分段崩落法。其主要特征是：以分段巷道将阶段划分为分段，自上而下分段进路回采；回采时，在进路中钻凿上向扇形中深孔，以很小的崩矿步距向充满废石的崩落区挤压崩矿。崩落的矿石自回采进路端部进行端部放矿，用出矿设备装运至溜矿井。随着矿石的放出，覆盖岩石随之下降，充满采空区，实现地压管理。

按矿块装运设备的不同，无底柱分段崩落法分为无轨运输方案和有轨运输方案。前者的出矿设备是铲运机，后者是装岩机和矿车。

（1）采场布置

矿块布置根据矿体厚度和出矿设备的有效运距确定，一般情况下，矿体厚度小于 20～40m 时，矿块沿走向布置；厚度大于 20～40m 时，矿块垂直走向布置。图 9-14 为浬渚铁矿无底柱分段崩落法示意图。

分段高度和进路间距是无底柱分段崩落法的主要结构参数。为减少采准工程量，降低采矿成本，在凿岩能力允许、不降低回采率的条件下，尽量加大分段高度和进路间距。目前，我国矿山采用的分段高度一般为 10～12m；进路间距略小于分段高度，一般为 8～10m。

（2）采准切割

如图 9-14 所示，阶段运输平巷 1、溜矿井 2、斜坡道（无轨开采时）或设备井（有轨开采时），一般布置在矿体下盘岩石中。每个矿块原则上设置一处溜矿井。溜矿井个数根据矿石产品种类而定，单一矿石产品时，设一条溜井；多种产品时，相应地增加溜井个数。当采用铲运机出矿时，可根据铲运机和自行运输设备的合理运距确定矿石溜井的间距。当矿块的废石量较多时，还需考虑设置废石溜井。

回采进路 4、6 布置分垂直走向和沿走向两种，具体布置根据矿体厚度、倾角、出矿设备和合理运距、地压管理、通风及安全因素等确定。上下相邻的分段，回采进路应呈菱形布置。回采进路的规格和形状对矿石的贫损指标有较大影响，要根据采掘设备尺寸和采掘工艺而定。在保证进路顶板和眉线稳固的条件下，进路宽度应尽可能大些。进路高度应与凿岩设备、装运设备和通风风管规格相适应，尽可能低些，进路的顶板以平直为宜。

为了形成切割槽，可在回采进路的顶端，开凿切割平巷 7 和切割天井 8。

（3）回采

在凿岩平巷内钻凿上向扇形中深孔，以小崩矿步距向充满废石的崩落区挤压崩矿。崩落矿石由铲运机或装岩机配矿车运至溜矿井。为降低损失与贫化，每分段各回采进路应平行倒退回采，保证矿岩接触面在水平上保持一致。

通风工作的重点是凿岩出矿巷道，由于新鲜风流冲洗工作面后，通过爆堆回到上阶段回风平巷，因此该方法的通风效果较差。

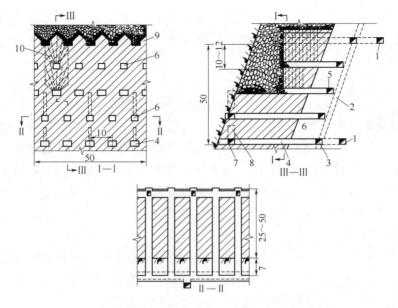

图 9-14 浬渚铁矿无底柱分段崩落法示意图

1—阶段运输平巷；2—溜矿井；3—联络道；4—出矿
凿岩进路；5—运输联络道；6—凿岩进路；7—切割
平巷；8—切割天井；9—脊部矿柱；10—炮孔

9.4.3 自然崩落法

自然崩落法采矿是将待采矿体划分成一定规模的矿块，以矿块作为开采对象。通过对矿块的拉底、切槽等采矿工程，矿岩体内产生拉、压、剪等集中应力，迫使矿体诱导的集中应力作用下产生破坏而崩落，从而减少采矿工程，降低开采成本。一般情况下，自然崩落法适用于矿体节理裂隙发育、稳定性差，矿体厚大，急倾斜矿体，围岩稳定性较好的矿床。

自然崩落法由于落矿时间和落矿量难以精确控制，放矿技术要求较严；因此，仅在部分矿山，如铜矿峪矿、丰山铜矿等进行了试验研究。

第4篇　固体矿床露天开采

与地下开采相比，露天开采更易于应用大型生产设备，从而可扩大企业的生产能力，提高劳动生产率，降低工人劳动强度，保证回采作业安全，缩短基建时间，降低开采成本，提高经济效益。因此，在开采技术条件允许的情况下，应首先考虑采用露天开采。

第 10 章　露天开采基本概念

10.1　概述

露天开采是指从地表直接采出有用矿物的矿床开采方式，有机械开采和水力开采两种。水力开采主要用于松散的砂矿床开采，借水枪喷出的高压水流冲采砂矿，通过砂泵输送砂浆，或用采砂船直接采掘；机械开采是用一定的采掘运输设备，在敞开的空间里从事的开采作业。图 10-1 为露天矿场全貌。

露天开采是历史悠久的古老采矿方法。人类自 20 世纪以后，随着机械制造业的飞速发展，各种高效率的采掘设备和运输设备等不断问世，露天开采矿山技术面貌发生了根本变化；同时，由于冶金工业发展迅速，对冶金原料的需求急剧增长，不得不要求大量开

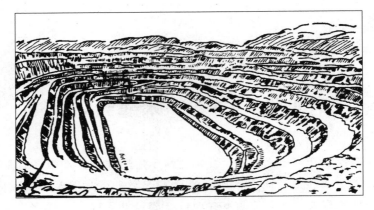

图 10-1　露天矿场全貌

采低品位矿石,以解决原料供需间的矛盾。从技术经济角度考虑,露天开采最适合担此重任,因此,露天开采获得了空前迅速的发展。露天开采鼎盛时期,70％～90％的黑色金属、50％以上的有色金属、70％以上的化工原料均采用露天开采,而建筑材料几乎全部采用露天开采。

随着矿产资源开采强度的不断加大,浅部资源逐渐消耗殆尽,为满足国民经济快速发展对矿产资源的需求,矿产资源开采不得不向深部发展。近些年来,随开采深度的加大,露天开采成本越来越大,致使露天开采比重呈现不断下降趋势。

在条件允许的情况下,优先选用露天开采是因为与地下开采相比,其具有如下突出的优点。

① 受开采空间限制较小,可采用大型机械化设备,有利于实现自动化,从而可大大提高开采强度和矿石产量。

如国外大型露天矿基本采用了牙轮钻机进行穿孔作业,孔径一般为 250～380mm,最大达 559mm。我国牙轮钻机直径也达 250～310mm,台年穿孔效率最高超过 50000m;国外挖掘设备斗容超过 20m³,我国南芬铁矿、大孤山铁矿、德兴铜矿和水厂铁矿使用的挖掘机斗容也已分别达到 11.5m³、12m³、13m³ 和 16.8m³；载重量 135～154t 的电动轮汽车已广泛应用于露天矿运输，最大电动轮汽车载重量甚至超过 300t，我国一些大型露天矿也采用了 108t 和 154t 的电动轮汽车。大型设备的广泛使用，使露天矿生产能力大幅度提高，年产量超过千万吨的露天矿山已为数不少。

② 劳动生产率高，露天开采的劳动生产率是地下开采的 5～10 倍以上。

③ 开采成本低，因而有利于大规模开采低品位矿石。

④ 矿石损失贫化小，可充分回收宝贵的矿产资源。

⑤ 基建时间短，基建投资少。

⑥ 劳动条件好，工作安全。

但是，露天开采也带来了一系列问题，例如：

① 在开采过程中，穿孔、爆破、采装、运输、卸载及排土时粉尘较大，汽车运输时排入大气中的有毒、有害气体多，排土场的有害成分流入江河湖泊和农田等，对大气、水和土壤造成污染，而且露天坑破坏了地表地貌；

② 排土场占用大量土地资源；

③ 易受气候条件影响。

10.2 常用名词术语

采用露天开采的矿山企业，称为露天矿。露天矿场位于露天开采境界封闭圈以上的称为山坡露天矿；位于露天开采境界封闭圈以下的称为凹陷露天矿。露天开采所形成的采坑、台阶和露天沟道的总合称为露天矿场。

露天开采时，通常是把矿岩划分成一定厚度的水平分层，自上而下逐层开采，并保持一定的超前关系，在开采过程中各工作水平在空间上构成了阶梯状，每个阶梯就是一个台阶或称为阶段。台阶是露天矿场的基本构成要素之一，是进行独立剥离岩石和采矿作业的单元体。台阶构成要素如图 10-2 所示。

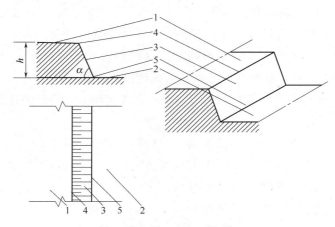

图 10-2　台阶构成要素

1—台阶上部平盘；2—台阶下部平盘；3—台阶坡面；

4—台阶坡顶线；5—台阶坡底线；

h—台阶高度；α—台阶坡面角

　　台阶的上部平盘和下部平盘是相对的，一个台阶的上部平盘同时又是其上一台阶的下部平盘。台阶的命名，通常是以该台阶的下部平盘的标高（如＋248m）表示，故常把台阶称作某某水平（如＋248水平），如图 10-3 所示。开采时，将工作台阶划分成若干个条带逐条顺次开采，每一条带叫做采掘带。

　　由结束开采工作的台阶平台、坡面和出入沟底组成的露天矿场的四周表面称为露天矿场的非工作帮或最终边帮（图 10-4 中的AC、BF）。位于矿体下盘一侧的边帮叫做底帮，位于矿体上盘一侧的边帮叫做顶帮，位于矿体走向两端的边帮叫做端帮。

　　正在进行开采和将要进行开采的台阶所组成的边帮叫做露天矿场的工作帮（图 10-4 中的 DF）。工作帮的位置是不固定的，随开采工作的进行而不断改变。

　　通过非工作帮最上一个台阶的坡顶线和最下一个台阶的坡底线

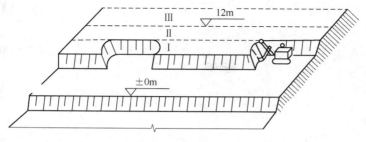

图 10-3　台阶的开采和命名

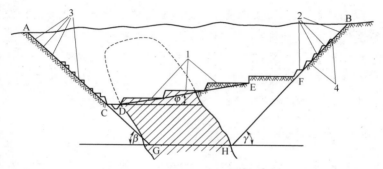

图 10-4　露天矿场构成要素

所作的假想斜面，叫做露天矿场的非工作帮坡面或最终帮坡面（图 10-4 中的 AG、BH）。最终帮坡面与水平面的夹角叫做最终帮坡角或最终边坡角（图 10-4 中的 β、γ）。

最终帮坡面与地表交线，为露天矿场的上部最终境界线（图 10-4 中的 A、B）。最终帮坡面与露天矿场底平面的交线，为露天矿场的下部最终境界线（图 10-4 中的 G、H）。上部最终境界线所在水平与下部最终境界线所在水平的垂直距离，为露天矿场的最终深度。

通过工作帮最上一个台阶的坡顶线和最下一个台阶的坡底线所作的假想斜面，叫做作帮坡面（图 10-4 中的 DE）。工作帮坡面与水平面的夹角叫做工作帮坡角（图 10-4 中的 φ）。工作帮的水平部分叫做工作平盘（图 10-4 中的 1），即工作台阶要素中的上部平盘和下部平盘，穿爆、采装和运输工作在工作平盘上进行。

非工作帮上的平台，按其用途可分为安全平台、运输平台和清扫平台。

安全平台（图 10-4 中的 2）是缓冲和阻截滑落岩石，减缓边坡角以保证最终边坡稳定和下部水平工作安全的非工作平台。

运输平台（图 10-4 中的 3）是作为工作台阶与出入沟之间运输联系的通路，其宽度依所采用的运输方式和线路数目来确定。

清扫平台（图 10-4 中的 4）是用于阻截滑落岩石并用清扫设备进行清理的非工作平台，它同时也起到安全平台的作用。

在露天矿，为了采出矿石，一般需要剥离一定数量的岩石。剥离岩石量与采出矿石量之比，即每采出单位矿石所需剥离的岩石量，称作剥采比，单位可采用 m^3/m^3、m^3/t 或 t/t。

10.3　露天开采的一般程序

露天矿开采一般需要经过地面准备、矿床疏干和防排水、矿山基建、矿山生产和地表恢复等步骤。

（1）地面准备

地面准备，是指排除开采范围内和建立地面设施地点的各种障碍物，如征地拆迁、砍伐树木、河流改造、湖泊疏干、"七通一平"（通上水、通下水、通电、通信、通气、通热、通路，平整地面）等。

（2）矿床疏干和防排水

在开采地下水很多的矿床时，为保证露天矿正常生产，必须预先排除一定开采范围内的地下水，即进行疏干工作，并采取截流等办法隔绝地表水的流入。矿床的疏干排水不是一次完成的，而是贯穿于露天矿整个生产周期。

（3）矿山基建

矿山基建工作是露天矿投产前为保证生产所必需的建设工程，包括掘进出入沟和开段沟、剥离岩石、铺设运输线路、建设排土场、购置必要的生产和生活设施以及修建工业厂房和水电等福利设施。其中的出入沟是指为建立地表与工作水平之间以及各工作水平之间的联系而在台阶边帮上挖掘的倾斜运输通路；开段沟是指在每个水平为开辟开采工作线而掘进的水平沟道。

（4）矿山生产

矿山生产是投入人力、物力和财力进行矿石回采工作的过程，包括掘沟、剥离和采矿三个露天矿生产中最重要的工程，其主要工艺过程基本相同，一般都包括穿孔、爆破、采装、运输、排土等工序。

（5）地表恢复

随着社会对环境问题的日益重视和土地资源的日益短缺，将露天开采占用的土地或造成的生态环境破坏，在生产结束时或生产期间有计划地进行恢复利用或生态重建，是露天开采企业应尽的社会义务。地表恢复途径包括：覆土造田、水产养殖、田塘相间、牧业草场结构、绿化造林、水土保持植被、水上旅游、建筑用地、水库建设、综合开发等。

第11章 露天矿床开拓

露天矿床开拓就是按照一定的方式和程序，建立地面与采矿场各工作水平之间的运输通道，以保证露天矿场正常生产的运输联系，并借助这些通道，及时达到新的生产水平。

露天矿床开拓是露天矿生产建设中的一个重要问题。所选择的开拓方法合理与否，直接影响到矿山的基建投资、基建时间、生产成本和生产均衡性，必须综合考虑矿床开采技术条件、经济水平等矿床因素、社会因素、技术因素和经济因素，经多个方案比较择优确定。露天矿床开拓确定的主要内容是坑线的布置形式和矿岩提升运输设备和工艺。

露天矿床的开拓方式与矿岩运输方式密切相关，按运输方式不同可分为公路运输开拓、铁路运输开拓和联合运输开拓3大类。

11.1 公路运输开拓

公路运输开拓是露天矿床最常见的开拓方式。任意地形条件的露天矿，如果修建铁路不经济，只要参数不超过下述极限值，都可采用公路开拓。

① 露天坑深度 普通自卸汽车，150m；电动轮汽车，250m。

② 运输距离 普通自卸汽车，2~3km；电动轮汽车，4~5km。

③ 坡度 一般为8%，特殊情况下短距离可达12%。

④ 曲线半径 小吨位汽车，15m；大吨位汽车，30m。

根据矿床埋藏条件和露天空间参数等因素，汽车运输开拓坑线（即出入沟）的布置形式可分为回返式、螺旋式和联合式；此外，还有露天矿地下斜坡道开拓。

① 回返式坑线开拓　回返式坑线开拓如图 11-1 所示，汽车在坑线上运行时，需要经过一定曲率半径的回返曲线改变运行方向，才能到达相应的工作水平。

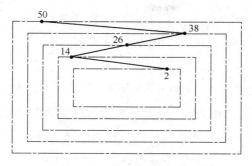

图 11-1　回返式坑线开拓

② 螺旋式坑线开拓　螺旋式坑线开拓是将运输沟道沿露天矿场四周边帮盘旋布置（图 11-2）。汽车在坑线上直进行驶，不需经常改变运行速度。螺旋坑线的转弯半径大，司机的视野好，线路通过能力大。

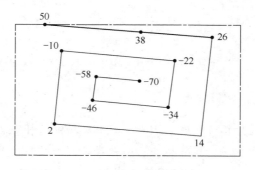

图 11-2　螺旋式坑线开拓

③ 联合式坑线开拓　采场上部用回返式坑线开拓，随着开采深度的下降采场平面尺寸减小，当汽车不能回返运行时，改用螺旋式坑线开拓（图 11-3）。

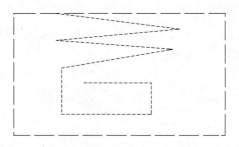

图 11-3　回返式坑线与螺旋式坑线联合布置

④ 地下斜坡道开拓　地下斜坡道开拓方法如图 11-4 所示，在露天开采境界外设置地下斜坡道，并在相应标高处设有出入口通往各开采水平，汽车自采矿场经出入口、斜坡道至地表。

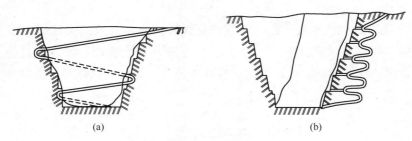

        (a)   (b)

图 11-4　地下斜坡道开拓

(a) 螺旋式斜坡道开拓；(b) 回返式斜坡道开拓

11.2　铁路运输开拓

采用铁路运输开拓时，因牵引机车爬坡能力相对较弱，从一个水平至另一个水平的坑线较长，转弯半径大（准轨铁路运输的曲线半径不小于 $100 \sim 120\text{m}$）。受露天矿场平面尺寸限制，布线方式多为折返坑线和直进-折返坑线。前者是每个水平折返一次，后者是根据露天矿场平面尺寸每隔一个或几个水平折返一次。列车沿坑线运行时，需经折返站停车换向开往各工作水平。直进-折返坑线开拓的折返站较少，列车往返运行周期比折返坑线开拓短，故在可能的条件下，应采用直进-折返坑线开拓。

由于铁路运输多为折返坑线或直进-折返坑线开拓，随开采深度的下降，列车在折返站因停车换向而使运输周期增加。按单位矿岩运输费用考虑，对凹陷露天矿单一铁路运输开拓的经济合理开采深度约为120～150m，当采用牵引机组运输时，可将线路坡度提高到6%，开采深度最大可达300m。

铁路运输开拓一般适应于露天采场平面面积大、生产能力高的大型露天矿山，随着大型自卸汽车技术的发展，铁路运输开拓所占比重有减小的趋势。

11.3 联合运输开拓

当单一开拓系统不能满足露天开采需要时，可考虑采用联合开拓系统，常见的联合开拓方式包括：铁路-公路联合运输开拓、公路-破碎站-带式输送机运输开拓、斜坡箕斗提升联合开拓、铁路(公路)-平硐溜井开拓等。

（1）铁路-公路联合运输开拓

当露天矿场开采深度超过单一铁路运输经济合理开采深度时，可以采用铁路-公路联合运输开拓，即上部采用铁路运输开拓，下部采用公路运输开拓，中间设置倒装站。汽车运输的矿石在转载平台上直接向铁路车辆转载，或者汽车运输的矿石卸入倒装站经挖掘机转载，或者汽车运输的矿石卸入中转矿仓通过板式给矿机向铁路车辆转载。

（2）公路-破碎站-带式输送机运输开拓

铁路运输开拓及其生产工艺所固有的缺点，使其合理的开采深度比较小；汽车运输虽然机动灵活、爬坡能力强，但受合理运距的限制，而且随开采深度的下降，运输效率降低，运营费增加。此时，可以采用公路-破碎站-带式输送机联合运输开拓方式。爆破后的矿岩块度较大，采用带式输送机提升时，必须首先经破碎机破碎至合理的块度。

公路-破碎站-带式输送机联合运输开拓方式如图 11-5 所示，深部矿岩通过汽车运输卸入破碎站，破碎后向带式输送机供料，由带式输送机提升至地表。

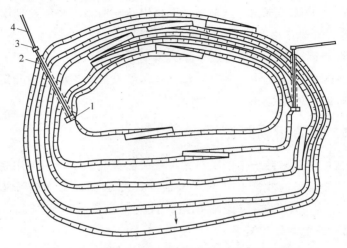

图 11-5　公路-破碎站-带式输送机联合运输开拓

1—破碎站；2—边帮带式输送机；3—带式输送机转载点；4—地面带式输送机

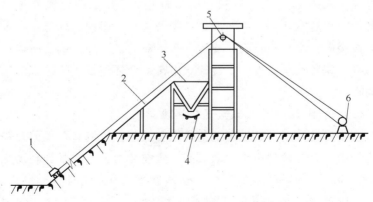

图 11-6　斜坡箕斗提升系统

1—箕斗；2—栈桥；3—矿仓；4—带式输送机；5—天轮；6—提升绞车

（3）斜坡箕斗提升联合开拓

该开拓方法以箕斗为运输容器，由装载站、斜坡沟道、地面卸载站和提升机装置等 4 个基本部分组成（图 11-6）。采场内部需用汽车或铁路与之建立运输联系，形成以箕斗斜坡沟道为开拓中心环节，包括采场内部运输（多用汽车）、地面运输与转载等多环节的联合开拓运输系统。

由于在采场内和地表多次转载，转载站的移设和箕斗道的延伸，使露天矿的生产能力受到限制，且箕斗提升系统形成后，再扩大生产能力很困难，故目前使用斜坡箕斗提升的开拓矿山不多。

（4）公路（铁路）-平硐溜井开拓

与山下地面垂直高度较大的山坡露天矿，如果矿石不具有黏结

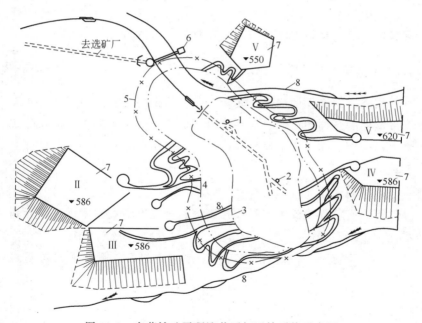

图 11-7 南芬铁矿平硐溜井开拓运输系统示意图

1—北部溜井；2—南部溜井；3—190m 水平开采境界；4—20m 水平开采境界；

5—爆破安全界限；6—粗碎站；7—排土场；8—小河

性，为缩短运距，可以考虑采用公路（铁路）-平硐溜井开拓，即采场矿岩通过汽车（或列车、铲运机）卸入采场溜井，通过溜井底部的放矿设施，向地面运输设备装载，如图 11-7 所示。

11.4　露天开采境界确定

在矿床开采设计中，根据矿床的自然因素和矿产品价格，可能遇到如下 3 种情况：

① 矿床全部宜用地下开采；

② 矿床上部宜用露天开采，而下部只能用地下开采；

③ 矿床全部宜用露天开采，或上部用露天开采而剩余部分暂不宜开采。

对于后 2 种情况，需要确定露天开采境界，包括确定合理的开采深度、露天采场底部平面周界及露天矿最终边坡角。

11.4.1　露天开采境界确定原则

露天开采境界的确定，实际上是剥采比的控制。因为随着露天开采境界的延伸和扩大，可采储量增加了，但剥离岩石量也相应地增大。合理的露天开采境界，就是指所控制的剥采比不超过经济上合理的剥采比。

（1）剥采比 n

露天矿境界设计中，需要控制的剥采比有平均剥采比、境界剥采比和生产剥采比。

① 平均剥采比 n_a　指露天开采境界内岩石总量与矿石总量之比，即：

$$n_a = \frac{V_a}{A_a} \tag{11-1}$$

式中　V_a——露天开采境界内岩石总量；

　　　A_a——露天开采境界内矿石总量。

② 境界剥采比 n_b 指露天开采境界每增加一个单位深度所引起的岩石增量与矿石增量之比，即：

$$n_b = \frac{\Delta V}{\Delta A} \tag{11-2}$$

式中 ΔV——单位深度所引起的岩石增量；

ΔA——单位深度所引起的矿石增量。

③ 生产剥采比 n_p 指露天矿某一时期内所剥离的岩石量与采出矿石量之比，即：

$$n_p = \frac{V_p}{A_p} \tag{11-3}$$

式中 V_p——露天矿某一时期内所剥离的岩石量；

A_p——露天矿某一时期内所剥离的矿石量。

④ 经济合理剥采比 n_e 指露天开采在经济上允许的最大剥采比。其确定方法主要包括两大类：一是比较法，即以露天开采和地下开采的经济效果进行比较，用以划分露天开采和地下开采的界限；二是价格法，即在矿床只宜露天开采的场合，用露天开采成本和矿石价格进行比较，以划分露天开采部分和暂不宜开采部分的界限。

在生产实际过程中，经济合理剥采比 n_e 常按露天开采矿石总成本不大于地下开采矿石成本的原则来确定。因为：

$$n = \frac{C_o - a}{b}$$

当 $C_o = C_u$ 时 $n = n_j$

故

$$n = \frac{C_u - a}{b} \tag{11-4}$$

式中 C_o——露天开采矿石总成本；

C_u——地下开采矿石成本；

a——露天开采单位矿石成本；

b——剥离单位岩石成本。

（2）露天开采境界确定原则

① 平均剥采比不大于经济合理剥采比　这一原则的实质，是使露天开采境界内全部储量用露天开采的总费用小于或等于地下开采该部分储量的总费用。

② 境界剥采比不大于经济合理剥采比　这一原则的实质，是在开采境界内边界层矿石的露天开采费用不超过地下开采费用，使整个矿床用露天和地下联合开采的总费用最小或总利润最大。

③ 生产剥采比不大于经济合理剥采比　这一原则的实质，是露天矿任一生产时期按正常作业的工作帮边坡角进行生产时，使生产剥采比不超过经济合理剥采比。

11.4.2　露天开采境界确定方法

（1）采场最小底宽及位置

露天采场底部宽度不应小于开段沟宽度，其最小宽度根据采装、运输设备规格及线路布置方式计算。视矿体水平厚度不同，露天采场底的位置可能有 3 种情况：

① 如果矿体水平厚度小于计算得出的采场最小底宽时，露天矿底平面按最小底宽绘制；

② 如果矿体水平厚度等于或略大于计算得出的采场最小底宽时，露天矿底平面按矿体厚度绘制；

③ 如果矿体水平厚度远大于计算得出的采场最小底宽时，露天矿底平面按最小底宽绘制，其位置应能满足可采矿石量最多、剥离岩石量最少、采出矿石质量最好、经济效益最大的原则。

（2）采场最终边坡角

随开采深度的增加和边坡角的减缓，剥岩量将急剧增加，为获得最佳的经济效果，边坡角应尽可能加大；然而陡边坡虽可带来较好的经济效益，但边坡稳定性较差，易发生滑坡等地质灾害，从安全角度出发，应尽可能减缓边坡角。因此，综合考虑经济与安全因素，是合理选取边坡角的基本原则。

选择采场最终边坡角时，应充分考虑组成边坡岩石物理力学性质、地质构造和水文地质等因素。表 11-1 为按边坡稳定性进行岩石分类和露天采场边坡角概略值。

表 11-1　按边坡稳定性进行岩石分类和露天采场边坡角概略值

岩石类别	本类岩石一般特点	确定边坡稳定性的基本要素和岩石稳定性指标	地质条件	边坡角/°
Ⅰ	坚硬(基岩)岩石：火山岩和变质岩，石英砂岩，石灰岩和硅质砾岩；抗压强度大于78.48MPa	弱面(断层破坏、层理、长度很大的节理等)的方向不利	具有弱裂缝的硬岩，没有方向不利的弱面，弱面对开挖面的倾角是急倾斜(大于60°)或缓倾斜(小于15°)；	小于55
			地质条件同上，但岩石具有裂缝；	40～45
			具有弱裂缝或节理的硬岩，弱面对开挖面的倾角是35°～55°；	30～45
			具有弱裂缝的硬岩弱面对开挖面的倾角是20°～30°	20～30
Ⅱ	中硬岩石：风化程度不同的火山岩与变质岩、黏土质、砂质-黏土质页岩、黏土质砂岩、泥板岩、粉砂岩、泥灰岩等；抗压强度7.85～78.48MPa	样品岩石的强度、弱面的方向不利，岩石有风化趋势	斜坡岩石相对稳固，没有方向不利的弱面，或有对开挖面呈急倾斜(大于60°)或缓倾斜(小于15°)的弱面；	小于40
			同上，有对开挖面呈35°～55°角的弱面；	30～40
			边坡岩石强烈风化、容易碎散和剥落的岩石，以及弱面对开挖面呈20°～30°角的所有岩类	20～30
Ⅲ	软岩(黏土质与砂质-黏土质岩石)；抗压强度小于7.85MPa	对于黏结性(黏土质)岩石为：样品强度、弱面(软弱夹层、层间接触面)方向不利；对于非黏结岩石为：力学特性、动水压力、渗透速度	没有塑性黏土、古老滑面、层间软弱接触面和其他弱面；	20～30
			在边坡中部或下部有弱面	15～20

（3）开采深度

采场外观，可因矿体赋存条件特别是沿走向长度的不同分为长采场和短采场。采场的长宽比大于 4∶1 的称长采场，其端帮矿岩量占总矿岩量的比例相对较小，设计中手工计算时可以不单独考虑端帮矿岩量；采场的长宽比小于 4∶1 的称短采场，其端帮矿岩量占总矿岩量的 15%～20% 以上，设计时必须考虑这部分矿岩量。

采场合理开采深度的确定，通常在地质横剖面图上用方案分析法和图解法进行。

方案分析法确定合理开采深度的步骤为（图 11-8）：

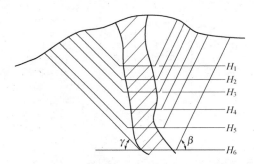

图 11-8　绘有若干个境界深度方案的横剖面图

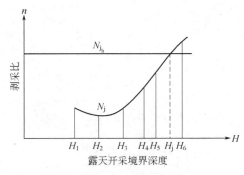

图 11-9　境界剥采比（n_j）及经济合理剥采比

（n_{j_h}）与深度（H）的关系曲线

① 在地质横剖面图上确定若干个境界深度方案；

② 对每个深度方案确定采场底部宽度及位置，根据选取的最终边坡角，绘制顶底帮最终边坡线；

③ 计算各方案的境界剥采比；

④ 绘制境界剥采比（n_j）及经济合理剥采比（n_{j_h}）与深度（H）的关系曲线，如图 11-9 所示，两曲线的交点所对应的横坐标 H_j 即为露天开采的合理深度。

目前，国内外已有许多专门应用软件，应用计算机技术来确定露天开采境界，并获得了较好的效果。

第 12 章　露天矿生产工艺过程

露天矿主要生产工艺过程包括穿孔、爆破、采装、运输、排土等工序。防排水、通风（深部露天矿）等辅助工序也是在各个主要生产工艺过程中需要考虑的问题。

12.1　穿孔爆破

12.1.1　穿孔工作

穿孔工作是固体矿床开采的第一道工序，其目的是为随后的爆破工作提供装放炸药的空穴。穿孔质量对其后的爆破、采装等工作有很大的影响。露天矿穿孔设备包括牙轮钻机、潜孔钻机、火钻、凿岩台车、钢绳冲击钻机等；当前大、中型露天矿山最常用的穿孔设备是牙轮钻机和潜孔钻机。

（1）牙轮钻机

牙轮钻机（图 12-1）是 20 世纪 50 年代中期兴起的一种新型穿孔设备，随着牙轮钻机和钻头的日益完善，它已成为露天矿尤其是大中型露天矿应用最广泛的穿孔设备。加拿大、美国等采矿技术发达国家的大型露天矿，几乎全部采用这种高效率穿孔设备。

牙轮钻机是一种高效率的穿孔设备，按穿孔进尺计算，其穿孔速度一般 $4000 \sim 6000 \mathrm{m}/$ 月，最高达 $10000 \mathrm{m}/$ 月；若按年穿爆量计算，一般是 $400 \sim 600$ 万吨，最高可达 $1200 \sim 1400$ 万吨。这样的效率是钢绳冲击钻机的 $4 \sim 5$ 倍。

在现用的炮孔直径范围内，直径越大，装药量就越大。孔网尺

图 12-1　I-R 公司的 351 牙轮钻机

寸增大了，每米炮孔的爆破量就增加，钻头消耗减少了，钻孔成本
则明显下降。近二十年来，一些大型矿山把炮孔直径从 250mm 增
大到 310mm、380mm、445mm；近期问世的 P&H120A 型牙轮钻
机的最大钻孔直径可达到 559mm。这一发展趋势也反映了大孔径
可以获得较好的经济指标。

　　目前世界上生产牙轮钻机的三家公司都在美国：布塞路斯-伊
利公司（BE）、英格索兰公司（I-R）和哈尼希费格公司（P&H）。
我国从 20 世纪 60 年代开始研制牙轮钻机，经过多次改型和淘汰，
现在还在生产和使用的只有 KY 和 YZ 两大系列 12 种型号，主要
研制和生产单位有洛阳矿山机械工程设计研究院、江西采矿机械厂
和衡阳有色冶金机械厂等。

　　牙轮钻机实际上也属于回转式钻机，它借助镶齿的钻头（图
12-2），在数十吨重的压力下快速回转，使钻头上的轮齿压入孔底
岩石中，并在钻具回转扭矩和牙轮滚动作用下，挤压、切削岩石进
行钻孔。由于钻机轴压大，而钻头的支持面积很小，因此，对岩石
单位面积的压力就很大。通过钻头处 3 个轮齿密布的牙轮进行连续

图 12-2　牙轮钻头

切削，故能获得相当高的钻孔速度。

牙轮钻机按其钻孔工艺，必须完成钻具回转、钻具加压和提升、用压缩空气吹排孔底岩屑、收集和捕捉由孔底排出的烟尘、接卸钻杆、移车和稳车等工序和操作。为此，牙轮钻机相应地设有钻具回转机构、加压提升机构、压风机、捕尘器、接卸钻杆机构、稳车液压千斤顶、行走机构和控制部分。

选用牙轮钻机要考虑的主要参数有钻孔直径、轴压和钻头转速。

① 钻孔直径　孔径大，孔网参数也大，钻头消耗和穿孔成本会明显下降；但崩落矿岩块度也相应增大，影响后续铲装、运输效率。此外，超大孔径爆破的地震效应也会很强，可能危及边坡稳定。因此，选择孔径要综合考虑各项因素。

② 轴压　轴压是钻齿压入岩石形成破碎坑的动力源。一般情况是轴压越大，钻进速度也越快；但当三牙轮钻头的钻牙完全沉入岩石中时，钻进速度不会随轴压的增大而进一步增加，相反会增大扭矩的需求和增大钻齿的磨损速度。

③ 钻头转速　实践表明牙轮钻机的穿孔速度与钻头转速和轴压成正比关系，但与轴压一样，穿孔速度与钻头转速的正比关系也

不是无极限。当钻头转速超过极限值后，由于轮齿与孔底岩石的作用时间太短（小于 0.02～0.03s），未能充分发挥轮齿对岩石的压碎作用，因此穿孔速度反而降低。实际生产中，对于软岩常选用 70～120r/min 的转速，而对中硬岩石和硬岩转速分别为 60～100r/min 和 40～70r/min。

(2) 潜孔钻机

潜孔钻机也是 20 世纪 50 年代兴起的一种新型穿孔设备，在 20 世纪 60 年代率先取代了笨重的钢绳冲进钻机而居首位；之后，潜孔钻机由于牙轮钻机的发展而退居次席。总的来说，潜孔钻机不如牙轮钻机，但前者也有一些独特的优点，如：

① 孔径小（直径 150～200mm），能钻凿斜孔，爆破矿岩块度小，便于采用小型挖掘机采装；

② 设备简单，易于制造；

③ 设备较稳定，穿孔效率较高，台月进尺约 2000m，台年穿爆矿岩量约 60～150 万吨。

上述优点，使潜孔钻机特别适用于中、小型露天矿山，在我国应用广泛。

潜孔钻机是一种回转冲击钻机，由钻具组、回转机构、推进提升机构、压风和除尘系统、电器系统、钻架及起落机构、钻具的存放和接卸机构、行走机构、司机室和操作控制系统等部分组成（图 12-3）。钻孔时，气动冲击器潜入孔底，破坏孔底岩石，完成钻孔过程。

图 12-3　潜孔钻机

12.1.2 爆破工作

爆破是在穿孔工作完成后，往钻孔内装填炸药，借助炸药爆破时产生的能力崩落矿岩的过程。爆破质量的好坏，直接影响着后续采装工作的进行，并间接影响露天矿的其他生产环节。因此，对爆破工作提出了多方面的要求：为保证采掘设备的持续生产，要有足够的爆破储备量；爆破矿岩块度要小、爆堆要集中；没有超爆、欠爆现象，不允许出现根底、岩伞等凹凸不平现象，也要尽可能防止由于爆破反作用而对上部台阶造成的龟裂想像（称为后冲作用），如图 12-4 所示；对边坡及附近建筑物产生的影响要小等。

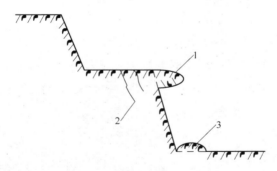

图 12-4　露天矿爆破的弊病

1—岩伞；2—龟裂；3—根底

（1）爆破参数

为了获得良好的爆破效果，应合理地确定爆破参数，包括孔径、底盘抵抗线、孔距、排距、钻孔超深、填塞长度及单位炸药消耗量等（图 12-5）。

① 孔径　炮孔的直径 d 愈大，单位炮孔长度所包含的药量就愈大，钻凿的炮孔数减少。在生产实际中，炮孔的直径主要由凿岩设备而定。采用露天简易潜孔钻凿岩时，孔径 90～100mm，潜孔

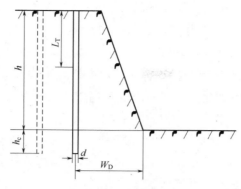

图 12-5　钻孔布置及爆破参数

钻孔径 150~200mm，牙轮钻多取 250~310mm。

②底盘抵抗线　底盘抵抗线（W_D）是指钻孔中心到台阶坡底线的水平距离。垂直钻孔，底盘抵抗线较大，爆破时底部岩体阻力大，残留根底的可能性较大；倾斜孔则相反。底盘抵抗线可根据单孔装药量按式（5-13）计算选取，也可根据安全距离按式（12-1）计算：

$$W_D \geqslant h\cot\alpha + B \tag{12-1}$$

式中　h——台阶高度，m；

α——台阶坡面角，一般为 60°~75°；

B——从深孔中心到坡顶线的安全距离，$B \geqslant 2.5$m。

③孔距和排距　孔距（a）是每排钻孔内相邻两钻孔中心线之间的距离；排距（b）是多排孔爆破时，钻孔排间距离。孔距等于炮孔密集系数 m 与底盘抵抗线 W_D 的乘积，一般认为炮孔密集系数 m 应在 0.8~1.4 之间。近年来的宽孔距爆破试验证明，减小底盘抵抗线和加大孔距（小抵线宽孔距爆破），尽管每炮孔负担面积保持不变，却可显著地改善岩石的爆破质量。排距取值同于底盘抵抗线。

④钻孔超深　钻孔超深（h_c）是钻孔超出台阶高度的那一段深度。其作用是降低装药中心，克服底盘岩体的阻力，减少根底的

产生。超深可根据底盘抵抗线 W_D 来确定：

$$h_c = (0.15 \sim 0.35)W_D \qquad (12\text{-}2)$$

当岩石松软、层理发育时取小值，反之取大值。

⑤ 填塞长度　填塞长度（L_T）是钻孔上段填塞物（俗称炮泥）的长度。其作用是为了较充分地利用炸药的爆炸能，使矿岩得到良好的破碎效果。一般取孔径的 12~30 倍。

⑥ 单位炸药消耗量　单位炸药消耗量 q 是每破碎单位矿岩所需要的炸药量，单位 kg/t 或 kg/m³。单位炸药消耗量是重要的技术经济指标，它不仅反映爆破参数选择的优劣，而且直接影响爆破成本。

⑦ 单孔装药量　单孔装药量 Q 可按式（12-3）计算：

$$Q = q \cdot a \cdot h \cdot W_D \qquad (12\text{-}3)$$

当台阶坡面角小于 55°时，可将上式的底盘抵抗线换成最小抵抗线。在多排爆破时，后排孔的单孔药量取为第一排孔的 1.1~1.3 倍，微差爆破取小值，齐发爆破取大值。

（2）爆破技术

露天爆破可采用齐发爆破，也可采用微差爆破、挤压爆破、光面爆破和预裂爆破等控制爆破技术，具体参见第 5.2.6 节内容。

（3）布孔及起爆形式

布孔可分为垂直深孔和倾斜深孔两种，从台阶爆破效果和作业安全来看，倾斜孔优于垂直孔。炮孔排列形式有三角形、正方形和矩形三种形式。按不同起爆顺序及爆破效果和环境限制等，炮孔的起爆形式可有多种（图 12-6）。最简单的起爆形式是逐排起爆，其特点是要求雷管段数少，但每排同段药量过大，容易造成爆破地震灾害；斜形起爆方式向自由面抛掷作用较小，有利于横向挤压，在雷管段数允许或非电起爆无级延时的条件下，有利于实现大孔距小抵抗线爆破；V 形起爆、梯形起爆以及波浪形起爆，是综合了斜线起爆和逐排起爆的特点后，取长补短的结果。

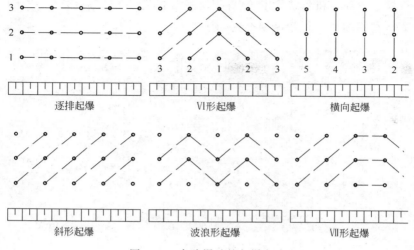

图 12-6　台阶爆破的起爆方式

逐排起爆　　VI形起爆　　横向起爆

斜形起爆　　波浪形起爆　　VII形起爆

12.2　采装

　　现代化露天矿山的采装工作，是指用采掘设备将矿岩从整体母岩或松散爆堆中采集出来，并装入运输容器或直接卸到一定地点的工作。采装工作是露天矿开采全部生产过程的中心环节。采装工艺及其生产能力在很大程度上决定着露天矿开采方式、技术面貌、矿床的开采强度和最终的经济效果。

　　采装工作的主要设备是各种挖掘机和土方工程机械。挖掘机分单斗和多斗两大类，目前国内外的金属露天矿最广泛应用的是单斗挖掘机，并以电铲为主。

12.2.1　单斗挖掘机采装

　　单斗挖掘机使用一个铲斗进行周期性作业的挖掘机械。铲斗以挖掘、回转、卸料、返回为一个周期循环挖掘物料。单斗挖掘机主要用于挖掘基坑、疏浚河道、剥离表土和采掘矿石等作业。工作时机器不走动，机器在停机处将所能挖到的物料挖完后移动一段距离，在新的位置重新挖掘（图12-7）。

图12-7　电铲在向汽车装载

单斗挖掘机是露天矿山最主要的挖掘机械，类型很多。根据其工作装置的联结方式不同，分为正铲、反铲、刨铲、拉铲和抓铲5种；按行走方式，分为履带式和轮胎式2类；按传动方式，有机械传动（机械铲）和液压传动（液压铲）2种；按动力装置，分为电动机驱动（电铲）、柴油机驱动（柴油铲）和蒸气机驱动（蒸气铲）3类。目前露天矿山大多采用电动机驱动、机械传动的正向铲，简称电铲。

（1）电铲工作原理

电铲主要组成部分包括工作装置、回转装置、行走装置、动力设备及机房等。其中，工作装置包括铲斗、斗柄、开斗底装置、悬臂、悬挂悬臂的钢丝绳、双脚架及提升钢丝绳等。铲斗和斗柄刚性联结，当斗柄由推压机构的作用把铲斗伸出的同时，提升钢丝绳在提升机构作用下把铲斗提起，通过伸出铲斗和提升铲斗的密切配合，即可把矿岩装入铲斗内。

由于悬臂是固定在挖掘机回转平台上的，而回转平台又是活套在挖掘机底座的中心轴上。在回转装置作用下，悬臂、斗柄和铲斗随着回转平台旋转到任何一个需要卸载的方位，使铲斗对准运输容器或卸载点，启动开斗底装置将斗门打开进行卸载。

电铲一般用履带行走。

（2）电铲主要工作参数

电铲主要工作参数包括挖掘半径、挖掘高度、卸载半径、卸载高度和下挖深度（图12-8）。

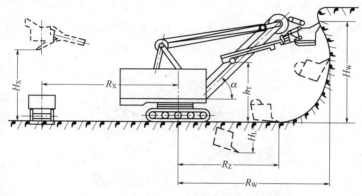

图 12-8　电铲工作参数

① 挖掘半径（R_W）　挖掘时由挖掘机回转中心至铲斗齿尖的水平距离。铲斗最大水平伸出时的挖掘半径称为最大挖掘半径（$R_{W_{max}}$）；铲斗平放在站立水平面的挖掘半径称为站立水平挖掘半径（R_{W_z}）。

② 挖掘高度（H_W）　挖掘时铲斗齿尖距站立水平的垂直距离。铲杆最大伸出并提到最高位置时的垂直距离称为最大挖掘高度（$H_{W_{max}}$）。

③ 卸载半径（R_X）　挖掘时由挖掘机回转中心至铲斗中心的水平距离。铲杆最大水平伸出时的卸载半径称为最大卸载半径（$R_{X_{max}}$）。

④ 卸载高度（H_X） 铲斗斗门打开后，斗门的下缘距站立水平的垂直距离。铲杆最大伸出并提到最高位置。当斗门打开后，斗门的下缘距站立水平的垂直距离称为最大卸载高度（$H_{X_{max}}$）。

⑤ 下挖深度（H_{X_w}） 铲斗下挖时由站立水平至铲斗齿尖的垂直距离。

（3）液压挖掘机

大型液压挖掘机发展迅速，许多新、老矿山都已普遍采用（图12-9）。挖掘机上应用液压传动的系统主要有先导控制液压系统、回转液压系统、行走液压系统、工作装置液压系统等。它具有结构紧凑、动作灵活、运行平稳、操作方便等优点。

图 12-9　R996 液压挖掘机在装载作业

12.2.2　大型轮式装载机和轮斗式挖掘机

轮式装载机，又称前端式装载机是一种新型的露天矿采装运设备（图 12-10）。它由柴油发动机驱动和液压传动，一机多能，轻便灵活，既可以向运输容器装载，又可以自装自运，还可以用来牵引货载及清理工作面。

露天矿连续开采工艺比较有效的采掘设备是轮斗式多斗铲，它

图 12-10 Cat 994 装载机在给大型汽车装载

与胶带运输机配合，可实现连续开采。

12.2.3 采掘工作面参数

露天矿工作面参数主要包括台阶高度、采区长度、采掘带宽度和工作平盘宽度。工作面参数合理与否，不仅影响挖掘机的采装工作，而且也影响露天矿其他生产工艺过程的顺利进行。

（1）台阶高度

台阶高度大小受各方面因素的限制，如挖掘机工作参数、矿岩性质和埋藏条件、穿孔爆破工作要求、矿床开采强度及运输条件等。台阶高度大，台阶数目减少，有利于降低成本，但露天矿稳定性降低；因此，必须综合考虑经济、技术和安全因素，确定合理的台阶高度。

① 平装车时的台阶高度　平装车即运输设备与挖掘机在同一水平工作。从保证安全的角度出发，挖掘不需要预先破碎的松散软岩时，台阶高度不应高于挖掘机的最大挖掘高度；挖掘坚硬矿岩的爆堆时，台阶高度应能使爆破后的爆堆高度，不高于挖掘机的最大挖掘高度；为提高挖掘机的满斗程度，松软矿岩的台阶高度和坚硬矿岩的爆堆高度，不应低于挖掘机推压轴高度的 2/3。

② 上装车时的台阶高度　上装车即运输设备位于挖掘机所在台阶的上部平盘。为使矿岩装入上平盘的运输设备，台阶高度应根据挖掘机最大卸载高度和最大卸载半径来确定。

（2）采区长度

采区长度又称挖掘机工作线长度，是指把工作台阶划归一台挖掘机采掘的那部分长度。采区最小长度应至少保证挖掘机有 5～10 天以上的采装爆破量。实践证明，汽车运输采区长度不应小于 150～200m；铁路运输不应小于列车长度的 2～3 倍（约 400m）。

（3）采掘带宽度

采掘带宽度即以此挖掘的宽度。采掘带过窄，挖掘机移动频繁，作业时间减少，生产能力减低，同时增加了履带磨损；采掘带过宽，挖掘机挖掘条件恶化，采掘带边缘满斗程度降低，残留矿岩增多，清理工作量增大，也会降低挖掘机生产能力。

（4）工作平盘宽度

工作平盘是进行采掘运输作业的场地。保持一定的工作平盘宽度，是保证上、下台阶各采区之间正常进行采剥工作的必要条件。

工作平盘宽度取决于爆堆宽度、运输设备规格、设备和动力管线的配置方式以及所需的回采矿量。仅按布置采掘采掘运输设备和正常作业所必须的宽度，称为最小工作平盘宽度。其组成要素见如下内容。

① 汽车运输时最小工作平盘宽度（图 12-11）　汽车运输时最小工作平盘宽度（B_{min}）按式（12-4）计算：

$$B_{min} = b + c + d + e + f + g \qquad (12\text{-}4)$$

式中　b——爆堆宽度；

　　　c——爆堆坡底线至汽车边缘的距离；

　　　d——车辆运行宽度（与调车方式有关）；

　　　e——线路外侧至动力电杆的距离；

　　　f——动力电杆至台阶稳定边界线的距离，一般 3～4m；

　　　g——安全宽度。

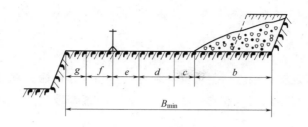

图 12-11　汽车运输最小工作平盘宽度

② 铁路运输时最小工作平盘宽度（图 12-12）　铁运输时最小工作平盘宽度（$B_{\min}$）按式（12-5）计算：

$$B_{\min} = b + c_1 + d_1 + e_1 + f + g \tag{12-5}$$

式中　c_1——爆堆坡底线至铁路线路中心线间距，通常为 2～3m；

d_1——铁路线路中心线间距，同向架线大于 6.5m，背向架线大于 8.5m；

e_1——外侧线路中心至动力电杆的距离；

f——动力电杆至台阶稳定边界线的距离，一般为 3m；

其他符号意义同式（12-4）的解释。

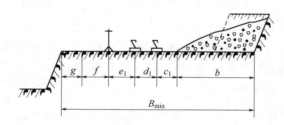

图 12-12　铁路运输最小工作平盘宽度

12.3　运输

露天矿运输是露天开采主要生产工序之一，其基本任务是将露天采场采出的矿石运送到选矿厂、破碎站或贮矿场，把剥离的岩土（即废石）运送到排土场，并将生产过程所需的人员、设备和材料运送到工作地点。完成上述任务的运输网络便构成露天矿运输系统。

大、中型露天矿场采用的运输方式包括自卸汽车运输、铁路运输、胶带运输机运输、斜坡箕斗提升运输和联合运输。其中，自卸汽车运输在国内、外获得广泛的应用，并有逐渐取代其他运输方式的趋势。

12.3.1 自卸汽车运输

（1）矿用自卸汽车

汽车运输机动灵活，特别适合需要均衡配矿和多点作业的矿山。汽车还具有爬坡能力大、转弯半径小的优点，这就使得汽车运输取代铁路运输，成为现代露天矿山的主要运输方式。

为适应露天矿向大型化发展的需要，矿用汽车的有效载重也在不断提高，先后出现有效载重为108t、154t、218t和275t等大型矿用自卸汽车。

目前，国际上著名的大型矿用汽车制造商主要有卡特彼勒（Caterpillar）、欧几里得、小松（Komatsu-Dresser）、利勃海尔（Liebherr）和尤尼特·里格等公司。20世纪90年代末，利勃海尔、卡特彼勒和欧几里得几乎同时推出了300t级有效载重的矿用汽车，如T282（有效载重327t）、Cat797（有效载重326t）和MT-5500（有效载重307t）。

我国矿用汽车制造企业的水平和能力虽然发展较快，但与国际先进水平相比还有较大的差距。目前，我国批量生产矿用汽车的企业主要有南方通用集团公司电动车辆厂（主要生产108t和154t电动轮矿用汽车）、北京重型汽车制造厂、北方重型汽车有限责任公司和本溪重型汽车制造（集团）有限公司等，主要通过引进技术或技贸合作生产108t、154t电动轮和20～85t载重级别的机械传动矿用汽车。

电动轮自卸汽车（图 12-13）采用柴油发电机组，通过电动轮驱动车辆前进。它与普通自卸汽车的区别主要是采用电传动，因而不需要一般汽车那一套机械传动的离合器、液力变扭箱、变速箱、传动轴、差速器等部件，结构简单，容易制造和修理。电动轮自卸汽车的牵引性能好，爬坡能力强，运输效率高。由于是无级变速，因此操作简单，运行平稳，行车比较安全。

图 12-13　T282 矿用汽车

（2）装运设备的配套

汽车是同挖掘机配合在一起采掘运输矿岩的，因此汽车载重量与挖掘机斗容之间，客观上存在着一定的匹配关系。如果挖掘机斗容过小、汽车载重量过大，则汽车装车和等待装车时间大大增加，汽车效率得不到发挥；反之，如果挖掘机斗容过大、汽车载重量过小，则会出现铲等车的现象，挖掘机效率得不到发挥。只有在两者合理匹配的情况下，才能最大限度地发挥挖掘机和汽车的综合效率，获得采装运输最佳的技术经济指标。

一般认为，当运距在 1.0～1.5km 时，自卸汽车容积与挖掘机斗容的最优比例为（4～6）：1，如 3m³ 斗容挖掘机配有效载重量 25t 的自卸汽车比较合适；如果挖掘机斗容为 4～6m³，则应选用有效载重量 60～65t 的自卸汽车；若采用 9.2～11.5m³ 斗容挖掘机，就应配 100～120t 的自卸汽车。

（3）矿用公路

露天矿自卸汽车运输的经济效果，在很大程度上取决于矿山运输线路的合理布置及路面质量和状况。

与一般的交通公路相比，矿用公路通常具有断面形状复杂、线路坡度大、弯道多、运量大、相对服务年限短、行驶车辆载重量大等特点。因此，要求公路结构简单，在一定服务年限内保持相当的坚固性和耐磨性。

矿用公路按用途分为生产公路和辅助公路，前者主要是在开采过程矿岩的运输通道，后者属于一般公路。

露天矿生产公路按其性质和所处位置的不同，分为以下 3 类。

① 运输干线　从露天矿出入沟通往卸载点（如破碎站）和排土场的公路。

② 运输支线　由各开采水平与采矿场运输干线相连接的道路和由各排土水平与通往排土场输干线相连接的道路。

③ 辅助线路　通往分散布置的辅助性设施（如炸药库、变电站、水源地等），行驶一般载重汽车的道路。

按服务年限又可分为以下几类。

① 固定公路　服务年限 3 年以上的采场出入沟及地表永久公路；

② 半固定公路　通往采矿场工作面和排土场作业线的道路，其服务年限为 1～3 年；

③ 临时性公路　采掘工作面和排土线的道路，它随采掘工作面和排土工作线的推进而不断移动，所以又称为移动公路。这种线路一般不需修筑路面，只需适当整平、压实即可。

公路的主要结构是路基和路面。路基材料一般就地取材，常用整体或碎块岩石来修筑路基。路面则是在路基上用坚硬材料铺成的结构层，常见的有混凝土路面、沥青路面、碎石路面和石材路面。

12.3.2　铁路运输

铁路运输适用于储量大、面积广、运距长（超过 5～6km）的露天矿。其优点是：

① 运输能力大；

② 可与国有铁路直接办理行车业务，简化装卸工作；

③ 设备和线路坚固，备件供应可靠；

④ 运输成本低。

其主要缺点是：

① 基建投资大，基建时间长，爬坡能力弱，线路工程和辅助工作量大；

② 受矿体埋藏条件和地形条件影响大，对线路坡度、平曲线半径要求严格，灵活性差；

③ 线路系统和运输组织工作复杂；

④ 虽开采深度有增加，但运输效率显著下降。

铁路运输在 20 世纪 40～50 年代曾经是露天矿骨干运输方式，但进入 20 世纪 60 年代后，随着采矿技术的发展和重型自卸汽车、电动轮自卸汽车等运输设备的发展，铁路运输逐渐让位于公路运输，所占比重明显减少。

我国采用铁路运输的大、中型露天矿山，其轨距基本上都是 1435mm 的标准轨道，只有一些小型矿山才采用各种规格的窄轨运输。

我国大型露天矿所采用的牵引机车，主要是电机车，黏着质量有 80t、100t 和 150t 等，车辆普遍采用 60t 和 100t 的自卸翻斗车。

12.3.3　胶带运输机运输

由于胶带运输机的爬坡能力大，能够实现连续或半连续作业，自动化水平高，运输生产能力大、运输费用低，所以在国内外深露天矿的应用日益广泛。

胶带运输机在露天矿的应用，大致有以下几种类型：轮斗式挖掘机-胶带运输机系统；推土机-格筛-胶带运输机系统；前端式装载机-移动式破碎机-胶带运输机系统；挖掘机-汽车-破碎机-胶带运输机系统等。

12.4 排土

露天开采的一个重要特点是要剥离大量覆盖在矿体上部的表土和周围岩石，并将其运往专门设置的场地排弃。接受排弃岩土的场地称为排土场；在排土场按一定方式进行堆放岩土的作业称为排土工作。

排土工程包括：选择排土场位置、排土工艺技术、排土场稳定性及其病害治理和排土场占用土地、环境污染及其复垦等内容。

露天排土技术与排土场治理方面的发展趋势是：

① 采用高效率的排土工艺，提高排土强度；

② 增加单位面积的排土容量，提高堆置高度，减少排土场占地；

③ 排土场复垦，减少环境污染。

12.4.1 排土场位置选择

按排土场与采场的相对位置，可分为内部排土场和外部排土场。内部排土场是把剥离的岩土直接排弃到露天采场的采空区，这是一种最经济而又不占用农田的排土方案，在有条件的矿山应尽量采用。但只有开采水平或缓倾斜矿体和在一个采场内有两个不同标高底平面的矿山以及分区开采的矿山才适用内部排土。绝大多数金属和非金属露天矿都不具备内部排土条件，而需要外部排土场。

排土场的选择应遵循如下原则：

① 排土场应靠近采场，尽可能利用荒山、沟谷及贫瘠荒地，不占或尽量少占农田，就近排土可减少运输距离，但要避免在远期开采境界内将来进行二次倒运废石；

② 避免上坡运输，充分利用空间，扩大排土场容积；

③ 应充分勘察基底岩层的工程地质和水文地质条件，保证排土场基底的稳定性；

④ 排土场不宜设在汇水面积大、沟谷纵坡陡、出口又不宜拦截的山谷中，也不宜设在工业厂房和其他构筑物及交通干线的上游方向，以避免发生泥石流和滑坡，危害生命财产，污染环境；

⑤ 排土场应设在居民点的下风向地区，防止粉尘污染居民区，应防止排土场有害物质的流失，污染江河湖泊和农田；

⑥ 应考虑排弃废料的综合利用和二次回收的方便，如对暂不能利用的有用矿物或贫矿、氧化矿、优质建筑石材，应分别堆置保存；

⑦ 排土场的建设和排土规划应结合排土结束或排土期间的复垦计划统一安排。

12.4.2 排土工艺

按运输排土方法，排土工艺可分为：汽车-推土机、铁路-电铲（排土犁、推土机、前装机、铲运机等）、带式输送机-推土机以及水力运输排土等。

（1）汽车-推土机排土工艺

我国多数露天矿（包括部分以铁路运输为主的矿山）采用汽车-推土机排土工艺（如图12-14所示）。该工艺适合任何地形条件，可堆置山坡型和平原型排土场。汽车-推土机排土时，推土机用于推排岩土、平整场地、堆置安全车挡，其工作效率主要决定于平台上的岩土残留量。当汽车直接向边坡翻卸时，80%以上的岩土借助自重滑移到坡下，由推土机平场并将部分残留矿岩堆成安全车

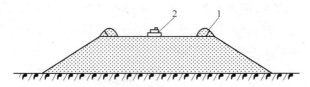

图 12-14 汽车—推土机排土工艺

1—岩石安全车挡；2—推土机

挡；当排弃的是松软岩土，台阶高度大，或因雨水影响排土场变形严重，汽车直接向边坡翻卸不安全时，可以在距坡顶线 5～7m 处卸载，全部岩土由推土机排至坡下，这样就大大增加了推土机的工作量，增加了排土费用。

（2）铁路运输排土

铁路运输排土主要应用其他移动式设备进行转排工作，如挖掘机（电铲）、排土犁、推土机、前装机、铲运机、索斗铲等。目前国内铁路运输排土的矿山，主要采用挖掘机转排，排土犁次之。

列车进入排土工作线后依次将岩土卸入受土坑，受土坑的长度不小于一列翻斗车的长度，标高比挖掘机作业平台低 1.0～1.5m。

排土台阶分上、下两个分台阶，挖掘机站在下部分台阶平台从受土坑铲取岩土，向前方、侧方和后方堆置。向前方和侧方堆置是挖掘机推进而形成下部分台阶；向后方堆置上部分台阶是为新排土线而修路基。如此作业，直到排满规定的台阶总高度。

排土犁是一种行走在轨道上的排土设备，它自身没有行走动力，由机车牵引，工作时利用汽缸压气将犁板张开一定角度，并将堆置在排土线外侧的岩土向下推排，小犁板主要起挡土作用。

12.5 排水

露天坑实际是一个大的汇水坑，大气降水及岩层含水是其主要的水源。为保证露采工作的顺利进行，必须将露天坑内的积水及时排出。露天矿山排水系统主要有以下几种方式。

（1）自流排水

利用露天采场与地形的自然高差，不用水泵等动力设备，仅依靠排水沟等简单工程将积水自流排出采场的排水系统，称为自流排水。当局部地段受到地形阻隔难以自流排出时，在可能的情况下可以开凿排水平硐导通。该排水系统投资少、成本低，被大多数山坡露天矿所采用。

（2）机械排水

利用水仓汇水，通过水泵等动力设备，将积水排出地表的排水系统，称为机械排水。机械排水分为采场底部集中排水、采场分段接力排水和地下井巷排水 3 种形式。

① 采场底部集中排水　该排水系统得实质是在露天采场底部设置临时水仓和水泵，使进入采场的水全部汇集到采场底部水仓，再由水泵经排水管道排至地表，如图 12-15 所示。

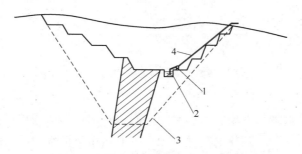

图 12-15　露天采场底部集中排水系统
1—水泵；2—水仓；3—露天开采境界；4—排水管

水仓随着露天矿新水平的延伸而下降，新水平的水仓一经形成，上部原有水仓即被放弃，所以在整个生产期间，水仓和水泵是不断向下移动的。

水仓、排水设备和水泵房的总称叫泵站，逐水平向下移动的泵站叫做移动式泵站，隔几个水平向下移动一次的泵站叫做半固定式泵站。

该排水系统泵站结构简单、投资少，移动式泵站不受采场淹没高度的限制，但泵站与管线移动频繁，开拓延伸工程受影响，坑底泵站易被淹没。因此，该系统一般适用于汇水面积和水量小的中、小型露天矿山，或者开采深度小、下降速度慢、水对边坡影响较小的少水大型矿山。

② 采场分段接力排水　该排水系统的实质是：在露天采场的边帮上设置几个固定泵站，分段拦截并排出涌水，各固定泵站可以将水直接排至地表，也可以采取接力方式通过上水平的主泵站将水排至地表，如图 12-16 所示。

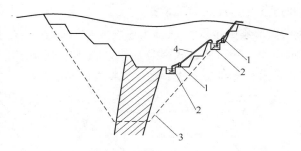

图 12-16　露天采场采场分段接力排水系统

1—水泵；2—水仓；3—露天开采境界；4—排水管

该排水系统采场底部积水少，掘沟和扩帮作业条件好，但排水泵站多而分散，基建工程量较大。一般适用于汇水面积和水量大的露天矿山，或开采深度大、下降速度快的矿山。

③ 地下井巷排水　该排水系统的实质是：通过垂直泄水井或钻孔，或者在边坡上开凿水平泄水巷道，将降雨和地下涌水排泄到井下水仓内，由井下排水设施排出地表，如图 12-17 所示。

该系统采场积水排泄到地下，露天坑不另设排水设施，对露天矿生产影响较小，一般适用于露天、地下联合开采的矿山。其主要缺点是增加了地下矿山的排水压力。

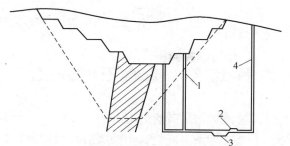

图 12-17　露天采场地下井巷排水系统

1—泄水井或钻孔；2—地下水泵房；3—地下水仓；4—井筒

第13章　饰面石材开采

饰面石材是建筑装饰用天然岩石材料的总称，分为大理岩和花岗岩两大类。大理石是指变质或沉积的碳酸盐岩类的岩石，其主要的化学成分是碳酸钙，约占50％以上，还有碳酸镁、氧化钙、氧化锰及二回氧化硅等，大理石属于中硬石材；天然花岗石是以铝硅酸盐为主要成分的岩浆岩，其主要化学成分是氧化铝和氧化硅，还有少量的氧化钙、氧化镁等，所以是一种酸性结晶岩石，属于硬石材。

饰面石材美观耐用，是高级建筑装饰材料，随着我国建筑业及对外贸易的蓬勃发展，石材工业将会有更为广阔的前景。我国饰面石材资源丰富，花色品种众多，石材矿山都是露天开采。

13.1　饰面开采基本特点及矿床评价

饰面石材开采的基本特点，是从矿（岩）体中最大限度的采出具有一定规格和技术要求，能加工饰面板材或工艺美术造型，完整无缺的长方体、正方体和其他形状的大块石，称为荒料。

荒料是石材矿山的商品产品，也是石材加工厂的原料，其最大规格取决于加工设备允许的最大尺寸，其最小规格应满足锯切稳定性的要求。

饰面石材开采，是以采出大块荒料为目的的，因此，评价石材矿床应侧重于以下几方面。

（1）矿石质量

用于装饰的石材，常常以其装饰性能（即石材表面的颜色花纹、光泽度和外观质量等）来作为选材的要求，但评价石材质量时除考虑装饰性能外，还应考虑其他质量指标，如抗压强度、抗折强度、耐久性、抗冻性、耐磨性、硬度等。这些理化性能指标优良的石材，在使用过程中才能很好地抵抗各种外界因素的影响，保证石材装饰面的装饰效果和使用寿命。与此相反，质次的石材理化性能较差，不能保证石材装饰面的使用耐久性。总之，评价石材质量优劣时，不能仅局限于某一方面的内容，应从总体上去评价，既考虑其装饰性能，还应考虑其使用性能。

① 装饰性能　装饰性能由矿石磨光面的颜色、花纹和光泽度表征；要求具有良好的装饰性能，即颜色、花纹协调、一致、稳定，光泽度在 80 度以上。装饰性能是划分石材品种和评价其价值大小的依据，如表 13-1 所示。

表 13-1　饰面石材等级（参考）

等级	大理石类饰面石材	花岗石类饰面石材
特级	汉白玉、松香黄、丹东绿	芦山红
一级	雪花白、桂林黑、红奶油、水桃红、杭灰	贵妃红、石棉红、济南青（A）、塔尔红、水芙蓉
二级	芝麻白、东北红、秋景、桃红、灵寿绿、莱阳黑	崂山红、济南青（B）、平邑红
三级	灰螺纹、条灰、紫豆瓣、莱阳绿、云灰	雪花白、灰白点、粉红、砻石、五莲花

② 物力技术性能　具有良好的加工性能，有一定的机械强度，在锯切、研磨、抛光和搬运及安装过程中，不宜自然破损。一般要求的机械强度：抗压强度 70～110MPa，抗折强度 6～16MPa。

③ 化学稳定性　耐风化、抗腐蚀。

④ 无毒害　不含有毒有害化学成分，放射性核素含量不超过工业卫生标准。

（2）荒料块度

荒料按块度分为 3 级：一级 $\geq 3m^3$；$1m^3 \leq$ 二级 $< 3m^3$；$0.5m^3 \leq$ 三级 $< 1m^3$。

（3）经济合理剥采比

石材矿山的平均剥采比，不应超过经济合理剥采比。

（4）综合利用

饰面石材，从矿山到加工厂的整个生产过程中，产生的碎石（称为废料或废石）往往占到开采与加工原料的 80％左右，能否综合利用这些废料，对石材企业的经济效益会产生很大影响。因此，评价石材矿床时，应结合综合利用可行性，进行综合评价。

（5）节理裂隙发育程度

矿体中节理、裂隙、层理、色斑、脉线以及包裹体、析离体的发育程度和特点，是决定荒料块度和荒料率（一定开采范围内采出的各级荒料总量与采出矿石总量之比）的地质因素，从而决定矿床是否具有开采价值及价值大小，在调查研究和评价石材矿床时，应予以特别重视。

（6）矿石储量及开采技术条件

矿石储量应满足拟建矿山规模及服务年限的要求。

矿山开采技术条件包括：矿区地形、矿体和夹石的产状、形态、厚度、岩溶数量及分布规模，以及外部建设条件等。

13.2 矿床开拓

13.2.1 石材矿山采石程序特点

石材矿山的采石程序与其他矿产露天矿山类似，但具有以下特点。

（1）工作面布置及推进方向

石材矿山的工作线，通常沿矿体主节理裂隙系的走向方向布置，并垂直走向方向右上盘向下盘推进，以利提高荒料规格和荒料率。

（2）工作面参数

石材矿山通常采用组合分台阶开采，其工作面参数如下（图13-1）。

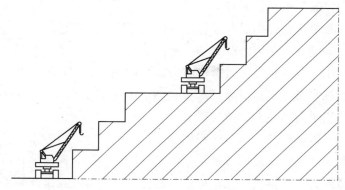

图 13-1　组合分台阶构成示意图

① 台阶及分台阶高度　台阶高度主要根据起重设备类型及规格确定；分台阶高度根据荒料最大规格、采石设备类型和最优凿岩深度确定。

② 最终台阶及分台阶坡面角　一般为 90°，只有当最终边坡的倾向与岩层层理或节理裂隙系的倾角一致时，才予以适当调整。

③ 工作面长度　主要取决于采石方法及其设备。

④ 台阶及分台阶最小工作平盘宽度　台阶最小工作平盘宽度根据起重、运输和采石正常作业条件确定，一般 20～25m；分台阶最小工作平盘宽度，根据采石正常作业条件确定，一般 5～8m。

13.2.2　开拓方法

石材矿山常用的开拓方式有公路运输开拓、起重机运输开拓、斜坡提升台车运输开拓和联合开拓等。

（1）公路运输开拓

公路运输开拓是国内外石材矿山最常用的一种开拓方式。石材矿山采场平面尺寸较小，荒料规格大，运输量小，要求中途不转载。因此，公路运输开拓的沟道，多为直进式布置的单沟或组沟。公路从采场外直接进入各开采水平，荒料直接吊装，无需转载。

（2）起重机运输开拓

起重机运输开拓是在采场适当位置配置起重设备，采用无沟开拓。将其站立水平之上或之下一定范围内工作台阶采出的荒料和废石，起吊到装运水平装入运输容器运出。常用的开拓起重设备，主要有桅杆式起重机和缆索式起重机两种。前者适用于急倾斜矿体，后者适用于地形复杂、陡坡矿山。

（3）斜坡提升台车运输开拓

斜坡提升台车运输开拓，适用于急倾斜矿体、深度大、地形复杂不适用大型起重机和汽车运输开拓的矿山。其优点是开拓工程量较小，开拓时间较短；缺点是货载需要多次转载，增加生产环节和起重设备，生产管理复杂，荒料成本较高且易造成荒料破坏。

（4）联合开拓

石材矿山常用的联合开拓方式是汽车运输和桅杆式起重机联合。

13.3　采石方法

13.3.1　采石工艺

饰面石材主要为露天开采，其采石工艺分为分离、顶翻、切割、整形、拖曳或推移、吊装与运输、清碴 7 个工序。

（1）分离

分离是将长条块石采用适当的采石方法，使之脱离原岩体的工序。长条块石基本尺寸的确定方法主要有以下几种。

① 长度　长条块石的长度一般等于所定荒料规格的最大宽度的整数倍，并适当考虑整形余量。长条块石长度一般 10～20m，最大达 50m，手工采场则较短，一般 3～5m。

② 高度　长条块石的高度等于台阶（或分台阶）的高度，一般 3～6m，少数可达 12m 或更大。

③ 宽度　长条块石的宽度根据可以加工的荒料最大块度确定。

（2）顶翻

对于高度大、宽度小的长条块石，为了下一工序切割的方便，要将其反转 90°，平卧在工作平台上，该工序称为顶翻。

（3）切割

又名分割、分切或解体，即按规定的荒料尺寸，将长条块石分割成若干荒料坯。切割采用劈裂法和锯切法。前者适用于花岗岩、大理石；后者仅用于大理石。

（4）整形

将荒料坯按国家对荒料的验收标准或供需双方商定的荒料验收标准，将超过标准规定的凹凸部分，采用劈裂法或专用整形机予以切除。

（5）拖曳或推移

对于采用固定式吊装设备的矿山，限于吊装设备的工作范围，必须将其吊装范围以外的荒料，采用牵引绞车拖曳或采用推土机、前装机推移至吊装范围内，以便起吊。

（6）吊装与运输

将采下的石材，吊装至运输容器运出采场。

（7）清碴

将择取荒料后留在采场工作平台上的块石、碎石加以清除并排弃。

13.3.2　采石方法

采石方法根据分离工艺，即长条块石脱离原岩体所形成的切缝或沟槽的方法，分为凿岩劈裂法、凿岩爆裂法、机械锯切法、射流切割法和联合采石法。

（1）凿岩劈裂法

凿岩劈裂法是在凿成的孔眼中，借助不同的劈裂工具使孔壁产生法向挤压力，使岩石沿孔眼排列的方向裂开达到分离岩石的目的。

① 人工劈裂法　人工或凿岩机钻凿楔孔，楔孔中插入钢楔，依次捶击，直至岩石裂开为止。

② 液压劈裂法　此法与人工劈裂法的区别在于以液压劈裂器代替人工捶击楔子。

（2）凿岩爆裂法

凿岩爆裂法是严格的控制爆破。此法应用广泛，在花岗岩矿山中应用更为普遍。其特点是炮孔间距小、直径小、装药量少。装药量以不破坏原岩及长条块石本身的完整性为原则。

① 导爆索爆裂法　将规格不同的特制导爆索按一般矿山的导爆索起爆网络联结，即每孔插入导爆索，且深入孔底，然后与母线捆扎，母线采用电雷管或火雷管起爆。孔内不装药，只靠导爆索本身威力，使岩石产生炮震裂缝并贯通每个炮孔，达到爆裂的目的。

② 黑火药爆裂法　利用低威力黑火药爆破产生炮震裂缝并贯通每个炮孔，达到爆裂的目的。

③ 燃烧剂爆裂法　燃烧剂即为铝热剂。利用金属氧化剂（二氧化锰）和金属还原剂（铝粉）按一定比例混合，用点火头（电阻丝）点燃使其发生化学反应，产生大量的热和膨胀气体，对孔壁产生瞬时推挤力，使岩石产生裂缝，达到脱离原岩的目的。

④ 静态爆破法　静态爆破法是将静态爆破剂（又称膨胀剂或无声爆破剂，是膨胀水泥与添加剂的混合物）用水拌匀充满炮孔，用塞子或其他材料堵塞，12～24h 内产生膨胀力，将岩石胀裂。

静态爆破剂虽然单位售价较低，但与黑火药、导爆索、燃烧剂相比，其用量大得多，因此爆裂成本较高。另外所需爆裂时间长，所以不适于大规模开采。

（3）机械锯切法

锯切法广泛用于大理石矿，由于该方法矿石破损少，可大大降低荒料率；机械化程度高，劳动强度小，劳动生产率高；锯切面平整、光滑，可大大减少整形工作量，因此，在条件适宜的情况下，应提倡采用锯切法。

（4）射流切割法

射流切割法，目前在世界上广泛采用的生产工具仅火焰切割机一种，另一种高压水枪，在石材工业中尚处于试验阶段。火焰切割机的工作原理是：雾化的燃油（柴油或煤油）点燃后，靠压缩空气喷射出高温（800～1600℃）和高速（1300m/s）火柱，切割二氧化硅含量在40％以上的火成岩类岩石（花岗岩）。由于火成岩中的两种主要成分——石英和长石的热膨胀率及受热后膨胀速度不同，膨胀率大和膨胀速度快的石英先期崩裂而脱离原岩被射流冲走，达到切割的目的。

（5）联合开采法

联合开采法是上述4种采石方法的不同组合，由于即使同一个矿山岩石性质也相差较大，因此，几乎所有石材矿山都采用联合开采法；也就是说，长条块石的分离都是采用几种采石方法联合完成的。

第5篇　特殊采矿法及环境保护

第14章　特殊采矿法

　　露天开采和地下开采是固体矿床最基本的开采方式，但随着易采、易选矿产资源的不断减少，矿山基建费用和生产成本在不断上涨，以及采矿、加工过程中的环境问题日益引起人们的关注。如果一律沿用常规方法开采某些特定条件下的矿床，如低品位矿石、海洋矿床，不仅技术难度很大，安全生产和环境保护受到威胁，而且会造成资源的巨大浪费，必须研究针对这些非常规矿床的特殊采矿方法。

14.1　溶浸采矿

　　溶浸采矿是根据某些矿物的物理化学特性，将工作剂注入矿层（堆），通过化学浸出、质量传递、热力和水动力等作用，将地下矿床或地表矿石中某些有用矿物，从固态转化为液态或气态，然后回收，以达到以低成本开采矿床的目的。

　　溶浸采矿方法包括地表堆浸法、原地浸出法和细菌化学采矿法等。

　　溶浸采矿彻底改革了传统的采矿工艺，特别是地下溶浸采矿，少需或无需传统的采矿工程（如开拓、剥离、采掘、搬运等），使复杂的选冶工艺更趋简单。溶浸采矿可处理的金属矿物有铜、铀、金、银、离子型稀土、锰、铂、铅、锌、镍、铬、钴、铁、汞、砷、铱等 20 多种；但应用较多的是铜、铀、金、银、离子型稀土。

14.1.1　地表堆浸法

堆浸法是指将溶浸液喷淋在矿石或边界品位以下的含矿岩石（废石）堆上，在其渗滤过程中，有选择的溶解和浸出矿石或废石堆中的有用成分，使之转入产品溶液（称浸出富液）中，以便进一步提取或回收的一种方法。

按浸出地点和方式的不同，堆浸可分为露天堆浸和地下堆浸两类，前者用于处理已采至地面的低品位矿石、废石和其他废料；后者用于处理地下残留矿石或矿体，如果这些矿体或矿柱未采动，为提高堆浸效果，需预先进行松动爆破。

（1）适用范围

堆浸法的适用范围主要有以下几类。

① 处于工业品位或边界品位以下，但其所含金属量仍有回收价值的贫矿与废石。根据国内外堆浸经验，含铜 0.12% 以上的贫铜矿石（或废石）、含金 0.7g/t 以上的贫金矿石（或废石）、含铀 0.05% 以上的贫铀矿石（或废石），可以采用堆浸法处理。

② 边界品位以上但氧化程度较深的难处理矿石。

③ 化学成分复杂，并含有有害伴生矿物的低品位金属矿和非金属矿。

④ 被遗弃在地下，暂时无法开采的采空区矿柱、充填区或崩落区的残矿、露天矿坑底或边坡下的分枝矿段及其他孤立的小矿体。

⑤ 金属含量仍有利用价值的选厂尾矿、冶炼加工过程中的残渣与其他废料。

（2）地表堆浸

地表堆浸法是将溶浸液喷淋在破碎而又有孔隙的废石（围岩废

石与低品位矿石的混合物）或矿石堆上，溶浸液在往下渗滤的过程中，有选择性溶解和浸出其中的有用成分，然后从浸出堆底部流出并汇集起来的浸出液中提取并回收金属的方法。

地表堆浸是应用最早且应用最广的溶浸采矿方法。它适用处理边界品位以下，仍有回收利用价值的贫矿和废石，或品位虽然在边界品位以上，但氧化程度深，不宜采用选矿法处理的矿石，或化学成分复杂，甚至含有害伴生矿物的复杂难处理的矿石。

① 破碎矿石（废石）堆的设置

a. 地表堆浸矿石的粒度要求。被浸矿石的粒度对金属的浸出率及浸出周期的影响很大，一般来说矿石粒度越小，金属的浸出速度越快。例如，用粒级 25～50mm 的与 −5mm 的金属矿石浸出 12 天，其浸出率分别为 29.575％和 97.88％。但矿石粒度又不宜太细，否则将影响溶浸液的渗透速度。国内堆浸金矿石的粒度一般控制在 −50mm 以内，并要求粉矿不超过 20％，国外许多堆浸矿石的粒度控制在 −19mm，浸出效果良好。

b. 堆场选择与处理。矿石堆场应尽量选择靠近矿山、靠近水源、地基稳固、有适合的自然坡度、供电与交通便利，且有尾矿库的地方。堆场选好后，先将堆场地面进行清理，再在其表面铺设浸垫，防止浸出液的流失。浸垫的材料有热轧沥青、黏土、混凝土、PVC 薄板等。在堆场的渗液方向的下方要设置集液沟，集液池，在堆场的周边需修筑防护堤，在堤外挖掘排水、排洪沟。

c. 矿石筑堆。矿堆高度对浸出周期及浸垫面积的利用率有直接的影响，高度大、浸出周期长，浸垫面积利用率得到提高。但从提高浸出效率、缩短浸出周期、保证矿堆有较好的渗透性来综合考虑，矿堆高度以 2～4m 为宜。

② 浸出作业控制

a. 配制溶浸液。根据浸出元素的不同，配制合适的溶浸液，如堆浸提金普遍采用氰化物。

b. 矿堆布液。矿堆布液方法有喷淋法、垂直管法及灌溉法。前者主要适合于矿石堆浸，后两者主要适合于废石堆浸法。喷淋法是指用多孔出流管、金属或塑料喷头等各种不同的喷淋方式，将溶浸液喷到矿堆表面的方法；灌溉法是在废石堆表面挖掘沟、槽、池，然后用灌溉的方法将溶浸液灌入其中；垂直管法适合高废石堆布液，其作法是废石堆内根据一定的网络距离，插入多孔出流管，将溶浸液注入管内，并分散注入废石堆的内部。

　　c. 浸出过程控制。浸出过程控制的主要因素包括温度、酸碱度、杂质矿物等。

　　③ 浸出液处理与金属回收　浸出液中含有需要提取的有用元素，可采取适当的方法将其中的有用元素置换出来。如从堆浸中所得的含金，银浸出液（富液）中回收贵金属的方法有锌粉置换法，活性炭吸附法等传统工艺，以及离子交换树脂法和溶剂萃取法等新工艺。

14.1.2　原地浸出法

　　原地浸出法，又称地下浸出法，包括地下就地破碎浸出和地下原地钻孔浸出。

　　（1）地下就地破碎浸出

　　地下就地破碎浸出法开采金属矿床，是利用爆破法就地将矿体中的矿石破碎到预定的合理块度，使之就地产生微细裂隙发育、块度均匀、级配合理、渗透性能良好的矿堆；然后从矿堆上部布洒溶浸液，有选择性地浸出矿石中的有价金属，浸出的溶液收集后转输地面加工回收金属，浸后尾矿留采场就地封存处置。

　　溶浸矿山比常规矿山基建投资少、建设周期短、生产成本低，有利于实现矿山机械化与自动化，有利于矿区环境保护；因此，该法很有应用发展前景，目前在国外已得到广泛应用。我国也在铀、铜等金属矿床试验研究或推广应用，取得了良好效果。

（2）原地钻孔溶浸采矿方法

其特征是矿石处于天然赋存状态下，未经任何位移，通过钻孔工程往矿层注入溶浸液，使之与非均质矿石中的有用成分接触，进行化学反应。反应生成的可溶性化合物通过扩散和对流作用离开化学反应区，进入沿矿层渗透的液流，汇集成含有一定浓度的有用成分的浸出液（母液），并向一定方向运动，再经抽液钻孔将其抽至地面水冶车间加工处理，提取浸出金属。

地下原地钻孔溶浸采矿方法适用条件苛刻，一般要求同时满足以下条件。

① 矿体具有天然渗透性能，形状平缓，连续稳定，并具有一定的规模。

② 矿体赋存于含水层中，且矿层厚度与含水层厚度之比不小于 1：10，其底板或顶、底板围岩不透水或顶、底板围岩的渗透性能大大低于矿体的渗透性能。在溶浸矿物范围之内应无导水断层、地下溶硐、暗河等。

③ 目的金属矿物易溶于溶浸药剂而围岩矿物不能溶于溶浸药剂，例如：氧化铜矿石与次生六价铀易溶于稀硫酸，而其围岩矿物石英、硅酸盐矿物不溶于稀硫酸，该两种矿物则有利于浸出。

由于适用条件苛刻，目前国内、外仅在疏松砂岩铀矿床应用地下原地钻孔法开采。这种疏松砂岩铀矿床通常赋存于中、新生代各种地质背景的自流盆地的层间含水层中。含矿岩性为砂岩，矿石结构疏松。且次生六价铀较易被酸、碱浸出，适合地下原地钻孔浸出法开采。

14.1.3 细菌化学采矿法

某些微生物及其代谢产物，能对金属矿物产生氧化、还原、溶解、吸附、吸收等作用，使矿石中的不溶性金属矿物变为可溶性盐类，转入水溶液中，为进一步提取这些金属创造条件。利用微生物的这一生物化学特性进行溶浸采矿，是近几十年迅速发展起来的一种新的采矿方法。目前世界各国微生物浸矿成功地应用于工业化生产的主要是铀、铜和金、银等金属矿物，且正在向锰、钴、镍、钒、镓、钼、锌、铝、钛、铊和铈等金属矿物发展。浸出方式由池（槽）浸，地表堆浸逐步扩展到了地下就地破碎浸出，并有向地下原地钻孔浸出发展的趋势。一般说来，微生物浸矿主要是针对贫矿、含矿废石、复杂难选金属矿石。

可用于浸矿的微生物细菌有几十种，按它们生长的最佳温度可以分为三类，即中温菌（mesophile）、中等嗜热菌（moderate thermophile）与高温菌（thermophile）。硫化矿浸出常涉及的细菌如图14-1所示。

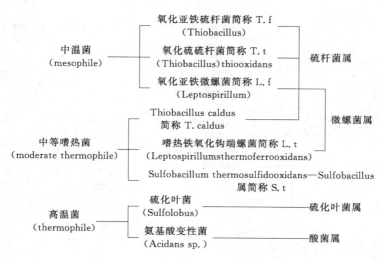

图 14-1　可用于浸矿的微生物细菌种类

14.2　海洋采矿

在浩瀚辽阔的海洋中蕴藏着极其丰富的海洋生物资源，取之不尽用之不竭的海洋动力资源，以及储量巨大、可重复再生的矿产资源和种类繁多、数量惊人的海水化学资源。依据海洋资源的可再生性分为可再生资源与不可再生资源，如图 14-2 所示。显然，海底资源均属于不可再生资源。依据不同的海水深度，海底资源可分为大陆架资源、大陆坡大陆裙底资源与深海底资源。

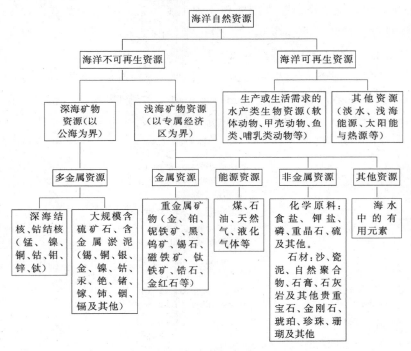

图 14-2　海洋资源分类

14.2.1　浅海底资源开采

浅海底资源包括海水深度 0～2000m 内的大陆架、大陆坡、大陆裙内的海底资源，主要有石油与天然气、金刚石、磁铁矿、金红石、独居石、锡石等砂矿床，及海底基岩矿床煤、铁、硫黄、石膏等矿床。

（1）石油与天然气开采

海底中储藏着丰富的石油和天然气，石油量约 1350 亿吨，天然气约 140 万亿立方米，约占世界可开采油气总量的 45%。据估计，可能含有油气资源的大陆架面积约 2000 万平方公里，可能找到油气的深海面积有 5000 万～8000 万平方公里。

我国海洋石油与天然气十分丰富，经过近三十年的勘察与研究，我国海域共发现有 16 个中、新生代沉积盆地有石油与天然气，油气面积达到 130 万平方公里，海洋石油储量达到 450 亿吨，天然气储量达到 14 万亿立方米，分别占全国油气资源量的 57% 和 33%。

海上油气开采的主要设施与方法有以下几种。

① 人工岛法。多用于近岸浅水中，较经济。

② 固定式油气平台法。其形式有桩式平台、拉索塔平台、重力式平台。

③ 浮式油气平台法。其形式分为可迁移平台法与不可迁移式平台法，可迁移式平台法包括座底式平台、自升式平台、半潜式平台和船式平台等；不可迁移式平台包括张力式平台、铰接式平台等。

④ 海底采油装置法。采用钻潜水井的办法，将井口安装在海底，开采出的油气用管线直接送往陆上或输入海底集油气设施。

（2）砂矿开采

海滨砂矿开采的矿物种类多达 20 多种，主要有金刚石、砂金矿、砂铂、铬砂、铑砂、铁砂矿、锡石、钛铁矿、锆石、金红石、重晶石、海绿石、独居石、磷钙石、石榴石等。

我国海滨砂矿床，除绝大部分用于建筑材料外，还有许多具有工业开采价值的矿床，比较有名并具开采潜力的矿带有海南岛东岸带、广东海滨、山东半岛南部海滨、辽东半岛海滨及我国台湾西南海滨一带。

对于海滨砂矿，大多是采用采砂船进行开采。采矿船舶通常是用大型退役油轮、军舰加以改装。目前有效的开采方法仍然是集采矿、提升、选矿和定位为一体的采矿船开采法。

海滨砂矿开采的发展方向是大型化和多功能化，即研制大功率多功能的链斗式采矿船，使链斗斗容接近或超过 $1m^3$，开采深度接近或超过 100m。此外，建立全自动具有采选功能的海底机器人开采系统也是海滨砂矿开采的发展方向之一，海滨砂矿机器人开采系统具有采选一体化、生产效率高、环境破坏少等优点。

（3）岩基矿床开采

浅海岩基固体矿床资源有煤、铁、硫、盐、石膏等。

海底岩基矿床有两类：一类是陆成矿床，即在陆地时形成，陆海交替变更沉入海底的矿床；另一类是海成矿床，它是由海底岩浆运动与火山爆发生成的矿床，这类矿床多为多金属热液矿床。海底岩基矿床在世界许多地方都可以找到，特别是在沿海大陆架位置，许多陆成矿床清晰可见，日本、英国的煤矿及我国的三山岛金矿都属于陆成矿床。

海底岩基矿床的开采方法与陆地金属或非金属矿床的开采方式基本相同，对于海底出露矿床，同样可采用海底露天矿的方法进行开采；对于有一定覆盖层的深埋矿床，为满足与陆地开采相同的技术要求，其开拓方法有海岸立井开拓法、人工岛竖井开拓法、密闭井筒-海底隧道开拓法等。这类海底岩基矿床开采的关键技术是以最低的成本设置满足工业开采与安全要求的行人、通风、运输通道，以及防止海水渗入矿床内部及采空区，淹没井筒与井下设施。

对于海底露天矿，可供选择的方法有潜水单斗挖掘机-管道提升开采法、潜水斗轮铲-管道提升开采法与核爆破-化学开采法等。其开采工艺与地表露天矿的开采方法基本相同，但所有设备均在水下不同深度的海底进行，需要有可靠的定位系统、监控系统、机械自行与遥控系统、防水防腐系统等，此外，还需要有能替代人工操作的机器人。

对于海底陆成基岩矿的采矿方法有空场法与充填采矿法；其中最为可靠的是胶结充填采矿法；它能有效控制岩层变形与位移，防止海水渗入采空区与井巷，我国三山岛金矿就是采用上向分层充填法。

对于海底岩基矿床的开采，其发展方向是密封空间内的核爆破—化学法开采，即对海底矿床预先密闭，然后采用核爆方法进行破碎，再采用化学浸出，提取有用金属。

14.2.2 深海资源开采

(1) 深海底资源赋存特征

深海底矿藏大致上可分为三大类：锰团块、热液矿床、钴壳。

① 锰团块　锰团块又叫锰结核、锰矿球，是以锰为主的多金属结核。它广泛分布在世界各大洋水深 $2000\sim6000m$ 处的洋底表层，以太平洋蕴藏量最多，估计为 1.7 万亿吨，占全世界蕴藏量约 3 万亿吨的一半多。结核形态千变万化，多为球状、椭圆状、扁平状及各种连生体。结核大小不一，绝大部分为 $30\sim70mm$，平均直径为 80mm，最大的可达 1000mm。锰结核一般赋存于 $0°\sim5°$ 的洋底平原中。

② 热液矿床　热水矿床含有丰富的金、银、铜、锡、铁、铅、锌等，由于它是火山性的金属硫化物，故又被称为"重金属泥"。它的形成是由于地下岩浆沿海底地壳裂缝渗到地层深处，把岩浆中的盐类和金属溶解，变成含矿溶液，然后受地层深处高温高压作用喷到海底，使得深海处泥土含有丰富的多种金属。通常深海处温度较低，由于岩浆的高温，使得这些地方温度达到 $50℃$，故称为热水矿床。热水矿床和锰团块不一样，系堆积在 $2000\sim3000m$ 中等深度的海底，所以开采比较容易。

③ 钴壳　钴壳是覆盖在海岭中部、厚度为几厘米的一层壳，钴壳中含钴约为 1.0%，为锰团块中的几倍。它分布在 $1000\sim$

2000m 水深处，因此更加容易开采。据调查，仅在美国夏威夷各岛的经济水域内，便蕴藏着近 1000 万吨的钴壳。钴壳中除含钴外，还有约 0.5% 的镍、0.06% 的铜和 24.7% 的锰；另外还含有大量的铁，其经济价值约为锰团块的 3 倍多。

（2）深海锰结核开采方法

传统的水底采矿法已经不能适应水深超过 1000m 海底锰结核的开采。深海锰结核的采矿方法按结核提升方式不同，分为连续式采矿方法和间断式采矿方法；按集矿头与运输母体船的联系方式不同，可分为有绳式采矿法与无绳式采矿法。具体开采方式众多，如图 14-3 所示。

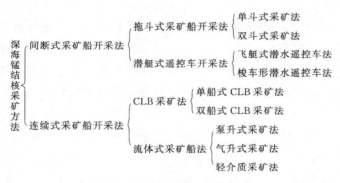

图 14-3　深海锰结核开采方法

① 单斗式采矿法　单斗式采矿法如图 14-4 所示。由于锰结核矿层很薄，只需从洋底刮起薄层锰结核就可以，因此可采用拖斗采集并储运结核。

② 双斗式采矿法　由于单斗式采矿法仅采用一只拖斗，拖斗工作周期长，从生产效率与作业成本考虑均不利于深海锰结核的开采，为此提出采用双拖斗取代单拖斗开采。双拖斗采矿法其采矿系统构成与单拖斗系统基本相同，由采矿船、拖缆和两只拖斗构成。

③ 飞艇式潜水遥控车采矿法　这种采矿车是利用廉价的压舱

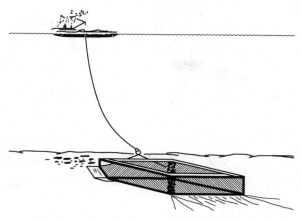

图 14-4　单斗式采矿船法示意图

物，借助自重沉入海底采集锰结核，装满结核后抛弃压舱物浮出海面（图 14-5）。其采矿车上附着有两个浮力罐，车体下装有储矿舱，利用操纵视窗可直接观察到海底锰结核赋存与采集情况，待储矿舱装满结核后，利用浮力罐内的压缩空气的膨胀排出舱内压舱物

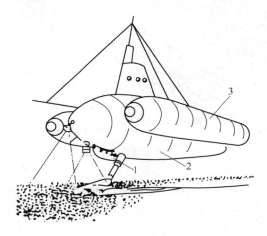

图 14-5　飞艇式潜水遥控采矿车示意图

1—浮力罐；2—操纵视窗；3—储矿舱

而产生浮力，使采矿车浮出水面。

④ 梭车形潜水遥控车采矿法　该车靠自重下沉，靠蓄电池作动力。压舱物储存在结核仓内，当采矿车快到达海底时，放出一部分压仓物以便采矿车徐徐降落，减小落地时的振动。采矿车借助阿基米德螺旋推进器在海底行走，一边采集锰结核，一边排出等效的压舱物。因采矿车由浮性材料制成，所以采矿车在水中的视在重量接近零。当所有压舱物排出时，结核仓装满，在阿基米德螺旋推进器作用下返回海面，采矿车在锰结核采集过程中均采用遥控和程序进行控制，可潜深度在 6000m 以上，并可以从海上平台遥控多台采矿车工作（图 14-6）。

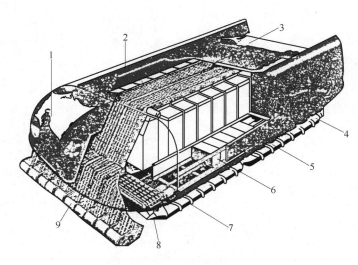

图 14-6　梭车形潜水遥控车示意图

1—前端复合泡沫材料；2—右侧复合泡沫材料；3—上/下行推进器；

4—左侧复合泡沫材料；5—结核/压舱物储仓；6—蓄电池；

7—阿基米德螺旋推进器；8—集矿机构；9—前端采集器

⑤ 单船式 CLB 采矿法　CLB 采矿法，又称连续绳斗采矿船法，是由日本人益田善雄于 1967 年提出的。

单船式 CLB 采矿系统如图 14-7 所示，由采矿船、无极绳斗、绞车、万向支架及牵引机组成。采矿船及其船上装置与拖斗式采矿法中的采矿船相同，但绳索则为一条首尾相接的无极绳缆，在绳索上每隔一定距离固结着一系列类同于拖斗的铲斗；无极绳斗是锰结核收集和提升的装置；万向架是绳索与铲斗的联结器，能有效防止铲斗与绳索的缠绕；牵引机是提升无极绳的驱动机械。

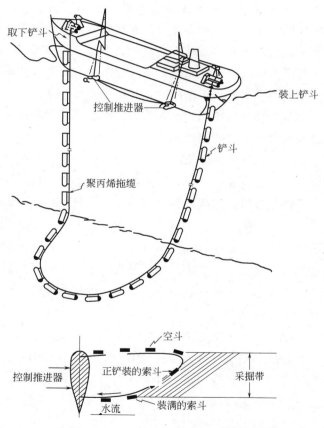

图 14-7　单船式 CLB 采矿系统示意图

开采锰结核时，采矿船前行，置于大海中无极绳斗在牵引机的拖动下做下行、采集、上行运动，无极绳的循环运动使索斗不断达到船体，实现锰结核矿的连续采集。

⑥ 双船式 CLB 采矿法　双船式 CLB 采矿系统统构成与单船基本相同。双船作业时，绳索间距由两船的相对位置确定，因而绳斗间距不受影响，不管多大的绳斗间距均可以通过调节船体的相对位置来确定。

⑦ 泵升式采矿法　水泵提升式采矿法是深海锰结核开采中较具发展前景的采矿方法，该方法用各类水泵（目前比较成功的是砂泵）将海底集矿机采集的锰结核通过管道抽取到采矿船上（图 14-8）。提升管道中的流体是锰结核固液两相流，当固液两相流的流速大于锰结核在静水中的沉降速度时，锰结核就可能达到海表采矿船上，显然其水力提升问题属于垂直管道的固料水力输送问题，可借鉴固液两相流理论及其研究成果。

⑧ 气升式采矿法　压气提升式采矿法是流体提升式采矿法的主要方法之一。如图 14-9 所示，它与水力提升式采矿系统的区别是多设一条注气管道，用压力将空气注入提升管。压气由安装在船上的压缩空气机产生，通过供气管道 3 注入充满海水的提升管道 1 中，在注气口 5 以上管段形成气水混合流，当空气量比较少时，压气产生小气泡，逐渐聚集成大气泡，最终充满管道整个断面，使海水只沿管道内壁形成一圈环状薄膜，从而使气体和流体形成断续状态，这种状态称为活塞流（图 14-9）。

由于气水混合流的密度小于管外海水密度，从而使管内外存在静压差，其静压差随空气注入量的增加而加大，当压力差大到足以克服提升管道阻力时，管中海水便会向上流动并排出海面。若将继续增大注气量，则管内海水流速增加，当流速大于锰结核沉降速度时，就可将集矿机所采集的锰结核提升到采矿船上。

由于气升法是依赖管道内三相流实现锰结核提运的，因此也可以称为三相流提升法。

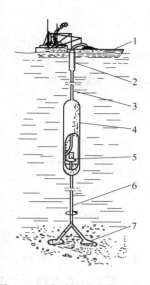

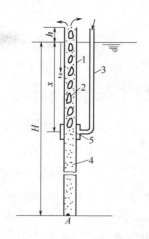

图 14-8　砂泵提升系统示意图

1—采矿船；2—稳浮标；3—提升管；

4—主浮筒；5—砂泵及电动机；

6—吸矿管；7—吸头

（或集矿机）

图 14-9　压气提升系统原理图

1—提升管道；2—三相流体；

3—供气管道；4—两相

流体；5—注气口

⑨ **轻介质采矿法**　其提升原理与气升法提升原理完全相同，不过是用煤油等密度低于海水的轻介质取代了压缩空气。在可用的密度低于海水比重的提升媒介中有煤油、塑料小球、氮气等，该类采矿船上具有轻介质与海水、锰结核的分离能力，船下有轻介质压送管及垂直运输管道，以及注入轻介质的混合管。海底集矿头利用铰链接头与管道相连，能随海底起伏进行作业。

第 15 章　矿山安全与环境保护

15.1　矿山安全技术

矿产资源开采是典型的高危行业，存在各种不安全因素。例如：有些矿山存在着地压、地下水、地热等危害；含放射性矿物的矿山，有氡及其子体的辐射；矿岩中含自燃性矿物的矿山，存在内因火灾的危险；地震和泥石流区域内，有抗震和防泥石流的要求。为保证采矿生产过程中不受以上危害安全的因素影响，在设计、生产中应采取严格的安全技术措施。安全技术措施主要是防止自然灾害的发生，以及阻止工艺过程中即将发生的事故。有潜在安全隐患的矿山应该采取相应的设施。

15.1.1　灾变设施与措施

（1）灾变设施

矿山防灾变设施包括以下内容：

① 每个矿井至少有 2 个以上直通地表的安全出口，各阶段、采区和采场都应有 2 个通往安全出口的通路；

② 矿山的各种安全出口，应满足工人在一定时间内从任何地点有撤出的可能性；

③ 矿山应设置避难硐室，以安置未能及时撤出的部分人员；硐室内应有足够的新鲜空气和水，有可能时设置管道用以输送危机发生时避难人员所需的物品和空气等，硐室应设隔离门；

④ 井口和井下各阶段井底车场、各硐室、各主要工作地点需设置相应的消防器材等；

⑤ 井下各安全线路应设置照明设施，各分道口应有明显的路标；

⑥ 各采空区、废弃巷道应设置禁止人员进入的隔离设施；

⑦ 根据冶金部《冶金矿山安全规程》规定，矿山主扇应有使矿井风流在 10min 内反向的措施。

（2）防灭火措施

井下火灾来源于内因火灾和外因火灾。内因火灾是具有自热特性的矿岩堆积在坑道、采场内，与空气中的氧气接触，从低温氧化发展到高温氧化，释放越来越多的热量，增多的热量又促进了氧化速度的加快，适当的水分更会加速其反应速度，当矿岩温度升高到一定程度达到自燃物质的燃点时，就会出现矿石自燃现象，恶化井下环境，造成矿石损失；外因火灾是由明火器材和电气设备使用不当引起的火灾。

外因火灾防灭火措施与普通工业防灭火措施相同。

内因火灾预防措施包括技术措施和综合措施两方面。前者如灌筑泥浆、喷洒阻化剂、加强通风、充填空区、密闭采空区等；后者要求在采矿设计、生产管理等方面加以注意，如选择合理的开拓系统，设计高效、安全的采矿方法和合理的回采工艺及参数，推行强采、强出、强充的"三强"回采，减少矿石损失，加强监测，强化生产管理等。

内因火灾灭火措施可分为积极方法、消极方法和联合方法。

① 积极方法 用液体、惰性物质等直接覆盖于或作用于发火矿石上，或直接挖除自燃的矿石等。这种方法是根治火灾的有效途径，但它一般适合于小范围火区且人员能接近的情况下采用。

② 消极方法 在有空气可能进入火区的通道上修筑隔墙，减少或完全截断空气进入火区参与矿石的氧化自燃，使矿石因缺氧而不能继续燃烧，最后自行冷却窒息。采用此方法要求火区易密闭，且密闭墙质量要很好。

③ 联合方法　联合方法是通过清除零碎发火矿石，并对高温矿石采用灌浆、浇水、喷洒含阻化剂溶液、充填空区、通风排热等综合性技术措施以降低矿石温度和减小其氧化速度，最终达到消灭矿石自燃火灾的目的。由于此类方法的适用范围可大可小，实施起来比较灵活多变；因此，对于各种不同情况的火区都是适用的。

（3）防水措施

矿山突然发生涌水，能淹没整个矿井，甚至会引起地面大范围的陷落。涌水事故是水文地质条件复杂矿山面临的主要安全隐患之一。一般水灾由地表水或地下水引起。地表水包括降雨降雪及河、湖、塘、沟渠、水库中的水；地下水包括含水层、溶洞、老采区、旧巷道、断层、破碎带中的水。

水灾形成的条件是：

① 汇水区内或露天坑内的地表水通过矿区塌陷范围渗入矿井内；

② 地表储水通过裂隙、断层、溶洞灌入矿井内；

③ 地下储水通过裂隙、断层、溶洞灌入矿井内；

④ 采掘过程中打通地下储水，涌入工作面，造成涌水事故。

矿井防水一般从地表和地面两个层次进行。

① 地面防水措施

a. 井（硐）口及工业广场应高于历年最高洪水位，否则需建筑堤坝、沟渠来疏通水源或其他有效保护措施。

b. 大面积的塌陷区或露天坑内无足够的隔水层时，应根据汇水和径流情况，修筑疏水沟渠和围堤，必要时配备水泵，以便拦水和排水。

c. 将流经矿山塌陷区的河流、沟渠进行河床加固、河流改道或采取更有效的其他办法，消除地表水体对井下的安全隐患。

d. 废旧钻孔、井筒进行充填、封闭，防止成为透水通道。

e. 帷幕注浆，隔断水体与井下回采区域的水力联系。

② 井下防水措施

a. 建立完善的排水系统，配备足够的排水设备。

b. 临近井底车场处设置防水闸门。

c. 超前建立足够容积的水仓和水泵房，并考虑紧急时期的储水巷道。

d. 及时处理空区。

e. 进行矿床疏干，降低地下水位。

f. 留设防水矿柱隔断水源。

g. 施工超前探水钻孔。

h. 修筑隔水闸门，隔断水体。

15.1.2 滑坡与泥石流防治

滑坡与泥石流均属于地质灾害。滑坡是斜坡上的岩体或土体，在重力的作用下，沿一定的滑动面整体下滑的现象；泥石流是山区常见的一种自然现象，是一种含有大量泥沙石块等固体物质、突然爆发、历时短暂、来势凶猛、具有强大破坏力的特殊固液两相流。

我国矿山大多数位于山区，在矿产资源开发和建设中，常受到滑坡、泥石流的严重危害，不仅直接影响了矿山的开采和建设，而且严重影响了矿山周围的农业建设和人民生活环境。以我国云南省为例，根据调查和有关资料，目前全省有 150 个大、中型矿山不同程度受到滑坡泥石流的危害和威胁。造成灾害的原因有：一是矿山、矿区位于老滑坡体和泥石流堆积扇上；二是矿山的不合理开采，引起的崩塌、滑坡和泥石流。例如，露天采矿场剥离的废弃土石的不合理堆放；坑采的开拓、生产探矿等工程的掘排水；坑采常用崩落法，往往进行大规模爆破，采空区围岩因受震动而失稳；以及采空区不均匀沉陷引起斜坡变形而发生滑坡，崩塌。此外，矿山建设中普遍加陡边坡，抬高河床，废石堵塞沟床等都是促进滑坡泥石流活动的因素。

（1）滑坡发生的原因

① 有利于滑坡发生的地形地貌特征。

② 有利于滑坡发生的气象、水文地质条件，如充沛的降雨，冲刷岩体张裂隙，使裂隙扩张，岩层软化为易滑动的软弱结构面；地下水位的变化，裂隙水压变化也是滑坡发生的诱发因素。

③ 地震等自然灾害活动的影响。

④ 人类工程活动的影响，如采矿活动、大爆破、各种机械震动等，加剧边坡的失稳而产生滑坡。

（2）滑坡灾害的防治

地质地貌、水文气象条件是滑坡发生的自然因素；不合理的人类活动则是滑坡产生的重要触发条件。对于成灾的自然因素，目前尚难控制，但成灾的范围、频率和灾情轻重却与人类活动息息相关。因此，在制定滑坡灾害的防御对策时，必须把对滑坡发生的人类诱发因素放在重要的位置。根据"以防为主，防治结合"的综合治理原则，采用工程治理、生态防治和社会防御相结合的综合治理对策。

针对矿山实际情况，矿山滑坡的防治措施主要有以下几项。

① 限制无证开采；处治抢占山头、山坡矿点；禁止不开工作台阶，不剥离或边剥边采的掠夺式违法开采露天小矿；严禁破坏山坡植被。

② 严格禁止随沟就坡任意抛弃废石，保护河流、排洪沟经常畅行无阻。

③ 露天矿边缘必须设置疏导水的防洪设施。

④ 对边坡进行机械加固，设锚杆、锚桩等。

（3）泥石流的形成条件

通常地，泥石流的形成一定得有三个条件。

① 要有充足的固体碎屑物质　固体碎屑物质是泥石流发育的基础之一，通常决定于地质构造、岩性、地震、新构造运动和不良

的物理地质现象。

在地质构造复杂、断裂皱褶发育、新构运动强烈和地震烈度高的地区，岩体破裂严重，稳定性差，极易风化、剥蚀，为泥石流提供了固体物质。在泥岩、页岩、粉沙岩分布区，岩石容易分散和滑动；岩浆岩等坚硬岩分布区，会风化成巨砾，成为稀性泥石流的物质来源。在新构造运动活动和地震强烈区，不仅破坏山岩完整性、稳定性，形成碎屑物质，还有激发泥石泥的作用。不良的物理地质作用包括崩坍（冰崩、雪崩、岩崩、土崩）、滑坡、坍方、岩屑流、面石堆等，是固体碎屑物质的直接来源，也可直接转变为泥石流。

② 要有充足的水源　水体对松散碎屑物质起有片蚀作用，或者使松散碎屑物质沿河床产生运移和移动。松散碎屑物质一旦与水体相结合，并在河床内产生移动者，则水体就搬运有松散碎屑物质，即确保了松散碎屑物质做常规流那样的运动。要是没有相当数量的水体，就只能产生一般的坡地重力现象（岩堆、崩塌和滑坡等），而不是泥石流。

③ 要有切割强烈的山地地形　山地地形一旦遭强烈切割，地形坡度、坡地坡度和河床纵坡就均很陡峻，即确保了水土质浆体作快速同步运动，因而山地地形决定着泥石流现象的规模与动力状态。为此，泥石流现象在山区最为典型。

如上所述，泥石流的形成主要取决于地质因素、水文气象因素和地貌因素。然而，除这三个因素外，还有许多因素对泥石流现象的形成也有一定的影响，有时甚至起有决定性的作用。这些因素包括：植物因素、土壤土体因素、水文地质因素和人为因素（人类的经济活动）。比如，人类不合理的社会经济活动，如开矿弃渣、修路切坡、砍伐森林、陡坡开垦和过度放牧等，都能促使泥石流的形成与发展。

（4）泥石流的防治

矿山泥石流的预防措施主要有：

① 保护露天矿附近山坡的植被；

② 严禁乱采滥挖，严禁任意丢弃废石与尾砂，对严重违法而又屡禁不止的行为和个人要绳之以法；

③ 在露天矿周围或有山洪暴发危险的坑口周围设置排水沟、挡土墙栅栏、阻泥不阻水的防泥石流坝；

④ 加强露天矿的防水、防洪的预报工作及周围山体覆土或风化平时位移的观察工作；

⑤ 泥石流流失区内的井（硐）口必须采取加固措施和防护措施。

15.1.3 尾矿库病害防治

金属矿床开采后，一般都要经过选矿工艺，提取有用的金属元素，而排弃大量的尾矿，因此，金属矿山都要修造足够容量的尾矿库，以容纳选矿后排弃的尾矿。尾矿库是矿山主要安全危险源之一；据统计，在世界上的各种重大灾害中，尾矿库灾害仅次于地震、霍乱、洪水和氢弹爆炸等灾害，位列第 18 位。

（1）尾矿库的病害类型

尾矿库的病害类型，概括起来有以下几种类型：

① 库区的渗漏、坍岸和泥石流；

② 坝基、坝肩的稳定和渗漏；

③ 尾矿堆积坝的浸润线逸出，坝面沼泽化、坝体裂缝、滑塌、塌陷、冲刷等；

④ 土坝类的初期坝坝体浸润线高或逸出，坝面裂缝、滑塌、冲刷成沟；

⑤ 透水堆石类初期坝出现渗漏浑水及渗漏稳定现象；

⑥ 浆砌石类坝体裂缝、坝基渗漏和抗滑稳定问题；

⑦ 排水构筑物的断裂、渗漏、跑浑水及下游消能防冲，排水能力不够等；

⑧ 回水澄清距离不够，回水水质不符合要求；

⑨ 尾矿库的抗洪能力和调洪库容不够，干滩距离太短等；

⑩ 尾矿库没有足够的抗震能力；

⑪ 尾矿尘害及排水污染环境。

（2）尾矿库病害防治

造成尾矿坝诸多病害及事故的主要原因，可概括为设计不周、施工不良、管理不善和技术落后。因此要预防病害及事故，首要的措施是：精心设计、精心施工、科学管理。

① 精心设计　设计是尾矿库（坝）安全、经济运行的基础；因此，在设计过程中应作到：坚持设计程序，切实做好基础资料的收集工作。鉴于尾矿设施的特殊性，设计时必须由持有国家认定的设计执照单位设计，严格禁止无照设计，杜绝个人设计。

② 精心施工　施工是实现设计意图的保证，是把设计图纸变成实物的实践活动。施工质量的好坏直接关系到国家财产和人民生命的安全，对尾矿坝工程来说更是如此。为此，必须做到：选好队伍、认真会审施工图纸、明确质量标准、加强监督、严格验收。

③ 科学管理　尾矿库在运行期间的任务是十分艰巨的。坝体结构要在运行期间形成，坝的性态向不利的方向转化，需不断维修，坝的稳定性在运行期间较低，需认真监视和控制，坝要承受各种自然因素的袭击，需要认真的对待和治理。放矿、筑坝、防汛、防渗、防震、维护、修理检查、观测等项工作都要在运行期间进行。必须有一套科学的管理制度和与之相适应的组织机构和人员。只有这样，才能弥补工程质量上的疏漏，设计上未能预见到的不利因素，确保尾矿坝能安全运行。

15.1.4　采空区处理

矿山地压管理主要包括采场管理和空区处理两项工作。使用充填法或崩落法时，在回采过程中，同时进行采场管理和空区处理，采出矿石所形成的空区，逐渐为充填料或崩落岩石所填充；因此，不存在空区处理问题。用空场法回采矿房时，在回采过程中仅进行采场顶板管理，所形成的空区仅依靠矿柱和围岩本身稳固性进行维护。随着矿山开采工作的进行，空区面积和体积将不断增大。如果集中应力超过矿石或围岩的极限强度时，围岩将会出现裂缝，发生片帮、冒顶、巷道支柱变形；严重时会将矿柱压垮、矿房倒塌、巷道破坏、岩层整体移动，造成顶板大面积冒落，地表大范围开裂、下沉和塌陷，即出现大规模的地压活动，其危害是巨大的。国内大多数空场法矿山都曾发生大规模地压活动，给矿山生产造成巨大危害，甚至发生重大人身伤亡事故。为保证矿山安全和地表环境，必须对空场法形成的空区进行及时处理。

国内、外处理采空区的方法主要有封闭、崩落、加固和充填 4 大类，实际应用过程中，该 4 类方法可独立使用，也可联合使用。

（1）封闭空区

封闭法采空区处理是在通往采空的区巷道中，砌筑一定厚度的隔墙，使采空区中围岩塌落所产生的冲击波或冲击气浪遇到隔墙时能得到缓冲。它主要是密闭与运输巷道相连的矿石溜井、人行天井和通往采空区的联络巷等。封闭法采空区处理有两种形式。

① 对那些分散、独立、不连续的小矿体和盲矿体形成的采空区，以及虽规模稍大但顶板稳固的采空区，封闭通往作业区与采空区的一切通道，以达到防止人员进入采空区，避免冲击波危及人身安全和设备安全的目的。

② 将那些规模较大的采空区，让其上部与采空区连接的通道保持畅通或在地表开天窗，以使地压活动引起的空气冲击波，尽可能的通往无人作业区或向地表排泄，而在其下部则采用封闭法隔离作业区与采空区连接的一切通道。

封闭法处理采空区优点是回采工作结束后，采场空间内不作专门的处理，利用已有的矿柱支撑顶板岩石，较长时间维护采空区的存在；施工费用相对比较低。其缺点是在施工前要做好采空区资料的检查、收集工作，前期工作量比较大。

封闭法的适用条件有以下几项。

① 分布空间跨度小、矿床边沿相对独立的采空区，分散、孤立、不连续的小矿体和盲矿体，以及矿体的边缘部分。

② 顶板极稳固、围岩较稳固、规模稍大的矿体；不会诱发大面积地压活动，独立、边远的采空区。

③ 回采速度很快，矿柱比例小于 8%～12%的薄矿体。

红透山铜矿、锡铁山铅锌矿、西华山、下垅钨矿等矿山采用该方法成功处理了地下采空区。

（2）崩落空区

崩落空区是采用爆破崩落采空区上盘围岩，使岩石充满采空区或形成缓冲岩石垫层，以改变围岩应力分布状态，达到有效控制地压的目的。其适用的先决条件是地表允许陷落或岩移，其优点是处理费用较低，但必须防止其对下部采场生产的影响。对于离地下采场较近的采空区，通常是采用爆破崩落与下部巷道隔绝封闭相结合的处理方法。另外，应根据采空区的实际情况选用合适的爆破方案，如硐室爆破、深孔爆破等。在紫金山金矿和德兴铜矿采用了硐室大爆破强制崩落法处理采空区，达到了良好的效果。

（3）加固空区

加固法是采用锚索或锚杆对采空区进行局部加固，这是一种临时措施，通常要与其他方法联合使用。狮子山铜矿采用加固法与充填法相结合处理大团山矿床采空区，减缓了顶板冒落时造成的冲击，有效地控制了地压。

（4）充填空区

充填法是采用充填材料对采空区进行充填处理，使充填体与围岩共同作用，以改变围岩应力分布状态，达到有效控制地压和防止地表塌陷等目的。

充填法的适用条件有以下几项：

① 地表以及地下含水层绝对不允许大面积塌落或其上部有构筑物；

② 地表积存有大量的尾砂或堆存尾砂有困难；

③ 较密集或埋藏较深的矿脉，其采空区容易产生较大规模岩移和垮塌；

④ 矿石品位较高。

充填空区是最有效、最彻底、环保效果最好的空区处理方法，但其不足之处在于：充填成本高、工程量大、工艺流程复杂、效率相对较低。随着充填工艺过程的改进，其使用范围正在逐步扩大。红透山铜矿对深部采空区采用充填法处理，分别用胶结和尾砂充填一、二期采空区，有效控制了地压和岩爆；南京铅锌银矿和平水铜矿采用该法处理采空区，防止了地表沉陷，确保了生产安全。

15.2 矿山环境保护

金属矿床开采，实际上是一种对生态平衡的破坏过程。例如：穿孔、爆破、采装、运输等过程，会产生大量的粉尘，污染周围大气环境；地下开采后的陷落区、尾矿库、露天采场和排土场，对地貌、植被和自然景象造成严重破坏；开采过程排出的矿坑酸性水、放射性污水和泥浆水，会严重污染农田和水系；随采矿活动的深入，地下水位大幅度下降，破坏地表水平衡，造成地表塌陷、农业生产条件恶化；生产过程中的噪声、无轨设备排出的尾气、振动、辐射等，也会给周围环境造成危害。可以毫不夸张地说，矿产资源开发过程每时每刻都在破坏着生态平衡，给人类和自然界带来长期的、潜在的威胁。因此，在矿产资源开发的全过程中，必须把矿山环境保护作为十分重要的内容来考虑，力求在开采过程中，对生态平衡的破坏减少到最低限度，并采取积极措施，进行环境再造，以实现人类社会的可持续发展。

15.2.1 矿尘危害及其治理

矿尘是矿山生产过程中产生，并在较长时间内悬浮于空气中的尘粒。直径大于 $50\mu m$ 的尘粒，在重力作用下，沉落在物体表面，称为落尘；直径在 $0.01\sim50\mu m$ 范围内的尘粒，在空气中能较长时间处于悬浮状态，称为气溶胶颗粒。悬浮在井巷空气中的浮尘，大多数直径较小，一般在 $10\mu m$ 以下，对矿井大气的污染和对人体健康的危害最大，是矿山防尘的主要对象。

矿尘的危害主要主要有以下几种：

① 含 SiO_2 的矿尘，会引起硅肺病；

② 含砷、铅、汞的矿尘，会引起人们中毒；

③ 含铀、钍的矿尘，能产生放射性危害；

④ 煤尘、硫尘在一定条件下，可能引起燃烧和爆炸。

我国金属矿山安全规程规定，矿井中游离 SiO_2 含量大于 10% 的矿山，都被划归有矽尘危害的矿山，在这类矿山的作业地点对空气质量有严格要求。

为保证作业地点的矿尘含量低于卫生标准，确保作业人员的身体健康，必须采取综合的防尘措施，提高防尘效果。

（1）入风质量

根据《冶金矿山安全规程》及有关规定，要求作业场所粉尘允许浓度不得超过 $2mg/m^3$，进风流中矿尘浓度不得超过 $0.5mg/m^3$。因此，设计中应做到：

① 箕斗井及混合井，除隔间通风、管道通风和净化措施、风源质量达到标准外，均不得用作进风井；

② 矿山主回风井、尾矿库、废排弃场、选矿厂、充填料堆场、冶炼厂、公路与入风井（硐）口之间均应设置一定的卫生防护距离，并应使入风井（硐）口置于主导风向的上风处。

（2）凿岩防尘

① 采用湿式凿岩；

② 凿岩设备应配置捕尘和抽吸装置；

③ 加强局部通风；

④ 改进凿岩技术和凿岩设备，尽量采用中深孔。

（3）爆破防尘

① 采用风水喷雾器和爆破波自动水幕等方法进行防尘；

② 采用装水塑料袋代替一部分炮泥装入炮眼进行水封爆破；爆炸时，水袋破裂，形成水雾，以达到捕尘目的。

（4）装卸矿时的防尘

① 喷雾洒水；

② 封闭溜矿井。

15.2.2 废气危害及其治理

采用柴油机作为动力的内燃设备，是提高采、装、运生产效率的一种切实可行的方法。我国露天金属矿已大量应用以柴油机为动力的挖掘机、自卸汽车、内燃机车以及其他辅助设备；地下矿山也已广泛使用内燃凿岩、装运设备，如凿岩台车、铲运机、顶板服务台车等。与有轨运输相比，这些无轨设备具有能源独立、机动灵活、无需铺轨架线、生产能力大、工人劳动强度低等突出优点，大大改变了矿山生产面貌。但这类设备运行时，需排出大量废气污染工作面环境，特别是井下作业面，由于空间狭小、空气质量本来就差，这一危害更显突出。

柴油机废气的主要成分包括：柴油的不完全燃烧产物（CO、C、裂化碳氢及其氧化物、醛类等）、氮的氧化物（NO_2 等）、矿物质氧化物（SO_2 等）以及少量的润滑机油的不完全燃烧产物等。这些废气会污染大气环境，刺激人的黏膜和感觉器官，对工人健康产生危害。

为控制柴油设备产生的废气危害，《冶金矿山安全规程》规定，使用柴油设备的矿井、井下作业地点有毒、有害气体的浓度应满足表 15-1 的规定。

表 15-1　有毒、有害气体允许浓度

有毒、有害气体名称	危害作用	最大允许体积浓度	
		/%	/×10^{-6}
CO(一氧化碳)	中毒爆炸	0.0050	50
NO$_2$(二氧化氮)	中毒	0.0005	5
SO$_2$(二氧化硫)	中毒	0.0005	5
H$_2$S(硫化氢)	中毒爆炸	0.00066	6.6
HCHO(甲醛)	中毒	0.0005	5
CH$_2$CHCHO(丙烯醛)	中毒	0.000012	0.12

为了达到允许浓度，应采取如下措施：

① 选择净化、催化效果良好的柴油设备；

② 采用多级机站和管道通风，有效地稀释、导流产生的有毒、有害气体；

③ 尽量提高设备的效率，减少井下作业人员；

④ 采用贯穿风流，减少独头通风；

⑤ 独头进路应采用局扇加强通风。

15.2.3　污水处理

水是一种宝贵的资源，使人类生存，动、植物生长和工、农业生产不可缺少的物质。水具有自净能力，当水体受到污染后，由于水本身的物理、化学性质和生物作用，可以使水体在一定时间内及一定条件下，逐渐恢复到原来的状态。但是，如果排入水体的污染物质超过了水的自净能力，使水的组成及其性质发生变化时，就会使动植物的生长条件恶化，使鱼类生存受到损害。使人类生活和健康受到威胁。矿山排放的废水，往往是含有大量悬浮物质的泥浆水、酸度很大的酸性水、毒性很大的含氰废水和放射性废水。必须加以治理才能排放，以免污染水体，造成严重的危害。

工业废水的治理原则，首先应考虑工艺改革和技术革新，使废水少产生或不产生；其次是开展综合利用，变废为宝，化害为利；再次应采用物理的、化学的、生物的基本方法进行处理。

统计资料表明：一方面，我国每年因采矿产生的废水、废液的排放总量约占全国工业废水排放总量的10％以上，而处理率仅为4.23％；另一方面，我国又是一个淡水资源缺乏的国家，每年因缺水给工、农业生产造成巨大损失，给人民的日常生活造成极大的不便。因此，工业废水治理应尽量考虑废水的循环利用。循环利用的时候应该按照因地制宜、经济方便的原则进行，先保证矿区内的用水，其次是矿外用水，充分发挥矿区内现有水利设施的情况，利用好矿区水。矿区水主要用于以下几个方面：井下消防用水、洗煤补充用水、井下充填用水、电厂循环冷却用水、绿化道路及储煤防尘洒水、施工用水、灭火用水、农田灌溉用水及生活用水等。

（1）分离废水中的悬浮物

分离废水中的悬浮物质，一般采用重力分离法和过滤法。

重力分离法，是使废水中的悬浮物在重力作用下与水分离的方法。有自由沉淀、絮凝沉淀和重力浮选（当悬浮物密度小于水的密度时）3种。它们所需的构筑物分别是沉砂池、斜管沉淀池和斜板隔油池。重力分离法在矿山应用得非常广泛，在进行其他方法处理前，一般都先经过重力分离法去掉废水中的悬浮物质，降低COD（化学需氧量）含量。

过滤法是使废水通过带孔的过滤介质，使悬浮物被阻留在过滤介质上的方法。常用过滤介质包括隔栅、筛网、石英砂、尼龙布等。

（2）酸性废水的治理

矿山废水普遍呈酸性，尤其是含有硫化矿物的矿山，其排出的地下废水往往具有较高的酸性。酸性废水的主要危害是：腐蚀管道、设备和钢筋混凝土水工建筑，妨碍废水处理的微生物繁殖；酸性大的废水会毒死鱼类、枯死农作物、影响水生物生长；酸性废水渗入土壤，时间长了会造成土质钙化，破坏土壤层的松散状态，影响土地肥性；酸性水如果混入生活用水，会影响人类和牲畜的健康。

金属矿山酸性水治理方法，主要是中和法，并有酸碱水中和及投药中和之分。前者是指当地同时存在着酸、碱两种废水时，将其混合，以废治废；后者是指在酸性废水中投入碱性药剂，如石灰、电石渣等，使酸性水得到中和。

由于酸碱水中和法的适用条件苛刻；而投药中和法可以治理不同性质、不同浓度的酸性废水，尤其是适用于处理含金属和杂质较多的酸性废水，在实际生产中应用最为广泛。

（3）含氰废水的治理

在金属矿山企业中，有采用氰化法提取金属的，例如用氰化法直接从脉金及其加工品（尾矿、精矿、中矿、焙烧渣等）中回收金。由于氰化物的流失、氰化废水的排放，都将污染水源而造成严重的危害。氰化物是一种剧毒物质，毒效奇快，人的口腔黏膜吸进一滴氢氰酸（约 $50\sim60mg$），瞬间即会死亡。因此，国家现在已经禁止使用氰化法选金；但在一些个体企业，仍然有偷偷进行氰化物选金的情形存在。

氰化物虽然剧毒，但破坏也比较容易。采用综合回收、尾矿池净化和碱性氯化法净化等加以处理，即能收到很好的效果。

用氰化法提取金时，在废水中氰化物的赋存形式，主要是游离的氰化钠，铜、锌的络氰化物和大量的硫氢化物。通过酸化解释、挥发逸出、碱液吸收 3 个阶段，从含氰废水中回收氰化钠，是积极的含氰废水治理方法。此外，用尾矿池净化含氰废水，效果也颇佳；因为储存在尾矿池中的含氰化物的尾矿水，由于与空气的接触面积很大，停放数天后，水中的单氰化物就能与空气中的 CO_2 作用，产生 HC 进入大气中，加之尾矿对氰化物还有吸附和生化作用，因而能有效地降低废水中氰的含量，达到废水排放标准。采用碱性氯化法，即投放漂白粉或液氯，对含氰废水的净化，也能收到良好的效果。

（4）放射性废水的治理

放射性废水的危害，是 α、β、γ 射线通过水照射和内照射对人体造成伤害。对放射性废水的处理，目前尚无根治的办法，大都采用储存和稀释的方法。不同浓度的废水，其处理方法也不相同。

高水平废液，一般储存在地下使之与外界环境隔绝。通过固化处理，把废液转化为坚固、稳定的固体也是一种有前途的放射性废液处理技术。

中、低水平的废水，一般用化学沉淀、离子交换、蒸发浓缩、生物处理等，把废水中大部分放射性物质转移到小体积的浓缩物中。当处理后的废水放射性含量很小时，再经稀释即可排放。

15.2.4 固体废料的综合利用

金属矿床开发利用是一个伴随着大量固体废料产出的过程，露天开采需剥离大量的废石，井下掘进产出大量的围岩，选矿后需丢弃大量的尾矿。据不完全统计，我国每年工业固体废物排放量中，85％以上来自矿山开采；全国国有煤矿现有矸石山 1500 余座，历年堆积量达 41 亿吨，占地 24 万亩，并正以每年 1 亿吨的速度增长；全国共有尾矿库 2762 座，各矿山尾矿累计约 25 亿吨，并以每年 3 亿吨的速度增加。大量的固体废料堆放地表，不仅占用大量宝贵的土地资源，而且对土壤和水资源造成了污染；因此必须进行处理，以保护环境。

另一方面，固体废料又是一种可以利用的资源，在考虑固体废料处理措施时，应首先研究其综合利用途径。

（1）减少固体废料产出的途径

在金属矿床开采过程中，完全杜绝固体废料产出是不可能的，但可以采取综合技术经济措施减少固体废料产出量。例如：

① 强化生产勘探工作、提高勘探精度，尽可能准确地圈定矿体与围岩（包括夹石）的边界、计算矿石储量和品位，避免无效开拓、采准、切割造成不必要的废石超掘；

② 精心设计开拓、采准、切割工程，在安全条件许可的情况下，尽量将工程布置在脉内；露天矿山要通过研究，尽量降低剥采比；

③ 选择高回收率、低贫化率的采矿方法；

④ 优化爆破参数与工艺，尤其是炮孔超深，避免超采和欠采，降低大块产出率和粉矿产出率；

⑤ 每个采场回采完毕后，要进行采空区实测，为相邻采场的设计提供准确的回采边界；

⑥ 通过选矿技术革新，提高选矿回收率，降低尾砂产出率。

（2）固体废料再循环利用途径

对固体废料的再循环利用，首先应确定其中含矿品位在可预见的未来市场条件下，是否可重选利用。如果能够达到可重选利用的标准，则应首先进行二次回选；如确定已不具备重选利用条件，则根据固体废料物理力学性质、矿物成分、化学组成，考虑进行二次开发；对于已无任何利用价值的固体废料，可研究进行井下回填空区或复垦造田的可能性。固体废料再循环利用模式和技术路线分别如图 15-1 和图 15-2 所示。

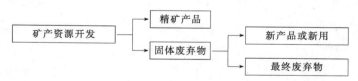

图 15-1　矿山固体废弃物再循环利用模式

① 煤矸石　煤矸石是煤炭生产和加工过程中产生的固体废弃物，每年的排放量相当于当年煤炭产量的 10％左右，是我国排放

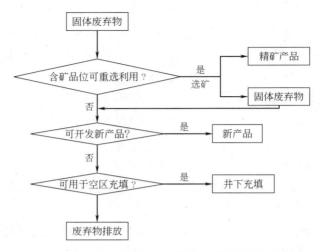

图 15-2　矿山固体废弃物再循环利用技术路线

量最大的工业废渣，约占全国工业废渣排放总量的 1/4。煤矸石综合利用是资源综合利用的重要组成部分。其主要利用方向包括以下几个方面。

　　a. 燃料发电。含碳量较高（发热量大于 4180kJ/kg）的煤矸石，一般为煤巷掘进矸和洗矸，通过简易洗选，利用跳汰或旋流器等设备可回收低热值煤，供作锅炉燃料，通过单独使用，或与煤泥、焦炉煤气、矿井瓦斯等低热值燃料混合使用发电。

　　b. 生产建筑材料及制品。利用煤矸石全部或部分代替黏土，采用适当烧制工艺生产烧结砖的技术在我国已经成熟，这是大宗利用煤矸石的主要途径。生产烧结砖对煤矸石原料的化学组成要求：SiO_2，55%～70%；Al_2O_3，15%～25%；Fe_2O_3，2%～8%；CaO，≤2%；MgO，≤3%；SO_2，≤1%。可塑性指数 7～15，热值为 2090～4180kJ/kg，煤矸石的放射性符合 GB 9196—1988 标准；在烧制硅酸盐水泥熟料时，掺入一定比例的煤矸石，部分或全部代替黏土配制生料。用作水泥添加料的煤矸石主要选用洗矸，岩石类型以泥质岩石为主，砂岩含量尽量少。我国大多数过火矸以及经中温活性区煅烧后的煤矸石均属于优质火山灰活性材料，可掺入5％～50％的作为混合材，以生产不同种类的水泥制品。以过火煤矸石等为硅铝质材料、水泥和石灰等钙质材料以及石膏为原料，按一定配比后可制成加气混凝土。

c. 回收有益矿产及制取化工产品。对于含硫量大于6％的煤矸石（尤其是洗矸），如果其中的硫是以黄铁矿的形式存在，且呈结核状或团块状，则可采用洗选的方法回收其中的硫精矿。对于煤矸石中的大块硫铁矿石，也可采用手选回收；利用煤矸石中含有的大量煤系高岭岩，可制取氯化铝、聚合氯化铝、氢氧化铝及硫酸铝。

d. 生产农肥或改良土壤。以煤矸石和廉价的磷矿粉为原料基质，外加添加剂等，可制成煤矸石微生物肥料，这种肥料可作为主施肥应用于种植业。利用煤矸石的酸碱性及其中含有的多种微量元素和营养成分，可将其用于改良土壤，调节土壤的酸碱度和疏松度，并可增加土壤的肥效。

e. 利用煤矸石充填采煤塌陷区和露天矿坑复垦造地造田。随煤炭市场的坚挺，在金属矿山广泛应用的充填采矿法进入煤矿已成为可能。将煤矸石作为充填骨料回填井下空区，可从根本上解决困扰大多数煤矿的煤矸石处理难题。

② 尾砂　受选矿技术水平的限制，主产元素回收率不可能达到100％；因此，尾砂仍然具有一定的品位，而且尾砂中可能含有一定量的伴生有用元素。虽然在当前经济技术条件下，这些有用元素（包括其中的低品位主产元素）不能回收利用，但随着未来选矿技术进步和（或）市场价格上扬，这些有用元素存在被经济利用的可能。因此，在考虑尾砂再循环利用时，首先应分析在可预见的未来（例如，5～10年），其中的有用元素是否存在回收利用的可能。只有当确定已经不存在潜在回收利用价值时，才能考虑其他综合利用途径。

尾砂的综合利用途径取决于其所含有的矿物成分和化学元素组成，由于不同的矿山，尾砂性质千差万别，因此，尾砂的综合利用因矿而异。综合国内、外尾砂综合利用实践，尾砂的再循环利用主要包括以下领域。

a. 回收其中的有用成分。

b. 建筑材料及制品。石英尾砂首先应进行泥、尾砂分离，尾泥过滤成泥饼后用于陶瓷、水泥等行业；细砂利用特制的浮选药剂进行无氟浮选，以极低的成本提高其内在品质，制备市场上急需的无碱电子玻璃纤维用、高级陶瓷釉料及硅微粉用、真空玻璃管用、高白料玻璃及高级泡花碱用等优质硅质原料；岩金矿山的尾矿本身已是良好的建筑材料，如土建用砂、填充用砂、筑路用砂等；用金矿尾砂生产蒸压砖、加气混凝土、空心砌块、微晶玻璃、硅酸钙板等；铅锌矿排放的尾砂可用来生产免烧砖，经过处理后作为水泥原料。

c. 其他原材料产品。如利用钛铁矿尾砂经精选后得锆英砂，再对锆英砂进行烧结、水解、酸化、浓缩、煅烧烘干可制成二氧化锆。

d. 充填材料。尾砂胶结充填技术已在许多矿山得到广泛应用。

e. 复土植被。在尾砂库上覆盖土壤，种植树木，绿化矿区。

③ 掘进或露天剥离废石　掘进或露天剥离废石的最大用途是用于房屋建筑和道路施工用材，对露天剥离废石进行破碎加工，粗粒部分用作铁路道碴，而细粒部分则用作井下充填固料。

15.2.5　环境再造

金属矿床开采，特别是露天开采，对采场范围内的耕作物和自然景物造成严重破坏，而且要占用大片土地排弃废石和选矿尾矿；地下开采范围内，也存在着采空区陷落的威胁。它们不仅与农争地、与林争山、与鱼争水，而且破坏生态平衡，污染周围环境。为保护环境，实现社会可持续发展，在地下资源开发之前、开发过程中以及矿山闭坑之后，都必须详尽地计划和切实地实施环境再造规划。

环境再造措施和用途包括以下一些内容。

（1）覆土造田

对露天采坑和塌陷区，可以用废石或尾砂充填平整后在其上覆盖一层耕植土，最后根据种植农作物的要求，布置灌溉渠道，划块成田；尾砂库堆积的是经过磨矿的细微粒尾砂，干缩后成为一片砂荒地，与普通土壤不同，其表面热度高，容易烧死作物的根，见水板结，在自然状态下发干，不适宜植物生长。因此，在这样的尾矿库造田，应考虑在其上铺一层隔水层，然后在其上覆盖耕植土造田。

（2）覆土造林

对于不宜改造为农田的露天采坑、排土场、塌陷区、尾矿库，可以改造为林业用地，根据改造后的土质情况，种植果木或树木，将废弃或破坏的土地改建成果园或林场。

（3）改造成旅游景点

如果塌陷区或露天矿坑深度和面积较大，难以全部用废石或尾砂充填时，可以考虑将其建成水库，周围栽种果木鲜花，修建亭台楼阁，将其改建成疗养胜地或旅游景点；或蓄水养鱼，改变环境，造福人民。

（4）该建为城市垃圾填埋场

如果塌陷区或露天矿坑离城市较近，可以与城市垃圾处理结合起来，在考虑了对地表水和地下水的影响之后，作为城市垃圾填埋场。待填满废料后，再在其上铺上足够的土层，作为绿化区或其他用途。

第6篇　矿业法律法规

第16章　矿业法律法规

科学地开发矿产资源，促使资源开发管理立法化、科学化，已成为当今世界广泛关注的社会热点。我国矿产资源立法虽然起步较晚，但在法律工作者、行业主管部门和矿产资源开发利用工作者的共同努力下，我国矿产资源立法工作进入了快速发展的阶段。1986年3月19日第六届全国人民代表大会常务委员会第15次会议通过，中华人民共和国主席令第36号公布了《中华人民共和国矿产资源法》；1996年8月29日，第八届全国人大常委会第21次会议对《矿产资源法》作了修改；1998年2月12日，国务院发布了《矿产资源勘查区块登记管理办法》、《探矿权采矿权转让管理办法》、《矿产资源开采登记管理办法》作为矿产资源法的补充，初步形成了具有中国特色的矿产资源法律法规体系。

16.1　矿产资源所有权

矿产资源所有权是指作为所有人的国家依法对属于它的矿产资源享有占有、使用、收益和处分的权利。矿产资源所有权具有所有权的一般特性。第一，它是公有制关系在法律上的体现；第二，是一种民事法律关系，即矿产资源所有人因行使对矿产资源的占有、使用、收益和处分的权利而与非所有人之间所发生的法律关系；第三，是一种对矿产资源具有直接利益并排除他人干涉的权利；第四，它是所有人——国家对属于它所有的矿产资源的占有和充分、完善的支配权利。矿产资源所有权同样是一种法律制度。这个意义上的所有权就是调整矿产资源的国家所有权关系的法律规范的总和，它是一切矿产资源法律关系的核心，并决定着这些关系的实质和基本内容。

16.1.1 矿产资源所有权法律特征

矿产资源所有权的主体（所有人）是中华人民共和国。国家是其领域及管辖海域的矿产资源所有权统一的和唯一的主体，除国家对矿产资源拥有专有权外，任何其他人都不能成为资源的所有者。因此，矿产资源所有权的主体具有统一性和唯一性的特征。《宪法》第九条、《民法通则》第八十一条和《矿产资源法》第三条都规定：矿产资源属于国家所有。这是矿产资源所有权的法律依据。

矿产资源所有权的客体是矿产资源，它具有特殊的自然属性——非再生性资源和社会属性——巨大的天然财富、人类赖以生存的物质条件。因此，法律将这一所有权的客体——矿产资源作为特殊对象加以保护。

矿产资源所有权的占有、使用和处分权主要是通过国家行政主管机关的行为具体实现的。其实现的基本方式主要为国家通过其行政主管机关依法授予探矿权和采矿权实现自己对矿产资源的占有、使用和处分权。

16.1.2 矿产资源所有权的内容

矿产资源所有权的内容是指国家对其所拥有的矿产资源享有的权利，包括矿产资源占有、使用、收益和处分4项权利。

（1）占有权

占有权是国家对矿产资源的实际控制，是行使所有权的基础，也是实现使用和处分权的基础。国家对矿产资源的占有，一般是法律规定的名义上的占有，或称法律上的占有。实际上，矿产资源是由国营矿山企业、乡镇矿山企业和个体矿山企业等依法占有。上述民事主体对矿产资源的实际占有，是国家以所有者身份依法将占有权转让他们的结果。探矿权或采矿权是这些主体获得矿产资源占有权的法律根据，属于合法占有；因而受国家法律的保护，任何人都不得侵犯，即使是所有权人——国家也不得任意干涉或妨碍。非法占有，是指没有法律上的根据而占有矿产资源。这种占有是一种侵犯国家所有权的行为，应当受到法律制裁。

（2）使用权

使用权是指对矿产资源的运用，发挥其使用价值，国家对矿产资源的使用，同占有一样，一般是法律规定的名义上的使用。实际上，其他民事主体依据法律规定使用国家所有矿产资源，取得使用权，属合法使用，受国家法律保护。使用人不得滥用使用权或使用不当，要依法合理利用矿产资源，否则要承担法律责任。一般而言，探矿权或采矿权是其他民事主体取得矿产资源使用权的法律根据。

（3）收益权

收益权是国家通过矿产资源的占有、使用、处分而取得的经济收入，矿产资源所有权占有、使用和处分的目的是为了取得收益。如前所述，国家不直接占有、使用矿产资源，而是授权其他民事主体占有、使用。这些民事主体通过占有、使用国家所有的矿产资源所取得的收益，应按照法律的规定将其中一部分交纳给国家，以实现国家矿产资源的收益权。国家通过向矿产资源的占有、使用人征收矿产资源补偿费的形式，来实现其矿产资源所有权的收益权或经济权益。

（4）处分权

处分权是国家对矿产资源的处置，包括事实处分和法律处分。由于处分权涉及矿产资源的命运和所有权的发生、变更和终止问题，因此，它是所有权中带有根本性的一项权能。采矿权人依据采矿权占有、使用矿产资源，并通过采掘矿产资源使其逐步消耗，转变成其他物质和资产，这在事实上和法律上间接地实现了矿产资源的处分权。另外，1998年2月发布实施的《探矿权采矿权转让管理办法》第三条规定，探矿权采矿权可以依法转让，即可以作为买卖和类似民事法律行为的标的物，因此，我国对矿产资源处分，可以通过将其采矿权转让他人来实现。

16.1.3　矿产资源所有权的取得、实现与中止

（1）矿产资源所有权的取得

我国取得矿产资源所有权的方式有以下几种。

① 地质科学研究　国家开展地质科学研究是取得矿产资源所有权的基础。地质科学研究可以发现地壳物质（岩石、矿物和元素）的用途，扩大矿产资源种类范围。

② 地质矿产勘查活动　国家通过财政拨款进行地质矿产勘查活动，发现矿产资源地，评价矿产资源储量，取得矿产资源所有权。国家财政拨款开展的地质矿产勘查活动，是取得矿产资源所有权的主要活动。

③ 没收　没收国民党政府和官僚资本家的矿山，收归国有，变成社会主义全民所有制财产。

④ 上报国家　群众在生产活动中发现矿产资源应当上报国家有关部门。

（2）矿产资源所有权的实现

矿产资源的占有、使用权的转让是通过法定的国家行政机关代表国家将探矿权或采矿权授予探矿权人或采矿权人。探矿权人或采矿权人依据国家转让的探矿权和采矿权来实际占有、使用矿产资源

并按照国家法律规定从事地质勘查和矿业开发活动，以实现矿产资源合理开发利用的目的。国家根据法律征收探矿人和采矿人因占有、使用矿产资源所获得的经济收入的一部分，作为矿产资源的收益，以实现国家对矿产资源的收益权和财产权。

（3）矿产资源所有权的中止

国家所有权可分为整体所有权和具体所有权。矿产资源整体所有权以国家权力为后盾。只要国家权力存在，矿产资源所有权就不会终止。矿产资源具体所有权以实际行使为基础，可以通过某种法律事实而终止。国家矿产资源所有权的终止有两种形式：所有权的转让和所有权客体的灭失。所有权转让的方式有三种：协议转让、招标转让、拍卖。矿产资源灭失有以下三种情形：

① 矿产资源开采消耗和正常损失；

② 自然灾害造成矿产资源损失或矿山报废造成矿产资源灭失；

③ 因需求下降，价格下跌等稀缺性变化因素造成矿产资源储量耗减。

16.1.4　矿产资源所有权的保护

矿产资源所有权的保护是指法律保证国家能够实现对矿产资源的各项权能。包括对采矿权和探矿权（统称为矿产资源使用权）保护，因为它们派生于所有权，只有保护矿产资源使用权，才能保障资源使用的稳定性和有效性，才有可能使矿产资源得到合理有效地开发利用。对矿产资源使用权的保护，同时也是对国家所有权的保护，因为使用权是独立于所有权的独立权能，其能否正常行使，直接影响到所有权的权能能否实现。因此，保护探矿权人和采矿权人的权利不受侵害的同时，也就保护了已经形成或正在建立的以矿产资源国家所有权为基础的矿产资源的使用秩序，从而实现所有权的权能。

对矿产资源所有权的侵权行为主要是指对法律所保护的国家矿

产资源所有权及其设定的探矿权或采矿权的侵犯与损害的行为。这种侵权行为主要有以下几种。

① 因对所归属的错误认识发生的侵权 尽管法律规定矿产资源归国家所有，不因其所依附的土地的所有权或者使用权的不同而改变，但一些土地使用人或所有人则误认为土地之下的矿藏归他们所有，因而发生了将矿产资源买卖和出租的违法现象。

② 对探矿权和采矿权的侵犯 主要表现为对已取得探矿权和采矿权的权利人的各项权利的侵犯和对采矿权取得程序的破坏。包括违反法律规定，未取得采矿许可证和探矿许可证，擅自进入他人矿区和勘探区采矿、探矿，侵犯他人采矿权或探矿权；超越批准的勘查区或采矿区范围探矿或采矿的行为；无权或超越批准权限发放勘查许可证或采矿许可证，这种行为是对国家作为所有权者行使所有权权能的破坏。

③ 对所有权客体的侵害 对客体的侵害是指对矿产资源的破坏、浪费，主要情况包括：因未综合勘探和综合开发利用矿产资源而造成的矿产资源的浪费和破坏；因采矿方法不当或违反开采程序造成的资源的损失、浪费；因采富弃贫、采厚弃薄、采易弃难和乱采滥挖，造成的资源破坏和浪费；因选、冶、炼工艺技术落后，矿产资源利用率低，造成资源浪费。

16.2 矿业权

16.2.1 矿业权基本概念

（1）矿业权及其属性

矿业权是指赋予矿业权人对矿产资源进行勘查、开发和采矿等的一系列活动的权利，包括探矿权和采矿权。

矿业权是资产，是一种经济资源。所谓资产，会计上定义为企业拥有或控制的，能以货币计量，并能为企业提供未来经济利益的经济资源。资产按存在的形态分为有形资产和无形资产。有形资产是指那些具有实体形态的资产，包括固定资产、流动资产、长期投资、其他资产等；无形资产是指那些特定主体控制的不具有独立实体，而对生产经营较长期持续发挥作用并具有获利能力的资产，包括专利权、商标权、非专利技术、土地使用权、商誉等。

无形资产的特点表现在以下几个方面：

① 无形资产具有非流动性，并且有效期较长；

② 无形资产没有物质实体，但未来收益较大；

③ 无形资产单独不能获得收益，它必须附着于有形资产。

矿业权从本质上说应属无形资产的范畴，因为它具备了无形资产的特征：

① 矿业权无独立实体，必须依托于矿产资源；

② 矿业权在地勘单位或企业中能够较长期持续地发挥作用，具有获利能力，并由一定主体排他性的占有。

矿业权归根结底是矿产资源的使用权，转让的也仅仅是使用权，而不是矿产资源的所有权。这种他物权的行使不妨碍国家作为矿产资源的所有权人，对矿产资源处置享有的终极决定权。

（2）矿业权的法律特征

根据 1996 年《中华人民共和国矿产资源法》，矿业权的法律特征主要体现在：

① 矿业权是矿产资源所有权派生出来的一种物权，是矿产资源使用权；

② 矿业权的主体是矿业权人，客体是被权利所限定的矿产资源；

③ 矿业权的权能内容仅指对矿产资源的占有、使用、收益的权利；

④ 矿业权具有排他性和主体唯一性，任何单位和个人都不得妨碍矿业权人行使合法权利；

⑤ 矿业权的取得和转移必须履行严格的法律、行政程序，遵循以登记为要件的不动产变动原则。

（3）矿业权市场

矿业权市场体系结构，按矿业权所有者的不同分为一级（出让）和二级（转让）市场。

一级（出让）市场是指矿业权登记管理机关以批准申请或竞争方式（招标、拍卖、挂牌）作出行政许可决定，颁布勘察许可证、采矿许可证的行为和因此而形成的经济关系。矿业权登记管理机关向申请人、投标人、竞得人出让矿业权即构成矿业权一级市场。

转让是指矿业权人将矿业权转移的行为，包括出售、作价出资、分立、合并、合资、合作、重组改制等方式。矿业权在一般民事主体之间构成矿业权二级（转让）市场。

（4）矿业权市场有关法律制度和规定

① 勘查开采矿产资源的登记制度 《中华人民共和国矿产资源法》第三条规定："勘察、开采矿产资源，必须依法分别申请，经批准取得探矿权、采矿权，并办理登记。"

② 矿业权出让、转让制度 《中华人民共和国矿产资源法》第六条和《探矿权、采矿权转让管理办法》对矿业权的转让条件、批准机关、审批程序做出了明确的规定。

③ 矿产资源有偿使用制度 《中华人民共和国矿产资源法》第五条规定："开采矿产资源，必须按照国家有关规定缴纳资源税和资源补偿费。"

④ 矿业权有偿取得制度 《中华人民共和国矿产资源法》第五条规定："国家实行探矿权、采矿权有偿取得制度"，矿业权有偿取得制度体现了国家的行政管理权利，而行政权利必须依法行使"。

⑤ 对国家出资勘察探明矿产地收取矿业权价款的规定 国务院三个法规规定了申请国家出资勘察探明矿产地的探矿权或采矿权，应当缴纳国家出资勘察形成的探矿权价款或采矿权价款。矿业

权人转让国家出资勘查形成的探矿权、采矿权必须进行评估，并对国家出资形成的矿业权价款依照国家规定处置。

16.2.2 探矿权

探矿权是指权力人根据国家法律规定在一定范围、一定期限内享有对某地区矿产资源进行勘察并获得收益的权力。《矿产资源法》第三条规定："勘察矿产资源必须依法提出申请，经批准取得探矿权，并办理登记。探矿人依法登记，取得勘察许可证后，就可以在批准的勘察范围和期限内，进行勘察活动，并取得地质勘察资料。"

探矿权的主体是依法申请登记，取得勘查许可证的独立经济核算的单位。中外合资经营企业、中外合作经营企业和外资企业也可以依法申请探矿权。目前，作为探矿主体的地质勘察单位主要是全民所有制企业。

探矿权的客体是权利人依探矿权进行地质勘察的矿产资源及与其有关的其他地质体。客体的范围、种类等都是由探矿权规定的。探矿权的内容包括探矿权主体所享有的权力和应承担的义务两个方面。

（1）探矿权人的权利

矿产资源法规定国家保护探矿权不受侵犯，保障勘察工作区的生产秩序、工作秩序不受干扰和破坏。探矿权人享有法律规定的矿产资源勘察权利，主要包括：

① 按照勘察许可证规定的区域、期限、工作对象进行勘查；

② 在勘察作业区及相邻区域架设供电、供水、通信管线，但是不得影响或者损害原有的供电、供水设施和通讯管线；

③ 在勘察作业区和相邻地区通行；

④ 根据工程需要临时使用土地；

⑤ 优先取得勘察作业区内新发现矿种的探矿权；

⑥ 优先取得勘察作业区内矿产资源的采矿权；

⑦ 在完成规定的最低勘察投入后，经依法批准，可以将探矿权转让他人，获得应有的收益；

⑧ 自行销售勘察中按照批准的工厂设计施工回收的矿产品，但国务院规定由指定单位统一回收的矿产品除外。

（2）探矿权人的义务

矿产资源法规定了探矿权人必须履行的义务，具体包括：

① 在规定的期限内开始施工，并在勘察许可证规定的期限内完成应当投入的勘察资金，其投入的数量平均每平方公里不得少于法规规定的最低勘察投入标准；

② 向勘察登记管理机关报告勘察进展情况、资金使用情况、逐年交纳探矿权使用费；

③ 按照探矿工程设计施工，不得擅自进行采矿活动；

④ 在查明主要矿种的同时，对共生、伴生矿产资源进行综合勘察、综合评价；

⑤ 按照国务院有关规定汇交矿产资源勘察成果档案资料；

⑥ 遵守有关法律、法规关于劳动安全、土地复垦和环境保护的规定；

⑦ 勘察作业完毕，及时封填探矿作业遗留的井硐或者采取其他措施，消除安全隐患。

16.2.3 采矿权

采矿权是权利人依法律规定，经国家授权机关批准，在一定范围和一定的时间内，享有开采已经登记注册的矿种及伴生的其他矿产的权利。取得采矿许可证的法人、组织和公民称为采矿权人。采矿权人依法申请登记，取得采矿许可证，就可以在批准的开采范围和期限内开采矿产资源，并获得采出的矿产品。

（1）采矿权人的权利

采矿权人依法享有以下权利：

① 按照采矿许可证规定的开采范围和期限从事开采活动；

② 自行销售矿产品，但是国务院规定由指定的单位统一收购的矿产品除外；

③ 在矿区范围内建设采矿所需的生产和生活设施；

④ 根据生产建设的需要依法取得土地使用权；

⑤ 法律、法规规定的其他权利。

（2）采矿权人的义务

采矿权人在享有权利的同时应当履行以下义务：

① 在批准的期限内进行矿山建设或者开采；

② 有效保护、合理开采、综合利用矿产资源；

③ 依法缴纳资源税和矿产资源补偿费；

④ 遵守国家有关劳动安全、水土保持、土地复垦和环境保护的法律、法规；

⑤ 接受地质矿产主管部门和有关主管部门的管理，按照规定填报矿产储量表和矿产资源开发利用情况报告。

（3）采矿许可证的发放

国家对开办国有矿山企业、集体矿山企业、私营矿山企业和个体采矿实行审查批准、颁发采矿许可证制度。国家对提出的采矿申请，通过审批、发证的法定程序，将国家所有的矿产资源交给具体矿山企业经营管理。

16.3　办矿审批与关闭

16.3.1　办矿审批

国家对矿产资源的所有权是国家通过对探矿权、采矿权的授予和对勘察、开采矿产资源的监督管理来实现的。因此，任何组织和个人要开采矿产资源，都必须依法登记，依照国家和法律有关规定进行审查、批准，取得采矿许可证后才能取得采矿权。这是矿山企业从国家获得采矿权所必须履行的法律手续。

(1) 审查内容

开办矿业企业的审查内容主要包括：

① 矿区范围；

② 矿山设计；

③ 生产技术条件。

(2) 审批程序

我国开办矿山企业实行先审批后登记的原则。

① 审批机构　全民所有制企业兴办的矿山建设项目的审批机构按矿山规模分级划分权限。对全国国民经济有重大影响的矿山建设项目由国务院及其计划部门、矿产工业主管部门审批，对省级地方国民经济有重大影响的地方矿山建设项目，按照国家规定的审批权限，由省、自治区、直辖市人民政府批准。

② 审批内容　全民所有制企业办矿审批的内容主要是《矿山建设项目建议书》、《矿山建设项目可行性研究报告》和《矿山建设项目设计任务书》。

③ 审批程序　全民所有制企业办矿必须按照一定的审批程序，有计划、有步骤地进行。除国家另有规定者外，不得边勘探，边设计，边施工，边采矿。审批程序包括以下几项。

a.《矿山建设项目建议书》的审批。国务院规定，凡列入长期计划或建设前期工作计划的全民所有制矿山建设项目，应当具备批准的项目建议书。

b.《矿山建设项目可行性研究报告》的审批。拟新建或改扩建矿山的企业或主管部门必须按照批准的矿山建设项目建议书组织建设项目的可行性研究，并经负责审批工作的部门审核批准。

c. 矿山建设项目复核。在设计任务书形成以前，申请办矿的全民所有制企业或有关主管部门，应当按照矿产资源法规定的采矿登记管理权限，向相应的采矿登记管理机关投送复核文件，即矿产储量审批机构对矿产地质勘察报告的正式审批文件、矿山建设可行性研究报告和审批部门的审查意见书。采矿登记管理机关在收到办矿企业或主管部门投送的文件之日起 30 日内提出复核意见，并将复核意见转送《矿山建设项目设计任务书》的编制部门和审批部门。编制和审批设计任务书的机关应当采纳采矿登记管理机关的复核意见。在规定期限内，审批机关在没有收到采矿登记管理机关的复核意见之前，不得批准矿山建设项目设计任务书。

d.《矿山建设项目设计任务书》的审批。被批准的《矿山建设项目可行性研究报告》和采矿登记管理机关的复核意见是编制和审批《矿山建设项目设计任务书》的依据。办矿企业或主管部门应向国务院授权的有关主管部门办理批准手续。《矿山建设项目设计任务书》由办矿企业主管部门编制，按基本建设规模划分审批权限。对国民经济有重大影响的矿山建设项目设计任务书由国务院批准；大、中型矿山建设项目设计任务书，由国务院计划部门或其授权的部门审批；小型矿山建设项目设计任务书由省、自治区、直辖市人民政府计划部门审批。

16.3.2 关闭矿山

矿山（包括露天采场）经过长期生产，因开采矿产资源已达到设计任务书的要求，或者因采矿过程中遇到意外的原因而终止一切采矿活动并关闭矿山生产系统成为关闭矿山。关闭矿山应具备以下条件：

① 矿产资源已经地质勘探和生产勘探查清，其地质结论或地质勘探报告已经储量委员会审查批准；

② 所探明的一切可供开采利用、并应当开采利用的矿产资源已经全部开采利用；

③ 因技术、经济或安全等正常原因而损失的储量，经有关主管部门批准核销；

④ 矿山永久保留的地质、测量、采矿等档案资料收集、整理及归档工作已全部结束；

⑤ 对采矿破坏的土地、植被等已采取复垦利用、治理污染等措施；

⑥ 关闭矿山要向有关主管部门提出申请，在矿山闭坑批准书下达之前，矿山企业不得擅自拆除生产设施或毁坏生产系统。

《矿产资源法》第二十一条规定："关闭矿山，必须提出矿山闭坑报告及有关采掘工程不安全隐患、土地复垦利用、环境保护的资料，并按照国家规定报请审查批准。"

（1）矿山闭坑报告及有关资料

矿山闭坑报告是终止矿山生产和关闭矿山生产系统的申请报告，也是矿山建设、矿山生产发展简史和经验、教训的总结。该报告应由矿山总工程师或技术负责人组织专门人员编写，并在计划开采结束一年前提出。闭坑报告应包括如下内容：

① 储量历年变动情况；

② 采掘工程资料；

③ 不安全隐患资料；

④ 土地复垦利用资料；

⑤ 环境保护资料。

（2）关闭矿山审批规定

关闭矿山实行审批制度是保护矿产资源的合理开发利用、防止国家人、财、物力的浪费和矿区的环境保护的法律程序，起到加强闭坑的管理和依法监督、防止造成资源的浪费和环境污染的作用。因此，关闭矿山时，除提出闭坑报告和有关资料外，还要履行国家规定报请审查批准的法律手续。具体程序如下：

① 开采活动结束前一年，向原批准开办矿山的主管部门提出关闭矿山申请，并提交闭坑地质报告；

② 闭坑地质报告经原批准开办矿山的主管部门审核同意后，

报地质矿产主管部门会同矿产储量审批机构批准；

③ 闭坑地质报告批准后，采矿权人应当编写关闭矿山报告，报请原批准开办矿山的主管部门会同同级地质矿产主管部门和有关主管部门按照有关行业规定批准。

（3）关闭矿山报告批准后的工作

① 按照国家有关规定将地质、测量、采矿资料整理归档，并汇交闭坑地质报告、关闭矿山报告及其他有关资料；

② 按照批准的关闭矿山报告，完成有关劳动安全、水土保持、土地复垦和环境保护工作，或者缴清土地复垦和环境保护的有关费用；

③ 矿山企业凭关闭矿山报告批准文件和有关部门对完成上述工作提供的证明，报请原颁发采矿许可证的机关办理采矿许可证注销手续。

16.4 税费管理

16.4.1 资源税

资源税是以资源为征税对象的税种。作为征税对象的资源必须是具有商品属性的资源，即具有使用价值和价值的资源，我国资源税目前主要是就矿产资源进行征税。目前，各国对矿产资源征收税费的名称各异，如地产税、开采税、采矿税、矿区税、矿业税、自然资源租赁税等，除以税的形式命名外，也有的叫地租缴款、权利金、红利或矿区使用费等。

（1）征收原则

资源税是既体现资源有偿使用，又体现调节资源级差收入，发挥两种调节分配作用的税种。在实际实施中，其主要征收原则为"普遍征收，级差调节"。普遍征收就是对在我国境内开发的纳入资源税征收范围的一切资源征收资源税；级差调节就是运用资源税对因资源条件上客观存在的差别（如自然资源的好坏、贫富、赋存状况、开采条件及分布的地理位置等）而产生的资源级差收入进行调节。

（2）征税范围

资源税的征收范围应当包括一切开发和利用的国有资源。但考虑到我国开征资源税还缺乏经验，所以，《中华人民共和国资源税暂行条例》第一条规定的资源税征税范围，只包括具有商品属性（也即具有使用价值和价值）的矿产品（原油、天然气、煤炭、金属矿产品和其他非金属矿产品）、盐（海盐原盐、湖盐原盐、井矿盐）等。

（3）税额

资源税应纳税额的计算公式为：应纳税额＝课税数量×单位税额；即资源税的应纳税额等于资源税应税产品的课税数量乘以规定的单位税额标准。

纳税人开采或者生产应税产品销售的，以销售数量为课税数量；纳税人开采或者生产应税产品自用的，以自用数量为课税数量。

资源税实施细则所附《资源税税目税额明细表》和《几个主要品种的矿山资源等级表》，对各品种各等级矿山的单位税额作了明确规定。对《资源税税目税额明细表》未列举名单的纳税人适用的单位税额，由各省、自治区、直辖市人民政府根据纳税人的资源状况，参照《资源税税目税额明细表》中确定的邻近矿山的税额标准，在上下浮动30％的幅度内核定。

（4）纳税时间与地点

纳税人销售应税产品，其纳税义务发生时间为收讫销售款或者索取销售款凭据的当天；自产自用纳税产品，其纳税义务发生时间为移送使用的当天。

纳税人应纳的资源税，应当向应税产品的开采或者生产所在地税务机关缴纳。纳税人在本省、自治区、直辖市范围内开采或者生产应税产品，其纳税地点需要调整的，由省、自治区、直辖市人民政府确定。

16.4.2 资源补偿费

在中华人民共和国领域和其他管辖海域开采矿产资源，应当依照《矿产资源补偿费征收管理规定》征收矿产资源补偿费。

矿产资源补偿费按照矿产品销售收入的一定比例计征。企业交纳的矿产资源补偿费列入管理费用。采矿权人对矿产品自行加工的，按照国家规定价格计算销售收入；国家没有规定价格的，按照矿产品的当地市场平均价格计算销售收入。

征收矿产资源补偿费金额＝矿产品销售收入×补偿费率×回采率系数

其中：回采率系数＝核定开采回采率/实际开采回采率；补偿费率1%～4%。

征收矿产资源补偿费的部门为：地质矿产部门会同同级财政部门。

矿产资源补偿费纳入国家预算，实行专项管理，主要用于矿产资源勘查。

采矿权人有下列情形之一的，经省级人民政府地质矿产主管部门会同财政部门批准，可以免缴矿产资源补偿费：

① 从废石（矸石）中回收矿产品的；

② 按照国家有关规定经批准开采已关闭矿山的非保安残留矿体的；

③ 国务院地质矿产主管部门会同国务院财政部门认定免缴的其他情形。

采矿权人有下列情形之一的，经省级人民政府地质矿产主管部门会同财政部门批准，可以减缴矿产资源补偿费：

① 从尾矿中回收矿产品的；

② 开采未达到工业品位或者未计算储量的低品位矿产资源的；

③ 依法开采水体下，建筑物下、交通要道下的矿产资源的；

④ 由于执行国家定价而形成政策性亏损的；

⑤ 国务院地质矿产主管部门会同国务院财政部门认定减缴的其他情形。

参 考 文 献

[1] 《采矿手册》编辑委员会. 采矿手册. 北京：冶金工业出版社，1988.

[2] 戴俊. 爆破工程. 北京：机械工业出版社，2005.

[3] 丁绪荣等. 普通物探教程——电法及放射性. 北京：地质出版社，1984.

[4] 东兆星，吴士良. 井巷工程. 徐州：中国矿业大学出版社，2004.

[5] Fausto Guzzetti, Mauro Cardinali, Paola Reichenbach, et al. Landslides triggered by the 23 November 2000 rainfall event in the Imperia Province, Western Liguria, Italy. Engineering Geology. 2004：73 (3-4)：229～245.

[6] 古德生，李夕兵. 现代技术矿床开采科学技术. 北京：冶金工业出版社，2006.

[7] 侯德义，李志德、杨言辰. 矿山地质学. 北京：地质出版社，1998.

[8] 黄润秋等. 地质灾害过程模拟和过程控制研究. 北京：科学出版社，2002.

[9] 李德成. 采矿概论. 北京：冶金工业出版社，1985.

[10] 李鸿业等. 矿山地质学通论. 北京：冶金工业出版社，1980.

[11] 李守义，叶松青. 矿床勘查学. 北京：地质出版社，2003.

[12] 李兆平，张 弥. 南京铅锌银矿地下采空区的治理. 中国地质灾害与防治学报，1999，10 (2)：58～62.

[13] 刘殿中. 工程爆破实用手册. 北京：冶金工业出版社，1999.

[14] 乔春生，田治友. 大团山矿床采空区处理方法. 中国有色金属学报，1998，8 (4)：734～738.

[15] 秦明武，李荣幅，牛京考. 露天深孔爆破. 西安：陕西科学技术出版社，1995.

[16] 秦明武. 控制爆破. 北京：冶金工业出版社，1993.

[17] 山田刚二等. 滑坡和斜坡崩坍及其防治. 北京：科学出版社，1980.

[18] Stanistaw Depowski, Ryszard Kotlinski, Edward Ruhle, Krzysztof Szamalek（波兰）. 海洋矿物资源. 海洋出版社，2001.

[19] 孙盛湘. 砂矿床露天开采. 北京：冶金工业出版社，1985：96～465.

[20] Takashi Okamoto, Jan Otto Larsen, Sumio Matsuura, et al. Displacement properties of landslide masses at the initiation of failure in quick clay deposits and the effects of meteorological and hydrological factors. Engineering Geology. 2004. 72 (3-4)：233～251.

[21] 王昌汉等. 矿业微生物与铀铜金等细菌浸出. 长沙：中南大学出版社，2003.

[22] 王海锋. 原地浸出采铀技术与实践. 北京：原子能出版社，1998.

[23] 王海锋等. 原地浸出采铀井场工艺. 北京：冶金工业出版社，2002.

[24] 王鸿渠. 多边界石方爆破工程. 北京：人民交通出版社，1994.

[25] 王新民，肖卫国，张钦礼. 深井矿山充填理论与技术. 长沙：中南大学出版社，2005.

[26] 王志方. 红透山铜矿的系统空区处理与地压观测. 有色矿山，1996，1：9～12.

[27] 文先保. 海洋开采. 北京：冶金工业出版社，1996.

[28] 杨士教. 原地破碎浸铀理论与实践. 长沙：中南大学出版社，2003.

[29] 杨显万等. 微生物湿法冶金. 北京：冶金工业出版社，2003.

[30] 翟裕生等. 矿田构造学概论. 北京：冶金工业出版社，1984.

[31] 张国建. 实用爆破技术. 北京：冶金工业出版社，1997.

[32] 张钦礼，王新民，刘保卫. 矿产资源评估学. 长沙：中南大学出版社，2007.

[33] 张钦礼，朱永刚. 循环经济模式下的矿产资源开发. 矿业快报，2006，25（5）：2～6.

[34] 张幼蒂，申闰春，才庆祥，姬长生. 露天矿区分类及生态重建结构设计. 化工矿物与加工，2002，8：22～24.

[35] 张珍. 矿山地质学. 北京：冶金工业出版社，1982.

[36] 张倬元等. 工程地质动力学. 北京：中国工业出版社，1981.

[37] 郑炳旭，王永庆，李萍丰. 建设工程台阶爆破. 北京：冶金工业出版社，2005.

[38] 周建宏，吴开华. 平水铜矿采空区处理. 江西有色金属，1996，10（2）：5～8，13.

[39] 祝树枝，吴森康，杨昌森. 近代爆破理论与实践. 武汉：中国地质大学出版社，1993.

[40] 邹佩麟，王惠英. 溶浸采矿. 长沙：中南工业大学出版社，1990.

新书推荐

《矿井通风及其系统稳定性》

王从陆　吴超　著

ISBN 978-7-122-00962-3，2007 年 9 月出版，大 32 开，精装，412 页，定价 32 元

　　本书是作者多年研究工作成果总结，从传统金属矿地下开采八大系统之一的通风系统出发，主要介绍了金属矿矿井通风的基本理论，通风网络分析技术，特别是非灾变时期影响通风系统稳定的因素及其影响程度，以及通风系统稳定控制理论与技术。

　　我国对金属矿井非灾变时期矿井通风系统稳定性的专门研究不多，这本书正好填补了这方面的出版空白，对矿井通风研究人员及生产技术人员是一本很好的参考书。

　　本书作者是中南大学资深教授，在矿井通风方面做了多年的研究工作，并已获省部级教学与科研奖励和发明专利 20 余项。

　　化学工业出版社是中央优良出版社，出版面向大科技，其中金属编辑部出版的专业包括：地矿、冶金、金属工艺、表面技术等。具体详情可查看我社网址：www.cip.com.cn.

　　如您有写作意向，欢迎与本编辑部联系：丁尚林，010-64519279，dsl@cip.com.cn。